かがわの生き物たち

はじめに

本書は、「かがわの生き物たち」というタイトルで四国新聞に連載したものをまとめたものである。この連載は、第一部が平成十（一九九八）年四月五日〜平成十三（二〇〇一）年四月二十七日で一五七回、第二部は平成十四（二〇〇二）年八月二十二日〜平成十六（二〇〇四）年十二月十九日で一〇九回、計二六六回におよんだ。その間、基本的に一週間に一回の割合で動物の話を掲載した。その内容は、県内に生息する生き物のうち、脊椎動物（哺乳類、鳥類、爬虫類、両生類、魚類）および無脊椎動物（昆虫類は除く）とした。

この連載の企画は、四国新聞社が小学生・中学生・高校生を対象にNIE（新聞を教育に）運動に取り組んでいる一環であった。したがって、少年少女たちが新聞を通して身近な自然について興味関心をもってくれたらと願って執筆した。もちろん、一般読者にも故郷かがわ（香川県）の自然の再発見のきっかけになればと思った。そのためにそれぞれの生き物たちを取り巻く環境を具体的に記し、生態系のしくみが理解できるように配慮した。

以上のような趣旨で執筆した「かがわの生き物たち」も連載が終わって一六年が経った。必要があって利用するためには図書館で新聞を閲覧する以外に方法はなかった。このようなとき、株式会社美巧社によって書籍として残せるようになった。

本書における個々の「生き物たち」の目次は、新聞に掲載した順序に従って並べ、参考までにそれぞれの文末にその年月日を付した。そして、本書の文章および写真は、新聞掲載の一部を修正し転載した。

また、本書における文章のうち、市町名、関連の施設名などについては、新聞に掲載後の平成大合併（平成十七年度）によりその一部が変更されたが、掲載当時の名称のまとした。

なお、新聞に掲載した文章では主に小・中学生を対象としたので振り仮名を多用したが、本書では読みづらい固有名詞や難読漢字以外は編集の都合で省いた。

最後に、本書の出版にあたって、新聞連載をしていただいた四国新聞社はもとより、ご指導助言をいただいた研究者各位、情報を提供していただいた各位、さらに本書の編集・印刷などで多大なるご配慮をいただいた株式会社美巧社に深甚なる謝意を表する次第である。

かがわの生き物たち

類別五十音索引

哺乳類

鳥類

は虫類

両生類

魚類

無脊椎動物

メダカ

池や川の生物を食べ生きる

近ごろ、野生のメダカ（ミナミメダカ）がめっきりへった。高松市内では一部にしかいない。もともとメダカは、浅い池や沼、水田に続くゆるやかな流れの小川などに数多くすんでいた。童謡の「めだかの学校」は、だれでも知っている。また、メダカをミミンやミミンジャコなどと呼び、全国では二千百五十九も方言があるからおどろく。それほど多くの人に親しまれてきた。

全長三センチ前後。体のわりに大きい目が高めにつき、本当にかわいい。いつも群れで水面近くを泳ぎ、おどろくとさっとにげる。そんなメダカが、どうして少なくなったのか。

平成七年、香川大学教育学部附属高松小学校のお友達が、校内の池でメダカをふやすポイントはえさだと考えおもしろいことを始めた。メダカのふんを顕微鏡でのぞき、何を食べているのか調べた。その結果、ミジンコやケイソウがエサだとつき止めた。実はメダカは水中にすんでいる昆虫など小さな生物なら何でも食べる。それだから、池の中にそのような生物がいないとメダカは生きることができない。

いま、香川県の池や小川では小さい生物の種類や数がへっている。土や草のあった所がコンクリートでかためられた。田や畑では、強い農薬が使われてきた。家庭から出るよごれた水も多くなった。これらも原因になっているのだろう。

小学五年生でメダカのふえかたを学習する。卵の中がすきとおって見え、子メダカになるようすがよくわかる。三カ月で親になる。飼育しやすいことからメダカはすぐれた実験動物で、医学の進歩に役立ってきた。昔のように、メダカがいっぱい泳ぐ池や小川になるのは夢だろうか。

（平成一〇・四・五）

キビタキ

鳥のさえずりは生きる知恵

新緑につつまれた山道で、谷間からほがらかで、はずむような調子のさえずりが聞こえる。声をたよりにそっと近づく。キビタキのオスが細い枝にとまりオレンジ色ののどと胸をふるわせていた。

キビタキは四月の終わりごろ、繁殖のために東南アジアからわたって来る夏鳥である。そのさえずりを一口で言うと、ピッコロ（笛）の音ににている。

ところが、一日中、森の中にすわりこみ、耳をすましていると、キビタキがいくつかのさえずりをしていることに気づく。いちばん多いのは「ピッピキ・ピッピキ」のくりかえし。そのほか、間のびした「ホーピーピロ・ホーピーピピロ」、セミのように「ツクツクホウシ・ツクツクホウシ」、人をよぶように「チョットコイ・チョットコイ」のようにも鳴く。

どうして、同じキビタキがさえずりを変えるのか。いまのところわからない。ただ、どのさえずりも「おれのなわばりに入るな！入るとヒナにやるエサが足らなくなる」と言っているように聞こえる。つまり、鳥はさえずることで、なわばりの宣言をしているのだ。

キビタキのオスの体はオレンジ色のほか、あざやかな黒・白・黄色も目立つ。なぜ、このように派手《はで》な色なのか。これに対してメスは、上面がオリーブ色をおびたかつ色で、全体的に地味に見える。そんなにちがっていても、オスとメスはたがいに協力して巣をつくり、森の中を飛んでいる虫をとらえてヒナにあたえている。

キビタキがすむ森は、広葉樹がしげり、大木が多くなければならない。香川県の山には、そのような森がまだ残っている。

（平成一〇・四・一二）

ハヤブサ

自然のおきて、里帰りも許されず

四月、海岸のきり立ったがけで、ハヤブサのメスが卵をあたためている。がけの上の枯れ木では、オスが見張りに立つ＝**写真**＝。

とつぜん、オスが「キキキッ」とするどく鳴きながら飛び立つ。どこから現れたのか、上空で若いメスが回っている。オスは、それよりも高く舞い上がったかと思うと、翼をすぼめて急降下、若いメスを攻げきした。若いメスは、身をひるがえして逃げる。しかし、若いメスは、何回も巣の上空にくる。ときには、巣をかすめるほどに近づく。そのつど、オスの攻げきを受ける。その間、メスは卵をだいたまま身動きもせずに、そのようすを見守る。

この若いメスは何者か。おそらく去年の春、この巣で生まれて巣立った若鳥だろう。理由の一つは、体の特徴が一年目の若鳥である。二つ目は、攻げきするオスは、若いメスに近づくだけで、傷つけるほどではない。攻げきのなかに、やさしさがある。父親が娘に「新しい土地でたくましく生きなさい」とでも言っているようだ。ふだんはするどい母親の目も、いまはやさしく光っている。

ハヤブサは、海岸などにすむ数少ない鳥。時速三〇〇キロの猛スピードで小鳥をとる習性のため、昔からタカ狩りに利用されてきた。早春にオスとメスがなかよくなり、春、卵を産み約三十日でヒナになる。それから約四十日後に巣立つ。その後もエサをもらいながら飛び方や狩りの方法を学ぶ。秋ごろ、親子は別れる。これが自然のおきてである。

半年ぶりに里帰りをした若いメスは、その日の夕方まで何回となく巣に近づくが親に追いたてられ、ついに姿を消した。二年後には、たくましいハヤブサに成長しているだろう。

（平成一〇・四・一九）

アマガエル

体の色を変えて身を守る

　雨上がりの庭で、ツツジの花がさいていた。ある小学生が、その横を通りかかったとき、葉のかげからニホンアマガエル（以下、アマガエル）が飛び出した。また、ジャンプ。ピンク色の花びらにとまった。しばらくして、小学生はふたたびツツジの前にきた。同じアマガエルが同じ所にいたが「ややっ、どうなってるの」と声をあげた。アマガエルの体の色は、こい緑色から黄色っぽく変わっていたからだ。

　動物の体の色が変わることを体色変化という。アマガエルの体色変化は、まえまえから知られている。木の葉の上ではあざやかな緑色であり、幹にのぼると灰色になり、地上に下りると土色に変わる。また、石の上に座ると石の模様によくにてくる。ただ、カメレオンのような早変わりでなく、ゆっくりと色が変わる。

　体色変化のしかけは、皮膚にある。ここには、色をあらわす細胞がいく種類かあり、それらのはたらきによって体色変化がおきるという。それはともかく、アマガエルは、体色変化によりヘビや鳥などの敵から身を守っている。弱い生き物が生きるための知恵である。

　アマガエルは低い木、草むら、水辺にすむ体長三―四センチの小さなカエル。雨がふる前に、グワッグワッと大声で鳴く。そのとき、のどにある声のうが風船のようにふくらんだり、ちぢんだりする。雨を感じる超能力がある。雨蛙とは、うまく名づけたものだ。

　最近、小川や田んぼでトノサマガエルが見える所は少ない。ヒキガエルは山間部にしかいない。しかし、アマガエルは元気よく生きている。これも体色変化ができるおかげだろう。

（平成一〇・四・二六）

アサリ

貝の砂抜きを科学しよう

四月十九日付の四国新聞紙面に、綾《あや》川《がわ》河口で潮干狩りを楽しむ家族連れの記事がのった。いまの時期、えものの王様はアサリである。しかし、家に持ち帰って、しっかり砂抜きをしないとおいしさも台なしになる。そこで、四十一年前のことを思いだした。

当時、小豆島の北浦《きたうら》中学校（現土庄《とのしょう》中学校）一年生の坂本英勝君が「アサリ貝の研究」で、香川県学童科学体験発表会で第一位になった。研究のきっかけは、どうすればアサリに殻を開かせて、うまく砂抜きができるかであった。アサリは、殻を少し開けて二本の水管を出し、砂やゴミをはき出す。調べた結果、「アサリを、食塩二五グラムを一リットルの水にとかした食塩水に入れたときに殻がよく開く。そして、それを暗い所においたほうがよい」ことがわかった。

この研究がみとめられたのは、食塩水のこさを変えたり明るさを変えるなどの条件をととのえ、きちんと実験したことであった。また、一千個体以上のアサリを使い、何回もくりかえしてたしかめたこともよかった。

アサリは、二枚貝のうちマルスダレガイ科のなかま。川が流れこむ干潟に多くすむ。やわらかい足で海底を移動したり砂の中にもぐる。二本の水管のうち一本は入水管《にゅうすいかん》とよび、海水をすいこんで、その中のエサや酸素を取る。もう一本は出水管《しゅっすいかん》といって、体内でいらなくなったものを海水といっしょにはき出す。初夏から秋にかけて産卵し、三年もたつと、食用になるほどに大きくなる。

私たちの先祖は、大昔からアサリを食用にしてきた。それは、各地の貝塚《かいづか》で多くの殻が発見されたことでもわかる。そのころ、きっとアサリがすむ広い干潟が多くあったのだろう。

（平成一〇・五・三）

アオバズク

大木の「うろ」は動物たちのすみか

おととしの夏、田村神社（高松市）境内にあるエノキの大木で、アオバズクのヒナが四羽巣立つのを見た。この森では、昔からアオバズクがすみついている。

アオバズクは新緑のころ、南方から渡ってくる夏鳥である。フクロウのなかまで、ハトくらいの大きさ。金色の目と、胸から腹にかけて黒褐色のすじが目立つ。大木の「うろ」（穴）で三―五個の卵を産み、ヒナを育てる。「うろ」は、アオバズクのマイホームである。

また、この鳥は夜行性動物である。エサも夜にとることが多い。羽音《はおと》もたてずに飛び回り、ガなどの昆虫をとり、「うろ」の中で待っているヒナにあたえる。暗い夜に活動するために目が大きい。しかも、顔の正面に二つの目が並んでついているから、えものまでの距離をきちんと測ることができる。アオバズクの体は、夜に活動するようにできている。

この鳥がすみついているかどうかは、かんたんにわかる。夜になるとホッホー、ホッホーと二声ずつ、くりかえして鳴くからである。五十年くらい前は自動車も少なく静かだったから鳴き声は遠くまで聞こえていた。そのころ幼児がだだをこねると、「ほら、子取《こと》り（誘拐犯）が鳴いとる。無理いうとくるよ」と言えば泣く子もだまった。

香川県は、面積がせまいわりに平野が多いので、大木が生える自然の森は少ない。しかし、あちこちに神社の森がある。そこでは何百年もたったエノキ、ムクノキ、クスノキなどの大木が大切に残されてきた。そのような大木に、アオバズクだけでなく、さまざまな動物がすみつく。いや、それだけでなく、大木は私たちの気持ちまで落ち着かせる力があるからふしぎだ。

（平成一〇・五・一〇）

ホトトギス

昔から人々に親しまれた県民鳥

平成八年六月九日、午前六時十五分、大滝山《おおたきさん》（九四六メートル）山頂で、めったにないことがおこった。それは、夏鳥として日本にやってくるホトトギス科のカッコウ、ツツドリ、ホトトギス、ジュウイチの四種が顔をそろえたからである。

このときのようすを次のように記録している。「小雨がふり始めた。西の尾根《おね》でカッコウがカッコウ、カッコウと鳴き続ける。東の尾根では、ツツドリがポポ、ポポと二声ずつ竹筒《たけづつ》を打つように鳴く。そして、近くの杉の大木で、ホトトギスがキョキョキョキョキョッキョキョとはげしく鳴いていた。とつぜん、二十メートルほど離れた雑木林で、ジュウイチがジュウイチ、ジュウイチとするどく鳴いた。これだけが一カ所で鳴くのは初めてだ」。

この四種のうち、ホトトギスだけが県内全域の山に渡来する。他の三種は、千メートルほどの讃岐山脈の尾根すじにすみつくか渡りの途中である。

ホトトギス＝**写真**＝は、ハトより小さく、上面が濃い灰色。尾が黒い。胸と腹には黒いしま模様が目だつ。県民鳥に指定され、香川県に縁《えん》の深い鳥でもある。

五色台の白峯寺《しろみねじ》境内に玉章木《たまずさのき》とよぶケヤキがある。その横に、崇徳上皇《すとくじょうこう》が詠まれた歌が書かれている。「鳴けば聞く聞けば都の恋しさにこの里過ぎよ山ほととぎす」。八百三十年余り前、保元《ほうげん》の乱に敗れ、都から遠く離れたこの坂出で、都を思い詠んだ悲しい歌である。上皇の気持ちがわかったホトトギスは、ケヤキの葉を巻き、そこにくちばしをさし入れ、声をしのんで鳴くようになったと伝えられる。

ホトトギスは、昔から多くの人々によって歌に詠まれてきた。五月から七月はよく鳴く季節。ホトトギス・ウオッチングに出かけてみよう。

（平成一〇・五・一七）

オオヨシキリ

アシ原の減少で繁殖地が奪われる

ことしの五月十七日、引妻池《ひきづまいけ》（高松市）で、夏鳥のオオヨシキリに出合った。池の片すみに生えているヨシ（アシともいう）の古い茎にとまった一羽のオスが、ギョギョシ、ギョギョシ、ケケシ、ケケシ、ジカジカとはげしく鳴いていた。そこで早速、このオオヨシキリにインタビューしてみた。

【問い】オオヨシキリさん、こんにちは。あなたは、いつ、どこから香川県に渡ってきたのですか。

【答え】われらのうち、早いものは四月の中ごろ、フィリピンより南の東南アジア方面から渡ってきたのじゃ。いや、帰ってきたのじゃ。われらは、日本で生まれ育ち、寒い冬の間だけ南国に行っているからのう。

【問い】それにしても、ここでのオオヨシキリは、あなた一羽しか見えませんが。

【答え】いや、よく見てごらん。ヨシの茂みにメスがいるよ。メスは二羽以上いることもあるから時間をかけて探してごらん。

【問い】へえ、そうですか。もっと、大勢のオオヨシキリがいてもよいと思いますが。

【答え】よい質問じゃ。実はのう、このアシ原（ヨシの多く生えたところ）は、三百平方メートルほどでせまく、オス一羽とメス一―二羽くらいしかすめない。これ以上大勢やってくると、ヒナを育てるエサも足らなくなるからなあ。わしらは、大昔からアシ原だけで巣を作るように進化してきたからきびしいよ。

◇　◇

オオヨシキリは、スズメより少し大きいウグイスのなかま。ヨシの茎や穂などにとまりはげしくさえずるので有名。昔は河川、池、沼などの湿地に広いアシ原があった。近年、その多くが埋め立てられた。その結果、ここで繁殖するオオヨシキリも少なくなった。

（平成一〇・五・二四）

オオルリ

人の心を豊かにする青い鳥

木こりの子のチルチルとミチルの兄妹が幸福な鳥を探して夢の中で旅をし、目がさめ、それを自分の貧しい家で見つけることができた。メーテルリンクが書いた有名な童話劇「青い鳥」である。このときから、「青い鳥」は、人の幸福の道しるべになっている。

　もともと日本は自然にめぐまれた国。オオルリという青色の鳥がいる。四月に東南アジアから渡ってくる夏鳥で、新緑のいまごろは、小豆島《しょうどしま》をはじめ讃岐山脈などの谷間で見ることができる。

　オオルリという名前のルリは、るり色の意味で、オスの体の上面はこい青色である。一度見ると忘れられない。ただ、そのメスは、全体に褐色で目立たない。

　この鳥は、姿を見つける前に、鳴き声によって居場所がわかることが多い。ピールーリー、ポーピリーピピと美しくさえずり、終わりにギッギッという声が聞こえたら、その方向にある木のてっぺんなどの高いところで、オスの姿を発見することができる。

　先週、琴南《ことなみ》町の「川奥《かわおく》の大杉」の近くに立っていたとき、その前にせまる急斜面の雑木林で、一羽のオオルリがさえずった。そこから谷川にそって五百メートルほど歩くと、別の一羽がさえずった。さらに、同じ距離を歩いたところに、もう一羽いた。新緑の中で次々に現れるオオルリ。香川県にもすばらしい自然が残されていて、うれしくなった。

　メーテルリンクの「青い鳥」の舞台になったのはフランス。かつて、旅の途中で買ったフランスの鳥類図鑑には、オオルリのような青色の鳥はのっていない。それなのに、どうして、「青い鳥」のようにすばらしい本が書けたのか。ふしぎな気がする。

（平成一〇・五・三一）

マイマイ

雨の日に正体を見せる生き物

六月二日、四国地方の梅雨入りが発表された。雨の多い今ごろ、庭を活発にはい回るのがマイマイである。その動きを見て、思わず唱歌の「かたつむり」を口ずさむ。

でんでん虫々　かたつむり
お前のあたまは　どこにある
角だせ槍だせ　あたまだせ

ここで、「でんでん虫」とか「かたつむり」や「マイマイ」というのは俗にいう名前である。生物分類上では陸産貝類とよばれている。

マイマイのなかまは日本で約九百種、このうち香川県には百三十種以上すんでいるという。そのなかには、讃岐山脈にすむアワマイマイや小豆島《しょうどしま》に生息するヤハタマイマイは日本最大級。殻の大きさが、ミカンほどもあるというからびっくり。

県内の平野部の庭や公園には、セトウチマイマイ＝**写真**＝が多い。名前のように、おもに瀬戸内海地方にすみ、樹上生活をする。このマイマイは、天気がよいと殻をとじて木の幹などにくっついているが、雨の日や夜には、唱歌のように頭や足をだしてはい回る。そして、木の葉の表面をけずりとって食べるなどの正体を見せてくれる。

マイマイの頭には、二対の触覚《しょっかく》がある。長くのびる一対を大触角といい、その先に目がある。また、短い一対を小触角といい、ものにふれたり味をたしかめるのに役立つという。唱歌の「角だせ槍だせ」というのは、どの触角のことか分からないが、マイマイが生きるためには必要なものであろう。

梅雨のあいだは、家の中にとじこもらずに庭や公園に出て、マイマイをさがそう。そして、名前調べやエサの食べ方などを観察しよう。ときには、交尾中のマイマイに出あうこともあり、生き物を調べるたのしさを教えてくれるだろう。

（平成一〇・六・七）

シュレーゲルアオガエル

カエルが日本とヨーロッパをむすぶ

十九年前の初夏のこと。長尾町の大《おお》窪《くぼ》寺《じ》近くの山中で野宿をした。午後九時半、あたりはまっ暗。寺の裏山からヨタカやアオバズクの声がしきりに聞こえてくる。

とつぜん、テントのそばでシュレーゲルアオガエルが鳴き始めた。コロコロコロ。楽器にたとえると、木琴をたたくような音である。そっと懐中電灯で照らす。せまい小川のふちで、美しい緑色のオスがのどをふくらませて鳴いていた。メスを呼んでいたのだろう。

このカエルは、アマガエルににているがアオガエルのなかまで、それよりも大きく習性もちがう。谷あいの水田に多くすむ。あぜなどの土の中に穴をほり、産卵をするので目立たない。雨の多い梅雨のころ、白いあわにつつまれた卵は、「おたまじゃくし」になって水の中に入って成長し、カエルになる。

ところで、シュレーゲルアオガエルという外国産のような名がどうしてつけられたのか。実は、このカエルは、れっきとした日本特産で外国にはいない。

動物の分類にくわしい香川大学の金《かね》子《こ》之史《ゆきぶみ》先生によると、シュレーゲルというのはドイツに生まれ、一八二五年からオランダの国立ライデン自然史博物館で、動物の研究をしていた人の名前であるという。そのころ、ドイツの医師シーボルトが日本にやってきて、多くの動物を調べ、ライデンにもち帰った。それをまとめたのが、有名な「日本動物誌」という本である。シュレーゲルは、この本を書いた一人である。その功績をたたえた後の学者ギュンター（イギリス）は、このカエルの学名に、シュレーゲルの名前をつけた。それがそのまま和名（日本での名前）になった。

なるほど、日本とヨーロッパの国々は、カエルによってもむすばれているのだ。

（平成一〇・六・一四）

アオゲラ

感動体験を心の宝物にしよう

「あっ、頭から血が出とる。けがをしとるんとちがうか。」ある自然観察会で、双眼鏡をのぞいていた中学生がさけんだ。「アオゲラのオスや。」別の声も聞こえた。頭の上とあごの一部の真っ赤な色は羽毛の色である。初めてこの鳥を見た人は、この色に感動する。

アオゲラはキツツキのなかま。体の上面の黄緑色と、胸の黒いしま模様も美しい。メスはオスによくにるが、頭の赤色の部分が後ろ寄りで少ない。繁殖を始める春になると、森の中で「ピョーピョーピョー」とか「キョツキョッ」と大きな声で鳴く。そして、飛び立つときには「ケレケレケレ」とするどく鳴く。

数年前の梅雨のころ、琴平山の森の中を歩いていた。とつぜん、頭の上から「ジェジェジェ」とにぎやかな声が聞こえてきた。見上げると、エノキの大木の幹にあけた直径約六センチの穴から、アオゲラのヒナが五羽、交代で顔を出したり、ひっこめたりしていた。親鳥がエサをはこんできたのだ。じゃまをしてはいけないので遠くから見ていた。案の定、親鳥が飛んできて穴の入り口にとまり、エサをあたえた。巣立ちが間近だろうか。大きくなったヒナたちは、争うように穴から頭をつき出して親鳥にエサをねだっていた。

県内には、アオゲラのほかコゲラという小さいキツツキもいる。コゲラは、山林であればどこにでもいる。冬の讃岐山脈では、アカゲラやオオアカゲラも観察されているが、きわめて少ないキツツキである。

アオゲラがすんでいる所は、琴平山のように、いろいろな木が茂っている自然に近い森である。そんな森で感動するような体験をしよう。

（平成一〇・六・二一）

キジ①

鳥のことわざで人の生き方を学ぶ

ことしの梅雨は雨が多い。そんなとき、満濃池近くの山中でキジのオスに出あった。雨上がり直後のため、美しい羽毛はぬれたままで、逃げるようすもなく、銅像のように立っていた。顔の肉垂《にくだれ》が真っ赤にふくらみ、その姿は一層はなやかに見えた。

キジは、日本特産の鳥。桃太郎の家来になって鬼退治をする昔話は有名。一九四七年に日本の国鳥《こくちょう》に指定された。一九八四年には、キジは国民になじみのある鳥ということで、一万円札の裏にデザインされた。その図は、左に尾の長いオスが立ち、右にメスが座っている。キジと人の永いかかわりの歴史のなかで、いくつかのことわざもできた。

「焼け野の雉《きぎす》、夜の鶴《つる》」

昔、春のころ作物を育てるために、野原に火をつけて野焼きをしていた。山火事も多かった。それらの焼けあとでは、雉（キジの古い名前）のメスが、自分の体をこがしながらも、卵やヒナをだいて守ったという。また、鶴の親は、寒い夜に翼でヒナをおおって暖めるという。このことわざは、親は自分のことをかえりみず子どもを守らなければならない、とさとす。

「雉《きじ》も鳴かずば撃たれまい」

キジのオスは春、繁殖期に入ると、高い声でケン、ケーンと鳴く。その声で居場所を猟師に知られ鉄砲で撃たれる。鳴かなかったら撃たれないのに。このようなことから、人は必要でない言葉をつつしまなければいけないという意味のことわざになった。

銅像のように立っていたキジは、やがて、ゆっくりと歩いて林の中に消えた。いまの季節、オスはメスを求めて歩き、メスは卵をだいて暖めたり、ヒナを連れてエサ探しにいそがしい毎日をおくっているだろう。

（平成一〇・六・二八）

バン

「やっぱりバンですか」

「五月の中ごろ、留守のために二日ほど水車を止めた。その上で巣をつくり、卵を九個産んだ。三週間のち、六羽がヒナになり泳ぎ回っている。かわいいので、水車は止めたままにしている」「親鳥は池の外に出てミミズやダンゴムシ、昆虫などをとってきて、ヒナにやっている」「家内《かない》もヒナの無事を祈り、毎日見ている」などと話すのは志度町鴨庄《かもしょう》の多田義美《ただよしみ》さん。

　この池は、コンクリートで囲まれた養魚池。いまは趣味でウナギやコイを飼育している。野生のメダカも泳いでいる。池の水面にすえた水車（水中に酸素をとかす装置）は、止めたまま。その片すみに、木片や枯れ草を集めた巣がある。ここで、親鳥やヒナたちが休けいをする。安全だから夜もここで寝るらしい。

　全長七センチほどのヒナは、全身真っ黒でくちばしが赤い。翼に羽毛が生えていないので飛ぶのは無理。したがって、親鳥のように水面から五十センチもあるコンクリートの壁を飛び越えることはできない。

　池の外に出た親鳥は、時折、クエッと鳴き、昆虫や地中動物を探す。そして、水面にもどりヒナにあたえる。その合間に、池の中に生えているエビモやアオミドロなどの水草もとってあたえる＝**写真**＝。エサをもらったヒナは、親について行こうとするが「危ないからついてくるな」と、頭をつつかれ、しかられる。

　もともと、バンは水草の多い川や池、水田などにすむクイナ科の鳥。ハト大だが足が長い。全身黒っぽく、くちばしと額板《がくばん》が赤い。泳いだり、水草の上を歩くのが得意で、巣は水際につくる。昔は、バンを「番」や「鷭」と書いていた。これは、水田の番をしていたという意味で、水辺をマイホームにしている特徴をよく表している。

（平成一〇・七・五）

水辺でマイホームづくり

タイリクバラタナゴ

大陸から移入されすみついた美魚

　網の中で銀色の小魚がはねた。「あっ!これだ。」思わず声が出た。小さい水槽に移してよく見ると、タイリクバラタナゴ＝**写真**＝だ。全長六センチほどのオスである。体表がバラ色と青緑色に光って美しい。この色を、婚《こん》姻色《いんしょく》とよび、繁殖期のオスに強く現れる。

　タイリクバラタナゴは、もとは中国大陸や台湾などにすむ淡水魚。それが、ほかの魚にまじって移入され、一九四五（昭和二〇）年ごろに利根《とね》川《がわ》付近に現れたという。香川県では一九八二（昭和五七）年に当時香川大学の植松辰美《うえまつたつみ》先生によって観音寺市の財田川《さいたがわ》下流で発見されたのが最初である。

　ことし七月一日、植松先生が発見の翌年に発表した論文をたよりに、その場所へ行った。太陽がギラギラと照り付けた水路はよどんでいて、水草も茂っている。そこに網を入れる。ヨシノボリ、フナなどの小魚がとれる。二時間がんばり、やっとタイリクバラタナゴに出合うことができた。

　この魚は、いま繁殖の最中。オスより地味な体色のメスは、長い産卵管をイシガイ科の貝の出水管にさしこみ、卵を産む。卵は安全な貝の中でふ化したのち、水中へ出る。ほかのタナゴ類も、にたようなふえ方をする。

　淡水魚の研究を続けている高松市三《さん》渓《けい》小学校の大高裕幸《おおたかひろゆき》先生は、県内で昔からすんでいるタナゴ類はヤリタナゴ、アブラボテ、ニッポンバラタナゴだけという。なお、「これらは川や池の水質悪化やブラックバスのような肉食魚の出現で絶滅の危険にさらされている」とつけ足してくれた。タイリクバラタナゴをふくめ、タナゴ類の将来はどうなるだろうか。

　どのくらい過ぎたか。真っ赤な太陽は、西の空で低くなった。そのとき、近くのアシ原でオオヨシキリがいっそうはげしく鳴いた。

（平成一〇・七・一二）

カイツブリ

水中の生活に適した体のつくり

「あれっ、もぐった」、「どのくらいもぐるのかな」と高松市太田南小学校の合田和馬くんは、望遠鏡をのぞきながらつぶやいた。

七月中ごろの午後。ここは三木町の国下池《くにした》。満水面積約六万六千六百平方メートルもある水面の半分以上は、水草でびっしりとおおわれている。残った水面で、カイツブリのオスとメスが潜水してエサをとっていた。望遠鏡を向けてピントを合わすと、カイツブリ夫婦が子育てをしていた。

いまの季節、カイツブリは繁殖の最中。この鳥は、池の中の水草類を水面上に盛り上げて巣をつくる。これを浮《うき》巣《す》とよぶ。その上で卵を産み、だいて温める。約三週間のちには、ふ化してヒナになる。ヒナたちは、その直後から泳げるが潜水はできない。そこで、親鳥が潜水をし、小魚やエビ、水生昆虫などをとってきてヒナにあたえる。

このように、カイツブリは一日中、いや一生を水のなかで生活し、陸に上がることはない。したがって、体のつくりもその生活に適したようにできている。全長二十六センチほどの体形は、ラグビーボールのような形で、水の抵抗を少なくしている。まるで潜水艇の形にそっくり。その体に、ほかの鳥よりも後ろの方に足がつく。足指には、ひれ状の弁がついていて、これで水をかき進む。このような足は、船のスクリューにあたる。潜水艇は、カイツブリのまねをしたのだろうか。

さて、カイツブリはどのくらいもぐるのか。ふつう二十五秒間はもぐるという。それ以上の記録もある。これは、エサをとる場合や外敵から逃げる場合によってちがう。また、池の広さや深さによってもちがう。

夏休みの自由研究に、カイツブリの潜水を調べることもよい体験になるだろう。

（平成一〇・七・一九）

ツバメ

最も人間に近づき親しまれてきた鳥

「一番子《いちばんこ》は六羽。二番子《にばんこ》が五羽。例年になく多くのヒナが産まれ、みな無事に育ちました」と目を細めて話すのは、高松市西ハゼ町泉谷《いずみたに》鮮魚店の店長北岡勝重《きたおかかつしげ》さん。店の入り口の日よけテントの片すみにつくられたツバメの巣では、ことし最初に産まれた一番子が四月二十九日に巣立った。その後、同じ親が土を運んできて同じ巣を修理し、二回目に産まれた二番子が七月二十四日に巣立った。

　このあたりの町並みは、昔からツバメの巣が多い。五月四日の調べでは、栗林《りつりん》公園南の室新町から東ハゼ町、西ハゼ町をへて、紙町中央橋までの道路ぞいに、十七個の巣で子育てをしていた。そのうちの十一個は商店の建物。四個は民家、二個は倉庫とマンションに巣をかけていた。そして、どの建物も人の出入りが多かったり、人通りの多い道に面しているかだった。

　ツバメは、最も人間に親しい鳥であるといわれる。それは、昔からツバメにいたずらをする人がいなかったからだろう。それどころか、巣をかけやすいように板を取り付けたり、ふんが落ちてもがまんをしてきた。それで、ツバメの大脳の中に「人間は味方である」とプリントされてしまった。ほかにも理由がある。巣をねらう天敵《てんてき》に、カラスやヘビなどがいる。しかし、天敵は人の多いところまではやって来ない。ツバメは、このことを知り安全な人間の生活場所に近づいたのだろう。

　ことわざに「燕《つばめ》が巣をかけると家は繁盛する」「家の中に巣をかけると最高にめでたい」「燕は田の神様を負うてくる」などがある。ツバメは、水田の上を飛ぶ害虫をとるから稲がよくできるのは事実である。近ごろ、田畑が減り、建築のさまも変わってきたが、ツバメたちは負けずに強く生きている。

（平成一〇・七・二六）

ハツカネズミ

実験動物として人の幸せに役立つ

　六月下旬のある日、書類を入れたダンボール箱を開けたところ小さいネズミが入っていた。黒くて丸い目が愛らしい。捕まえてみると、ハツカネズミのオスだった。そのとき、後ろ足で立ち、鼻を前につき出し、前足をすり合わせる姿勢になった＝**写真**＝。まるで、お祈りをしているように見えた。後で知ったことだが、それは戦いの前の攻撃の姿勢であることがわかり、あらためておどろいた。十日後、今度は畳の上を走るハツカネズミのメスを捕まえた。

　わが家では、三年前からハツカネズミを屋内で見るようになった。おもに夜、米びつの周りや廊下を走ることがあった。革製のいすをかじられたこともあり興味をもっていた。

　ハツカネズミは、全国はもとより、世界に広くすんでいる。頭と胴を合わせた長さが六―九センチほどの小さい体。背面が茶色で腹面は白い。民家や倉庫などの屋内にすむが、田畑や土手、草地、河川敷などの野外にも多い。子どものころ、田の片すみに積み上げたわらの中で、巣をつくって子を産んでいたことを思い出した。

　ネズミ類の研究で知られる香川大学の金子《かねこ》之史《ゆきぶみ》教授によると、県内には七種のネズミが生息しているという。そこで金子教授にハツカネズミの見分け方を教えてもらった。その第一は、尿に特有なにおいがあること。このにおいで自分のなわばりを主張するそうである。第二は、上あごの先にある切歯（門歯）の内側が欠けたようになっていることで決まる。

　ペットショップで売っているハツカネズミは、全身が白い。これは、野生のハツカネズミが白化したものである。飼育しやすく、ペットのほか生物学や医学の実験動物として、人間の幸せのために役立った歴史がある。

（平成一〇・八・二）

コウベモグラ①

体のすべてが地中生活にうまく合う

　七月十二日、綾南《りょうなん》町陶《すえ》の民家の庭で、一頭のモグラを生け捕りにした。前日にモグラが掘ったトンネルに、しかけたブリキ製の筒に入っていた。それは、平地に多いコウベモグラという種類だった。県内のモグラはこのほか、山地にヒミズ、小豆島などにアズマモグラがいる。地中にすむモグラは、観察しにくいので、この機会に体のようすを調べてみた。

　目立つのは、スコップ状のがんじょうな前足。五本の指には大きなつめがある。これで一分間に三十センチの速さで土を掘るという。後ろ足は、前足よりも小さいが親指の内側がこぶ状になっていて、前足で掘った土を後ろへけ飛ばすのに都合よくできている。

　顔の先は細長く前につき出ている。軟らかい土は、これでもち上げて掘る。その先端には鼻があり、これとその周りに生えている長い毛がセンサーの役目をしている。

　目は小さく、直径が一センチ足らず。おまけに皮膚の中に埋まるようについている。暗い地中では、見る必要がないので退化してしまった。また、耳はあるが音を集める耳介《じかい》がない。地中では、耳介はじゃまになる。それにもかかわらず音に対して敏感である。

　体の表面は、ビロードのように美しい毛でおおわれている。これは、短い毛が直立しているためで、トンネル内を前進してもバックしても、毛は逆立つことはない。

　モグラは、外から見るかぎり首が見えなく、全体的に先のとがった円筒形。地中で生活するためには理想的なスタイルである。

　モグラの先祖は、恐竜のいた中生代に現れており、その一部がモグラに進化したといわれる。その永い歴史のなかで、体のすべてが地中生活にうまく合うようになったのだろう。

（平成一〇・八・九）

体重の半分のエサをとる大食漢

地中からはい出したモグラは、鼻先を上下左右にふりながらミミズに近づいた。次の瞬間、逃げようとするミミズをがんじょうな前足でおさえつけ、かみついた=**写真**=。そして、前足でミミズの体内に残る土をしごき出しながら、猛烈なスピードで食べてしまった。いやはや、すさまじい食べぶりである。

　七月に綾南《りょうなん》町内で生け捕ったコウベモグラは体重百二十グラム。よほど腹ペコだったのか、地中でエサを食べることの多いモグラが、地上でその食べぶりを見せた。続けて観察するために、アクアリウムに深さ二十センチほどの土を入れ、その中で飼育してみた。

　あらかじめ「モグラは、一日に体重の半分のエサをとる」と聞いていたので、初めから多目にエサをあたえた。エサは、集めやすいミミズ。十五日間で一千二百三十三匹をあたえたが全部食べた。一日平均で約八十二匹、九十八グラムになる。つまり、一日に体重の八二パーセントを食べたことになる。まさしく、すごい大食漢《たいしょくかん》（たくさん食う男の意味）である。かりに、同じような食べ方をするとして、一年間に約三万匹、三十六キロのミミズを集めなければならない計算になる。

　これでは飼育も大変だと思うが、モグラはミミズのほかケラ、コガネムシ類の幼虫、コオロギなどの昆虫も好物である。カエル、カタツムリまで捕るのでエサは多い。ただし、野菜などの植物は一切食べない。

　モグラは、アクアリウムの中でトンネルを造って地表にはあまり出てこない。そして、約四時間は土の中を動き回ってエサをさがす。次に四時間くらい眠る。モグラは、このくりかえしをして生きている。このように活発な動物は、エネルギーを補給するために大食漢でなければならない。

（平成一〇・八・一六）

ニホンザル

小豆島の野生サル群

　七月五日の昼過ぎ。小豆島《しょうどしま》の寒霞渓《かんかけい》ロープウェイ駅より西へ七百五十メートルのスカイラインでサルの群れに出会った。百頭近くのニホンザルだ。オスやメスの大人ザル、若者ザルや子供ザルもいる。赤ちゃんザルは、母ザルの背中に乗ったり、腹にしがみつく＝**写真**＝。そして、赤ちゃんザル以外は、食事の真っ最中。道路に落ちている草の実を拾うもの、道ばたや森の中で草木の葉を食べるものなどさまざまで、静かで平和なランチタイムである。

　何を食べているのか。ゆっくり近づいても逃げようとはしない。サルトリイバラの若葉、くさいヘクソカズラの葉、ヒメジョオンの白い花、ヒサカキの葉など手当たり次第に手でちぎって食べている。サルの群れは、食事をしながら道路ぞいに移動すること三十分。その後、南側の谷に向かって去った。

　ニホンザルは、日本だけに分布する種類で本州、四国、九州、淡路島、小豆島、屋久島などにすむ。顔と尻が赤く、尾が短い。

　小豆島では、昭和二十八年から、当時大阪市立大学の川村俊蔵《かわむらしゅんぞう》先生らによって研究された。その結果、S・K・T・I・Oの五群がいることがわかった。そのうちのS群は、銚子渓《ちょうしけい》で昭和三十一年に餌づけされ、現在は約五百頭がA・B群に分かれて「おさるの国」として観光客に親しまれている。その翌年に、K群が寒霞渓の老杉洞《ろうさんどう》で餌づけされた。

　スカイラインで出会った群れは、どの群れの子孫だろうか。野生のサルは、自然の中から餌を取るためか毛並みが美しい。

　余談になるが、厳島《いつくしま》神社で名高い広島県・宮島のニホンザルは、昭和三十七年に小豆島から連れてきた四十七頭の子孫という。小豆島のサルが、宮島の原生林で餌をさがして、りっぱに生きている。

（平成一〇・八・二三）

高鳴きは仲間へのなわばり宣言

八月も終わりごろになると、日の出前の午前五時前後に決まってモズが鳴く。それも、庭木のこずえにとまり、キィーキィーキィー、キキッ、キィーキィーキィーと鋭く高い声だからよく聞こえる。これをモズの高鳴きとよび、季節の変わり目を感じさせる。

高松市中央公園内の南西すみに、高松が生んだ文豪菊池寛《きくちかん》の文学碑がある。自然石でできた碑には、戯曲「父帰る」の一節がきざまれている。

新二郎
　おたあさん、
　　今日浄願寺の
　椋の木で百舌が、
　啼いとりましたよ
　もう秋ぢゃ

この碑は、菊池寛の生家跡の北側へ昭和五十九年に建てられた。そのとき、碑の後ろにムクノキも植えられた。この一節は、モズの高鳴きを表したものである。この戯曲の情景に、「十月の初め」と書かれているが、高松ではモズが高鳴きをしている最中である。

モズは、春の初めから初夏にかけての子育てが終わると、真夏には静かになる。そして、八月の終わりごろから高鳴きをし、飛ぶ姿も見せるようになる。彼らは、一羽きりになり、秋から冬の生活場所としての「なわばり」をつくる。もちろん、オス＝**写真**＝もメスも別々である。高鳴きをして、もし、ほかのモズがやってきたら、飛んでいって攻撃をする。

秋も深まり、たがいに「なわばり」が決まると、高鳴きを急にしなくなり、陣取り合戦のための飛行や戦いは見られなくなる。そして、冬をむかえる。

最近、都市のまわりの民家では、モズが巣を作る生け垣が少なくなったり、エサをとる田や畑もへってモズがすみにくくなった。私は、モズの高鳴きが聞こえると、「父帰る」の一節を口ずさむことにしている。

（平成一〇・八・三〇）

コサギ

足で獲物を追い出す利口者

いま、シラサギはさまざまな所にすみ、数も多い。海岸、川、水田、池、ときには市街地の電線にとまっていることさえある。

ところが、三十年前の香川県では、シラサギは一時消えていた。それを見るために、岡山県の児島《こじま》湾干拓地、島根県の宍道湖《しんじこ》、高知県の土佐山田などの水田地帯へ出かけて行った。それが、昭和四十五年に香川町の船岡《ふなおか》池、四十七年に香南《こうなん》町の小田《おだ》池などに現れ始め、五十年代になり次第に数を増し、県内各地でふつうに見られるようになった。

実は、シラサギという種名の鳥はいない。サギ科のうちのコサギ＝**写真**＝、チュウサギ、ダイサギの白い鳥を区別しないでいうときに、シラサギの名前を使い、漢字で白鷺と書く。シラサギのうちでコサギが一番多い。

コサギは、一年中くちばしが黒く、足指が黄色で他のシラサギと区別できる。ただ、夏の繁殖期には、頭に二本の長い冠羽《かんう》と、背に先が巻き上がった飾《かざ》り羽をつける。

この鳥のエサのとり方を見ていると、いろいろな方法を教えてくれる。浅瀬や水辺にじっと立ち、近づく獲物を待ちぶせてとる方法。浅瀬をぬき足さし足で歩いたり、走り回って獲物を探す方法。最も利口そうに見えるのは、浅瀬に片足で立ち、もう一方の足を水中に入れてブルブルとふるわせて、泥の中にひそむ獲物を追い出す狩りの方法である。いずれにしても、獲物を見つけると、長い首をバネ仕掛けのようにさっとのばして、長いくちばしで正確に仕留める。

獲物になるのは、小魚、エビやカニ、ゴカイ、昆虫、カエルなどメニューは多い。三十年前には、これらの水生動物が非常に少なくなっていた時代でもあった。

（平成一〇・九・六）

オオソリハシシギ

長く反り返ったくちばしに超能力

オオソリハシシギが三羽、干潟でエサをとっていた。そのうちの一羽は、シベリアの北の端で育った若鳥＝**写真**＝だろう。この鳥のくちばしは、長くて上に反り返っている。

　そのくちばしを、せわしく砂の中にさしこんだり抜いたりしてエサ探しに夢中だった。突然、深くさしこんだかと思うと、ゴカイをひっぱり出した。そして、三メートルはなれた潮だまりまで走り、それを海水でゆすいでから飲みこんだ。この鳥には、エサについている砂を洗い落として食べる習性がある。

　オオソリハシシギは、くちばしの先から尾の端までが四十センチもある大型のシギ。十センチ以上もある長いくちばしを砂の中にさしこむだけで、見えない獲物を見つけるから、ふしぎだ。くちばしには、触れるだけで獲物とわかる超能力があるにちがいない。

　ここは、豊浜《とよはま》町の姫浜《ひめはま》海岸。県内では数少ない広くてきれいな干潟である。いまの季節、北国で繁殖をすませたシギ科やチドリ科の鳥たちが、南方へ渡る途中に立ち寄る。

　二十年前までの姫浜は、そのような渡り鳥でにぎやかであった。シギ科だけでもオオソリハシシギのほかキョウジョシギ、トウネン、ハマシギ、オバシギ、アオアシシギ、タカブシギ、キアシシギ、ソリハシシギなどもいた。なぜか、最近は種類や数が少なくなっているようだ。

　ことしの姫浜は、豊浜港海岸環境整備事業という工事の最中である。そして、ウミネコが多くきているもののシギ科の鳥は少ない。

　日没前の姫浜は、とても美しい。真っ赤な太陽が西空を赤く染め、海面を黄金色に光らせながら燧灘《ひうちなだ》に沈む。この干潟で、昔のように多くのシギ科やチドリ科の鳥たちが舞うようになると、さらに美しくなるだろう。

（平成一〇・九・一三）

ハクセキレイ

北から南へと繁殖地広げる冬鳥

平成七年六月二十八日、高松市でハクセキレイという冬鳥が繁殖した。当時としては珍しい記録だった。場所は小村《おもれ》町の吉野川電線という会社内。守衛さんにお願いして中に入れてもらい観察した。倉庫の軒下を見上げると、「頭上注意」と書かれた看板の上の鉄骨に、枯れ草を集めた巣があった。

そこには、生まれて一週間目だろうか、三羽のヒナがいた。すぐに、親鳥がトンボの幼虫(ヤゴ)をくわえて帰ってきた。親鳥は、明らかにハクセキレイの夏の姿であった。

もともと、ハクセキレイは、秋に北の方から渡ってきて、冬を過ごし、春になって北の方へ帰り繁殖する冬鳥である。ところが、昭和三十年ごろに東北地方で、同四十五年には関東地方、さらに南の九州でも繁殖をしたという記録が報告されるようになった。四国では近年になって八幡浜《やはたはま》市での記録もあるが、当時の高松では初めてであった。

ところで、ハクセキレイは、ほかの多くの鳥のように春と秋に換羽《かんう》するので、冬と夏では姿が変わる。バード・ウォッチャーは冬の姿を冬羽《ふゆばね》、夏の姿を夏羽《なつばね》とよんでいる。この鳥の繁殖例の少ない四国では、夏羽を見るチャンスが少ない。

ヒナがエサを待つ巣では、親鳥が数分ごとに昆虫を運んでくる。冬羽は全体に白っぽいメスだが、夏羽は頭上と胸が真っ黒になっていた。オスの体の背も真っ黒になっていた。そして、オスは、さかんにさえずっていた。チュチュン、チュチュン、チュリーと澄んだ声は、水辺の鳥によく似合う。

いまのところ、この鳥の四国での繁殖例は少ない。したがって、大部分は冬鳥であるが、これからは、一部はとどまって繁殖するという説明をつけ足さなければならなくなった。

(平成一〇・九・二〇)

ニッポンバラタナゴ①

繁殖期迎えたオス色鮮やかに変身

　ニッポンバラタナゴという五センチほどの小魚がいる。いま、この魚がたいへんなことになっている。かつては、琵琶湖から西の淀川流域、兵庫県、岡山県、香川県、九州の北部などに広くすんでいた。ところが、最近では環境が悪くなり、大阪府のごく一部や香川県の一部の池や川にしかすんでいない。

　環境庁（現在、省）では、平成三年にニッポンバラタナゴを絶滅危惧種に選定した。わかりやすく言うと、この魚は絶滅の危機にひんしているのである。

　ニッポンバラタナゴは、淡水にすむコイ科のうちのタナゴ類。春から夏にかけての繁殖シーズンになると、オスは赤・青・緑色などの美しい姿＝**写真左**＝になり、メスは全体に地味な色だが長い産卵管を出すようになる＝**写真右**＝。そして、メスはドブガイのような大きな二枚貝のえらに産卵するというおもしろい習性がある。

　このようなめずらしい魚を、絶滅の危機から救うにはどうしたらよいか。長年、この魚の研究を続けている高松商業高校の安《あ》芸《き》昌《まさ》彦《ひこ》先生に聞いた。答えの要点は次のとおり。

　その一、池や川の中に、農薬や家庭のよごれた水を流さないようにする。

　その二、昔のように、ドブガイなどの二枚貝がすめるようなきれいな池や川にする。

　その三、小魚を食べる外国産のオオクチバス（ブラックバス）やブルーギルなどを池や川に放さないようにする。

　その四、観賞用の外国産のタイリクバラタナゴと雑種になることがあるので、これを池や川に放さないようにする。

　香川の池や川は、ニッポンバラタナゴの最後の砦《とりで》になった。私たち一人ひとりが気をつけると、この魚も絶滅せずにすむだろう。

（平成一〇・九・二七）

ニッポンバラタナゴ②

子孫を残すためにドブガイと共生

絶滅の危機にさらされているニッポンバラタナゴを理解するために、その奇妙な繁殖のしかたをのぞいてみた。

この夏、実験的にオスとメスを三匹ずつ同じ水槽に入れた。この時期、オスはバラ色の美しい婚姻色に。メスは尻びれの前あたりから産卵管をのばし始めていた。

そのような水槽に、殻の長さが十センチもあるイシガイ類のドブガイを入れた。すると、オスもメスもドブガイに近寄り始めた。やがて、体の一番大きなオスが、ほかのオスを追っぱらい始めた。数日たって、オスは産卵管が三センチほどのびたメスに寄りそうようにしてドブガイの上で泳ぐようになった＝**写真**＝。このとき、オスはメスの胸をしきりにつついて、産卵のチャンスを待つ。しばらくたち、メスは長い産卵管をドブガイの水管にさしこみ、そのえらに卵を産む。すかさず、オスがその近くで精子を出す。このようにして受精した卵は、一日と少々でふ化して仔魚《しぎょ》になり、えらの間で二十日ほど過ごしてから水中に泳ぎ出す。そして、成長し翌年には親になる。

ニッポンバラタナゴは子孫を残すために、ドブガイなどのイシガイ類にお世話になっている。ところが、イシガイ類は自分の殻の中に卵を産み、ふ化した子貝（グロキディウム幼生という）は殻の外に出て、この魚やハゼ科などの魚類の体の表面に一時期であるが寄生をする。ドブガイなどのイシガイ類もニッポンバラタナゴなどの魚類のお世話になっている。そのような関係を共生《きょうせい》という。

さらに、ニッポンバラタナゴの仔魚は動物プランクトンを食べ、親になると藻類を食べるようになる。このように、それぞれの生き物も、ほかの多くの生き物たちとともに生きつづけることができるのである。

（平成一〇・一〇・四）

ムクドリ

にぎやかな所をねぐらにするなぞ

十月四日午後五時、高松市南部で高圧電線に約百羽のムクドリが留まった。すぐに飛び立ち北へ向かう。同じような群れがつづく。ぼくは自転車に乗ってその後を追った。

五時十五分、市街地に入ったムクドリは、民家の屋根を越え、ビルの間をぬうようにして低空飛行をつづける。とちゅう、ホテルの屋上に留まるが、すぐに北に向けて飛び立った。

五時三十分、着いた所は高松のビル街、五番町《ごばんちょう》と紺屋町《こんやまち》間の中央通り分離帯にある十九本のクスノキだった。ここが、ムクドリの集団ねぐらである。あたりは、やや薄暗くなる。つぎつぎに到着する群れが、勢いよくクスノキの茂みに飛びこむ。なかには群れが合流して数百羽になり、道路やビルの上を舞ってから茂みに入るものもいる。この並木に集まるムクドリは、何千羽になるだろうか。茂みでは、ギャーギャーと大声を出して寝場所を争う小競り合いがつづく。あたりは騒然とし、異様なふんいきになる。

六時三十分、やっと鳴き声がおさまる。ムクドリたちは、茂みの中の小枝に少しの間隔をあけて留まり眠りについた。

翌日の午前五時五十分、日の出前の薄明かりのなかを、ムクドリたちは小群に分かれてほとんど一斉にねぐらを飛び立った。

ムクドリは、春から夏にかけて繁殖する留鳥《りゅうちょう》。橙《だいだい》色のくちばしと白いほおが特徴。樹木の点在する人里にすみ山地にはいない。繁殖が終わると、小さい集団で餌をさがして漂行する。この時期は、カキやイチジクなどの果実やムクノキの実を好んで食べる。

夕方に、大集団で市街地の樹木やビルの屋上などをねぐらにする。なぜ、静かな森の中よりも、にぎやかな人間の生活空間をねぐらにするのか。いまのところ、なぞである。

（平成一〇・一〇・一一）

ヒヨドリ①

海を渡り山をこえ南に向かう鳥

　十月十日、ヒヨドリの渡りを見た。五色台の北の端、大崎《おおさき》ノ《の》鼻《はな》（坂出市）に立って北側の海を眺めながら待つ。とつぜん、二百羽をこすヒヨドリの群れが海面すれすれに現れ、にぎやかな鳴き声とともに頭の上を通りこして山ぞいに南の方へ去った。その後も、大小の群れがつぎつぎに通り過ぎた。なかには約八百羽の大きな群れもある。

　秋はいろいろな渡り鳥が、北から南へと渡る。そのうち、ヒヨドリが通過するのは十月いっぱい。例年、中旬がピークになる。ここは、北の岡山県側から大槌島《おおづち》と小槌島《こづち》をへて渡ってきて、県内や四国各地へ行く渡りコースの一つである。以前に調べた例では、十月中に通過したヒヨドリは四万羽あまりであった。また、雨や強い風の日は、危険であるから飛ばないことも分かっている。

　ヒヨドリは、ハトよりも小さく、尾が長めのスマートな鳥。市街地にもすみ、ピィーヨ、ピィーヨと鋭く鳴く。秋から翌年の春までは、主に木の実を食べるが、ツバキやサクラなどの蜜を吸うことはよく知られている。

　ところで、このヒヨドリには二つのグループがあるらしい。一つは、春から夏にかけてこの香川県の地で繁殖をし、秋から春までをそのまますむ留鳥としてのヒヨドリである。もう一つは、秋に北の方から渡ってきて冬を過こし、春になると北の方へ渡ってしまう冬鳥としてのヒヨドリである。同じ種類のヒヨドリでありながら、ふしぎなことである。

　ヒヨドリの秋の渡りは、県内各地で見られる。例えば、高松の男木島《おぎじま》では小豆郡の豊島《てしま》方面から、坂出の聖通寺《しょうつうじ》山では瀬戸大橋の方向から渡ってくる。さらに足をのばして、徳島県の鳴門公園や蒲生田岬《かもだみさき》まで行くと、さらに多くの渡り鳥の群れを見ることができるだろう。

（平成一〇・一〇・一八）

タゲリ

開けて湿った所が好きな冬の使者

　写真店で現像してもらった写真を来店していたお客さんが見て、「何という鳥ですか」と聞かれ、「タゲリというチドリのなかまです」と答えると、「そおう…」とつぶやき、変わった鳥だなあという表情をされた。

　たしかに、タゲリは変わった姿である。頭の上にぴんと立った長い冠羽《かんう》という毛、歌舞伎役者が「くまどり」というメーキャップをしたような顔、緑色が光って見える体の上面などは、ほかの鳥には見られない。それぞれの特徴が、タゲリにとってどんな意味があるのかを考えることもおもしろいだろう。

　タゲリは、十月末ごろに中国東北部などから渡ってきて、翌年の三月に去る冬鳥である。ただ、この鳥は渡来する数が少ないうえに、その場所が限られている。例えば、丸亀市の田村池や高瀬町の国市池のような広い池で、水が少なくなった場所で見られる。観音寺市の三豊干拓地の草地にも毎年やってくる冬の使者である。いずれにしても、広く開けた湿地が好きなようである。

　この鳥は、数十羽程度の群れで行動し、地表や地中にいる昆虫、クモ、ミミズなどを食べる。食べ終わると数歩あるいて立ちどまる。また、数歩あるいて立ちどまる動作をくり返す。このような餌《えさ》の捕り方は、シロチドリやコチドリなどのチドリ科に共通した行動である。

　全長が三十センチほどのタゲリは、望遠鏡を使って少し離れた所から観察するとよい。非常に用心ぶかく、あやしいものが近づくと、まず警戒の役目をしているタゲリが舞い上がる。それを合図に、群れ全体がいっせいに飛び立つ。このとき、ミューミューと子猫のように鳴いたり、ふわふわした感じではばたいて飛ぶのもタゲリの特徴である。

（平成一〇・一〇・二五）

メダイチドリ①

大きい目と黒い過眼線で身を守る

メダイチドリは、漢字で目大千鳥と書く。文字どおり、体のわりに目が大きい。そのうえ、目の周りが黒い羽毛でかこまれているので、さらに大きく感じる。

全長二十センチ足らずのこの鳥は、タカ類などのおそろしい天敵がいるので、つねに周囲のようすを見て警戒しなければならない。そのために、よく見える大きな目が必要なのだろう。

目の周りが黒いのも意味がある。それを考えるために、天気の良い日に次のような実験をした。自分の目の周りを、黒い墨でぬって遠くの景色を見た。すると、まぶしくなく景色がはっきりと見えるではないか。鳥類図鑑をめくってみると、目の周りやその前後が黒い羽毛でおおわれている鳥が多い。この黒い線を過眼線《かがんせん》とよんでいる。この実験結果から考えると、過眼線は遠くのようすをはっきりと見るのに役立っていると思われる。この推理があたっているかどうかは、さらに別の方法で調べる必要がある。メダイチドリは、夏のシベリア東部などで繁殖し、冬は東南アジアやオーストラリアなどで過ごすチドリ科の鳥。したがって、春と秋に日本を通過するときに立ち寄る。秋は南へ向かう若鳥＝**写真**＝も立ち寄る。体の上面が灰褐色で地味だが、来年の春に北へ向かうオスは、頭の後ろから胸がだいだい色の明るい姿に変わっている。

千鳥という文字を辞書でみると、「数多くの群れで飛ぶから」とある。実際に、チドリ科の多くは、大きな群れになる。しかし、香川県にあるようなせまい干潟では、小さい群れのことが多い。毎年、豊浜《とよはま》町の姫浜《ひめはま》では、数少ないメダイチドリが大好きなゴカイを食べているのを見ることができる。

（平成一〇・一一・一）

ハマシギ

大群で飛ぶさまは動く芸術のよう

　潮の引いた海岸で、ハマシギがくちばしを泥の中に入れたまま歩いていた。何にあたったのか、くちばしをぐっと深くさしこんだ。引っぱり出したのが子ガニ。そのまま飲みこんだ。

　ハマシギの全長は二十センチ。水辺の鳥にしては、足と首が短いずんぐり型だが、翼は長い。この鳥の特徴は、やや下にわん曲したくちばし。この形が、ハマシギにとっては最高のエサ捕りの道具だろう。

　香川県に渡来するハマシギには二通りある。一つは、秋にシベリアの北の端から渡ってきて、そのまま越冬し、春に北へ帰る冬鳥のハマシギである。もう一つは、秋にシベリアから渡ってくるが、通過をして南方で越冬し、春になると北へ帰る途中に立ち寄る旅鳥《たびどり》のハマシギである。つまり、香川県では冬鳥と旅鳥のハマシギがやってくる。

　そして、季節によって体の特徴が変わる。冬のハマシギは、背が灰色で腹は白いが、春のハマシギは背が茶褐色で腹は黒くなる。これは、羽毛が抜け変わるためである。一般に、前者を冬《ふゆ》羽《ばね》、後者を夏羽《なつばね》とよぶ。九月ごろに渡ってきた直後のものは、夏羽が少し残っているので、腹が黒い羽毛でまだら模様になっている＝**写真**＝。

　この鳥がやってくる所は、高松市の新川《しんかわ》河口や丸亀市の土器川《どきがわ》河口などの干潟、香南《こうなん》町の小田《おだ》池や丸亀市の田村池などのため池である。最近は、数羽から百羽くらいの群れであり、それ以上の大群は見られなくなった。三十年前には、数百羽の大群も見られた。

　大きな群れで一斉に飛びたち、飛びながら方向を変えるたびに群れ全体が白く光ったり黒い塊になるさまは、動く芸術のようで感動したものだ＝**写真円内**＝。

（平成一〇・一一・八）

ユリカモメ

北から渡来する海や川の掃除屋さん

【十一月七日午前三時三十分】ここは、高松西港の岸壁。港の海面は真っ暗だが、目の前の高松市中央卸売市場では、すでに明かりもつき人々が働いている。

【同四時三十分】とつぜん、暗やみの海面近くにユリカモメ二羽が現れるが、ふたたび暗やみに消える。

【同五時】市場の辺りでは、人が多くなり車の数も増える。市場に出入りする人、岸壁で魚を仕分けする人らで活気づく。

【同六時】やっと空が薄明かるくなる。急にカモメ類が海から飛んできた。七時までにユリカモメ九十五羽、セグロカモメ三十二羽、ウミネコ五羽を数えた。カモメたちのねらいは、捨てられた魚やごみで、岸壁につながれた漁船の上や海面を泳いで待つ。

香川県に渡ってくるカモメ類のうち、最近ではユリカモメが最も目立つ。この鳥は、十月ごろに北海道よりも北の方から渡ってきて越冬し、翌年の五月に去る冬鳥である。冬鳥のユリカモメは、くちばしと脚が赤い。目の後ろに黒い斑点もある＝**写真左**＝。春になり北へ去る前には、頭が黒くなり、くちばしや脚も黒っぽくなる＝**写真円内**＝。

ユリカモメは、県内の主な河川の河口に多い。大抵は数百羽の大群である。漁港にも多い。さらに、河川の中流までさかのぼったり、ため池までもやってくる。そこで、飛びながら、また浅瀬を歩いて器用にエサをとる。エサは、小魚、エビ、カニなどの小動物はもちろん、死んだ動物や人の捨てたごみまであさる。ユリカモメは、海や川の掃除屋さんである。

寒さがきびしくなると、高松西港ではエサをさがすユリカモメも増え、卸売市場のまわりは、いっそうにぎやかになる。

（平成一〇・一一・一五）

セグロカモメ

黄色のくちばしに赤い斑点のなぞ

今年の冬も、セグロカモメが高松西港にやってきた。その数は三十羽あまり。小型のユリカモメにまじり、港に捨てられた魚のくずをさがして飛び回っている。

セグロカモメは、カモメ類のうちでは大型で、翼をひろげた長さが一四〇センチもある。親鳥の体と尾は白色。背と翼の上面は灰色、翼の先が黒くて白い斑点がある。くちばしは黄色で、下側のくちばしの先には赤い斑点がついている。

なぜ、くちばしに赤い斑点があるのか。そのなぞを解いたのが、オランダ生まれのニコ・ティンバーゲン博士である。博士は赤い斑点の意味をさぐるために一九四六年から四年間、オランダのフリージア諸島にあるセグロカモメの繁殖地で、野外実験をした。

ふつう、セグロカモメの生まれたてのヒナは、親鳥のくちばしをつついてエサをねだる。つつかれた親鳥は、あらかじめ飲みこんでいたエサをはき出して、ヒナにあたえる。

そこで、博士はボール紙で親鳥の頭の模型をつくり、くちばしと斑点の部分にいろいろな色をぬり変えて、ヒナにエサねだりをさせてみた。このような実験を何回も行った結果、黄色のくちばしに赤い斑点をつけた組み合わせの模型に、ヒナがもっともよくエサねだりをしたという。

セグロカモメは、シベリアやアラスカなどの北の方で繁殖するので、日本ではヒナのエサねだりを見ることはできない。しかし、冬の香川県にはセグロカモメのほか、オオセグロカモメ、ウミネコ、カモメ、ユリカモメが渡ってくる。それらのくちばしの色、いや、体のさまざまな特徴は鳥たちの生活に大切な意味がある。そのようなことを頭に入れておくと、観察もさらに楽しくなるだろう。

（平成一〇・一一・二二）

ハイタカ

冬の平野で狩りをする森の鳥

　三年前の十二月七日、高松市十川《そがわ》西町の村川照清さんから、鷹《たか》を保護してほしいとの電話があった。駆けつけてみると、車庫内の二階のさくに、ハイタカの若鳥。鋭い目つきをしてとまっていた。

　村川さんの話によると、二日前から車庫に入りこんで、出入り口を開けっ放しにしているのに外に出ようともしないとのこと。早速追い出しにかかったが、車庫内を飛び回るだけである。やむをえず捕虫網で取りおさえた。念のために車庫内を調べてみると、頭を食いちぎられたムクドリが二階のたなに置かれていた。どうやらハイタカは、人知れず車庫に出入りし、一時的にすみつこうとしていたらしい。

　ハイタカは、ワシタカの仲間。オスはハトくらいだが、メスはそれよりもひと回り大きい。また、オスの体の上面は青みがかった灰色で、下面が赤褐色の横しまがある。それに対して、メスの体の上面は灰褐色で、下面には褐色の横しまがある。オスとメスは、別の鳥のように見える。

　春から夏にかけて北海道よりも北の地域で繁殖し、冬は暖かい南で過ごす。したがって、香川県では、冬鳥として渡ってくる。この時期には、山地はもちろん、平地や海岸でも見ることができるが、その数は少ない。そして、スズメやムクドリなどの小鳥やネズミをねらって狩りをする。

　くだんのハイタカ。自宅に連れて帰り体を念入りに調べたが、けがや病気のようすはなかった。元気をつけるために牛肉をあたえると、夜のうちに食べてしまった。翌日、近くの山中で放鳥した。ハイタカは、翼をはばたいたり止めたりしながら一直線に飛び、森の中に消えた。

（平成一〇・一一・二九）

アオサギ

S字形のくびにかくす早わざの秘密

アオサギが長いくびをS字の形に曲げて、港の岸壁にそってゆっくりと歩いていた。つぎのしゅん間、目にもとまらぬ速さで、くびを槍のようにまっすぐにのばして、くちばしでカニをはさんだ。

こんな早わざが、どうしてできるのか。実は、その秘密がくびの中にかくされている。その一つは、骨にある。くびの骨は、「けい骨」という小さな骨がつながってできている。その五番目と六番目のけい骨のところが、S字の形に曲げやすいように段になっているからである。もう一つは、くびの骨についている「けん」が特別に丈夫にできていて、そのはたらきでくびをいきおいよく突き出すことができるというのである。

アオサギは、日本で見られるサギ類のなかでも最大級の鳥。体の上面は灰色、頭は白いが、黒くて太い線がひたいから目の上をとおって後ろまでのびている。飛んでいるとき、翼の先から後ろ側の「雨おおい」といわれる部分が青みがかった黒色に見える。そんなことから、アオサギと名づけられた。

いまから三十年ほど前は、アオサギの数が非常に少なかった。そのために、一般にはあまり知られていなかった。それと、体が大きいことで、ツルと間違えられることがしばしばあった。その後、約二十年前から増えはじめ、いまでは県内のいたるところの水辺ですむようになった。

このように、きびしくなった環境の中でもたくましく生きつづけられたのは、S字形に曲がるくび、魚などのエサをくわえる長いくちばし、そして、浅い水中を歩ける長い脚をもっているからであろう。

さあ、海岸、川、ため池などに行って、アオサギのエサの捕り方を観察してみよう。

（平成一〇・一二・六）

オシドリ

大好物は「お池にはまったどんぐり」

ことしも、塩江《しおのえ》町の内場《ないば》池にオシドリがやってきた。水面に浮かぶ九十羽あまりの群れが、朝日を受けてキラキラと光っていた。それを二十倍の望遠鏡で拡大して見ると、オス＝**写真右**＝の派手《はで》な色や形に、思わず息をのんだ。そのそばを泳ぐ地味な体色のメス＝**写真左**＝に同情したくなるほどである。

オスの赤いくちばしと、長くてカラフルな羽毛をつけた頭と首。そして、舟の帆のように立てた茶色の羽毛が目立つ。これは、形がイチョウの葉ににているので「イチョウ羽」とよんでいる。なぜ、オスの体は、派手な色や形の羽毛でつつまれているのだろうか。

オシドリは、カモ類の一種。おもに中部地方より北の森で繁殖するが、香川県では冬越しのためにやってくる場合が多い。内場池の場合も、冬鳥として渡ってきたオシドリたちである。そして、この時期は特別にオス・メスに関係なく群れで行動していることが多い。ところが、寒い冬になると、群れのなかでオスとメスがなかよくなり始め、春にはそのほとんどが夫婦になってしまう。

そのときに、オスの派手な色や形がメスの気をひくのに役立つ。このとき、オスがどのような行動をし、それにたいしてメスがどうするのかを観察するのもおもしろい。

ところで、オシドリは内場池だけでなく、県内の山間部の池にもきている。そこで水面に浮いたり生えている植物を食べる。また、水辺に生えている植物の葉や種子もとる。とくに、森の中や池の中に落ちているどんぐりは大好物であり、それを見つけるとそのまま飲みこんでしまう。

内場池のまわりには、カシやシイなどのどんぐりが実る木が多い。そのような自然が、美しいオシドリが生きるのに役立っている。

（平成一〇・一二・一三）

メジロ①

冬の庭に咲く花にくる「あま党」

十二月の末になると、庭木のロウバイに黄色の花が咲き始め、そのあまい香りが辺りにただよっている。そのにおいにさそわれてか、メジロがやってきた。そして、くちばしを花にさし入れて蜜を吸ったかと思うと、せわしく次の花に移っていた。

メジロは、目のまわりが白い羽毛でふちどられていることから名づけられた。スズメより小さく、くちばしの先から尾の先までの長さが十二センチ。体の上面が黄緑色、翼と尾は緑かっ色である。くちばしは細くて先が鋭くとがっている。よく見ると、いくらか下に曲がっている。

このくちばしが、メジロの食べものと関係がある。もともと山の森で生活しているメジロは、寒い冬になると平地におりてくる。町の中の公園や学校、民家の庭にまでやってくる。そして、サザンカ、ツバキ、ヤツデ、ウメなど冬の花の蜜を吸いにくる。メジロのくちばしの形は、そのような花の中にさしこむのに都合よくできている。しかも、舌の先がブラシのようになっているから蜜をなめやすい。まさにメジロは、「あま党」である。

このような性質のために、あまいミカンを輪切りにして庭木につるしておくと、その汁を吸いにやってくる。小さいびんにジュースを入れておいてもやってくる。

しかし、このようなことが見られるのも冬の間だけで、サクラの花の蜜を吸った後は山に帰って行く。そして、森の中で巣を作りヒナを育てるために、昆虫をエサにするようになる。繁殖が終わって秋になると、メジロのごちそうは、山に多いアケビやノブドウの果実になる。そして、冬を迎える。

冬のメジロは、意外にもあなたの近くにいる。窓をとおして、そっと観察してみよう。

（平成一〇・一二・二〇）

キツネ

里山・林・やぶが続く広い環境で生きる

　夜八時、向かいの杉林から一ぴきのキツネが現れた。立ちどまって、じっとこちらを見ている。ライトに照らされた目が青白く光る。後ろから、もう一ぴき現れた。「うあっ、キツネや。」明かりを小さくした薄暗い部屋で、ガラス越しに見ていた小学生たちが思わず声をあげた。

　二ひきのキツネは、おどるようにして走り、窓ぎわから五メートルまで近づいた。少し開けた口の中の鋭い歯やひげが見える。

　ここは、石川県白山《はくさん》のふもと、尾口《おぐち》村の国民宿舎。例年十二月末におこなっている「冬休み子ども自然体験学習」ツアーの夜の動物観察でのことである。

　香川県の子どもたちにとって、野生のキツネは初体験である。しかし、彼らは何となくキツネとわかるらしい。同じイヌ科の犬とはちがう。体の上面は赤褐色、いわゆる狐色。もっとも特徴的なのは口の先が細くとがり、太くて長い尾である。

　日本でキツネのすんでいるところは北海道、本州、四国、九州と広い。ところが、四国では、その数がとくに少ないという。そのうち、香川県ではさらに少ない。高瀬《たかせ》町や綾歌《あやうた》町などで見たという情報もあるが、めったに見ることはできない。

　ちなみに、平成七年度に許可を受けて狩猟をし、捕られたキツネの数は北海道三千四百一ぴき、岡山九百六十八ひき、高知七十五ひきなどにたいして香川は一ぴきだった。

　どうして香川にはキツネが少ないのか。九州で電波発信機をつけたキツネの行動を調べた結果、夜間に里山から林、やぶ、畑、人家などが入り組んでいるところを移動しているという。そのような環境が広く続いていなければ、キツネは生きることができない。

（平成一〇・一二・二七）

長い耳は体温を下げるラジエーター

五色台の自然科学館前の芝生広場で、ノウサギがいきなり草むらから飛び出してきた。そして、猛スピードで坂をかけのぼり林の中に消えた。そのさまは、長い耳をピンと立てたまま、長い後ろ足で地面を思い切りけって走っているようにみえた＝**写真**＝。

ノウサギは本州、四国、九州にすむ日本特産のウサギである。もちろん、小豆島《しょうどしま》などの島にもいる。北海道のウサギは、ユキウサギというまったく別の種である。

ノウサギの頭と胴の長さは五十センチ前後、白い腹のほかは全身茶褐色。約八センチもある長い耳の先に黒い毛があるのも特徴である。ノウサギにかぎらず、ウサギ類の大部分は耳が長い。なぜ、耳が長いのだろうか。

まず考えられるのは、長い耳は音がよく聞こえるだろうということである。私たちが耳とよんでいるのは、正確に言うと耳介《じかい》という頭の横から出た部分をさす。実はノウサギの耳介の表面積は、体全体の約四分の一にあたるというからおどろく。この耳が筒状に開いているから、音を多く集めることができる。草食動物のウサギは、つねにキツネやタカなどの肉食動物におそわれる危険にさらされている。だから、走っているときも耳を立てて、よく聞こえるようにしているのだろう。

耳が体温の調節をしているのだろうという説もある。ふつう、けものは気温が高くなったり運動をすると、体温も高くなる。そこでウサギの場合、体温で熱くなった血液を長い耳の血管に流して空気で冷やすのだろうということである。つまり、耳は自動車のエンジンを冷やすラジエーターのような冷却装置である。

ほかにも理由はあるだろうが、ウサギは長い耳で危険を知り体温を調節して生きている。

（平成一一・一一・一〇）

ノウサギ②

足あとが動物の生きざまをみせる

ウサギをよんだ歌は多い。童謡では「兎のダンス」「兎の電報」がある。わらべ歌の「うさぎうさぎ」は、あまりにも有名である。

うさぎ　うさぎ　何見てはねる
十五夜お月さま　見てはねる

これらの歌では、ウサギがはねるようにして走るようすがよまれている。

じっさい、ノウサギが走るときには、二本の長い後ろ足で地面をけりジャンプして前に進む。次のしゅんかん、二本の短い前足が着地すると同時に、その前側へ後ろ足が着地する。その結果、ノウサギの足あとは**写真（円内）**のようになる。これは、雪が降ったあくる日に、撮影したものである。

このような走り方をするために、ピョンピョンはねているように見え、速く走ることもできるのだろう。ノウサギが何者かに追われているときは、時速八十キロにもなるという。まさに、高速道路を走る車なみである。そのように速く走ることができるのは、長い後ろ足だけでなく、発達した筋肉、大きな心臓、軽い骨なども役立っている。

ノウサギは、夜行性のために昼間に見ることは少ない。しかし、山道などで気をつけてさがすと、その生活のあとを見つけることができる。たとえば、冬になってエサの草が少なくなると、ヒサカキという低い木の葉も食べるが、その食べ残しが地面に落ちていることがある。また、その近くでは黒豆のような丸くてかわいたふんも発見するだろう。

おととしの冬、県内の小学生たちと石川県白山《はくさん》のふもとへ行ったとき、雪の上にノウサギの足あとを見つけた。そのあとをたどって進むと、キツネの足あとと一緒になって続いていた。その先でどんなことがおこったのだろうかと、いろいろと想像してみた。

（平成二一・一・一七）

ホシハジロ

池の底に生える水草が生命のもと

香川県の川や池、海面には、毎年二十種以上のカモ類が渡ってくる。そのうち最も多いのが、ヒドリガモとマガモである。そして、三番目に多いのがホシハジロという中型のカモである。

　ホシハジロは、年ごとに渡ってくる数がふえ、いまは香川県全体で二千五百羽以上になっている。長尾町の八幡《はちまん》池では、一九七二年には十四羽が泳いでいた。ところが最近では、ここだけでも約五百羽ほどいて、県内での最高の数になっている。

　この鳥のオスは、頭が茶色、胸は赤みがかった黒色、背と腹が灰色のあざやかな体色である＝**写真左**＝。これに対してメスは、頭と胸が褐色、そのほかは淡い色のじみな体色である＝**写真円内**＝。くちばしは黒いが、その中に灰色も見える。ただ、なぜかオスの目は赤く、メスはこげ茶色に見える。

　池で泳いでいるホシハジロを見ていると、いろいろなことがわかる。まず、浮いているときには、尾を水面につけている。マガモのように尾を水面より上に出しているのとはちがう。次に、エサをとるときには潜水をする。もぐるときには、水面で飛びはねるようにして勢いよく頭から水中に入る。そして、池の底に生えている水草をとって食べる。水中の動物もとる。この鳥が飛び立つときには、水面を助走してから舞い上がる。このようにさまざまな行動を見せてくれる。

　ホシハジロは四国のうち香川県が最も多い。そのほとんどが池にすむ。とくに八幡池のほか、高松市の小田《おだ》池、丸亀市の宮《みや》池・庄ノ池・田村池、高瀬町の国市《くにち》池などでは、百羽以上の群れが見られる。これらの池では、水底にたくさんの水草が生えているからであろう。水草は、ホシハジロの生命のもとである。

（平成一一・一・二四）

マガモ

向かいあって水を飛ばす動作で求愛

高松市の栗林《りつりん》公園に群鴨池《ぐんおうち》とよばれる池がある。ここでは文字通り、冬鳥のマガモが群れている。泳いでいるものがあれば、岸に上がって居眠りをしているものもいる。

ふと、その中でオスとメスが向かいあって水を飲んでいるようにしていた。平たいくちばしを水面につけて上に向く。それを何回もくり返す。そんなに水を飲むと、おなかがパンクするぞ。実は、水を飲むような動作をしているだけである。この動作は「ぼくはきみが好きだよ」という意味らしい。つまり、求愛（プロポーズ）をしているのである。

ほかにも、いろいろな動作で求愛をする。羽毛を立てた頭が後ろの尾につくほどにそりかえる。また、くちばしを水中に入れたかと思うと、頭をはね上げるようにして水しぶきを飛ばすこともする。このように、あの手この手をつくしてオスとメスは仲良くなって夫婦になる。

マガモは、カモ類のなかでもっともよく知られた一つである。大昔の人は、マガモを飼ってアヒルをつくりだしたほどである。

オス＝**写真右側**＝は頭とくびが緑色で胸が茶色、そのさかいの白い輪が目立つ。そして、尾の先が巻き毛になっているのも特徴。メス＝**写真左側**＝は全体に褐色でじみに見える。

かつて江戸時代には、群鴨池に高松松平藩の藩主が鴨猟《かもりょう》をするための鴨場《かもば》があった。明治時代になってその一部が埋めたてられた。それが、平成五年になって掘り出されて、昔の鴨場の形に復元された。カモのようすを見るための「のぞき小屋」やカモをとる「鴨引き堀」もある。

もちろん、現在は鴨猟はしていない。歴史の遺産として観光に役立っている。やがて、三月になると仲良くなったマガモの夫婦は北の国に旅立つであろう。

（平成一一・一・三一）

ツグミ①

「糞」で種をまき林と共生をする冬鳥

二月に入り、明日にも寒波が近づくという天気予報を聞いて、高松市の屋島に登った。この時期の北嶺《ほくれい》の遊歩道では、人気《ひとけ》が少ない代わりに二十種ほどの小鳥でにぎわっていた。なかでは、ツグミとシロハラによく出会う。

遊歩道のとちゅうに千間堂跡《せんけんどうあと》とよばれる広場がある。西暦七五四年の冬、中国の高僧鑑真《がんじん》が船で奈良に向かっていたとき、嵐にあい長崎ノ鼻に上陸して山に登り、ここに寺を開いたと伝えられている。その広場に、ツグミが七羽いた。人の気配にキョッキョッと鳴いて地面を走り、周りに茂る木にとまった。

ツグミは、十月下旬にシベリアの東部あたりから渡ってくる冬鳥である。県内では、海岸から平野にかけ、讃岐山脈の上部にいたるまでの広くで見られる。

体はスズメより大きくハトより小さい。翼の上側は茶褐色で、胸から腹にかけて黒い斑点がある。目の上にクリーム色の線がまゆ毛のようについているのも特徴だ。

秋に渡ってきたころは、民家の柿の実もついばむが、冬になるとクスノキ、クロガネモチ、ピラカンサなどの実を好んで食べる。

千間堂跡の広場では、地面や岩の上に青紫色の糞《ふん》が落ちていた。ツグミの糞である。それをほぐしてみると、消化されていない種子がたくさんある。そのなかで最も多いのがヒサカキの種子である。少ないが、ハゼノキやネズミモチの種子もある。

鳥に食べられた種子は、糞に混じり地面に落ちる。そこで発芽する。一般に、糞の中の種子は、実のまま地面に落ちた種子よりもよく発芽する。ツグミは、木の実を食べて糞をすることによって野山に種まきをしている。ツグミは林と共生しているのだ。

（平成一一・二・七）

ジョウビタキ

なわばり守って冬をこす「そろばん鳥」

八百十四年前の早春に源平合戦があった高松市屋島東町で、ジョウビタキのオスがイチジクの木で鳴いていた＝**写真右**＝。

ヒッヒッヒッヒッヒッと澄んだ声の後に、カッカッカと低い声で鳴く。その間、あたりを気にするようなしぐさをしては、くりかえし鳴く。数分後、となりの民家の庭で同じように鳴く。その声が消えて三十分後、もとの場所にもどってきた。

ジョウビタキは、十月中ごろに朝鮮半島の北部やシベリア東部などから渡ってきて、三月に去る冬鳥である。オス、メス＝**写真円内**＝ともにつく翼の白い模様から紋付鳥《もんつきどり》ともよばれる。また、カッカッカの鳴き声がそろばんをはじく音に似ているので、「そろばん鳥」という名もある。

この鳥が「なわばり」の性質をもつことはよく知られている。とくに、渡ってきたころは、その性質がよく見える。

昨年の十月末、高松市峰山公園の梅園で、二羽のメスがそれぞれの「なわばり」の境めで向かい合っていた。その間かくは一メートル。それぞれが別々の低い木にとまり、頭と尾を上下にふってカッカッカと鳴いて相手をおどしていた。やがて、一方が相手の「なわばり」内に入り、猛スピードで十メートルほど追いかけた。追いかけた方は、すぐにもとの位置にもどってきた。「なわばり」争いの一回戦はこれで終わった。

この鳥にとって「なわばり」は冬の間のエサとなる草木の実や昆虫をとるために必要な広さの場所である。だから、オス、メスに関係なく「なわばり」を守って、つねに一羽でいる。それにしても、ジョウビタキは渡りのとき、一羽だけであろうか、それとも群れになるのだろうか、興味のあることである。

（平成一一・二・一四）

ヤモリ

すみっこでひとかたまりになり冬眠

ことしの一月三十日、ぼくのうちの倉庫で冬眠中のヤモリ（ニホンヤモリ）を見つけた。それも、六ぴきが棚のすみっこで一かたまりになっていた。つつくと、ゆっくり動きだしたが、やがて元どおりのかたまりになった。

夏の夜、窓の外で明かりにさそわれて集まるカやガなどの昆虫を食べてくれる。そのとき、窓ガラスや壁などを平気ではい回る。ときには室内に入りさかさまになって天井をはうこともある。人が近づくとすばやく走り建物のすき間にかくれてしまう。

ヤモリは、なぜどんな所にでもくっつき自由にはい回ることができるのか。その秘密をさぐるために、冬眠によって動きがにぶくなっているヤモリの足を観察してみた。

足には五本の平たい指がある。その裏側の皮ふには、小さいうろこが横方向に並んでいる。これでくっつくのかなと思ったが納得できない。さらにそれをけんび鏡で拡大した。カギのような形をした毛が一面についているではないか。これがガラスや壁の面にひっかかって足の裏がくっつくのだろう。ヤモリが、どこでも自由にはい回れる秘密は足の裏にあった。

ふつう、ヤモリの多くは人家にすみつく。漢字で「守宮《やもり》」とも書くが、害虫を食べて家を守るのでこの名になったという。

昨年の十月三十一日、高松市亀阜《かめおか》小学校の四年生たちと、峰山《みねやま》の林にかけていたシジュウカラの巣箱で、一ぴきのヤモリを見つけた。人家以外にもヤモリがすんでいる。

ヤモリなどのハチュウ類は、気温が下がると体温も下がるので冬眠しなければ生きられない。六ぴきのヤモリは、三カ月余り何も食べていないのでかなりやせていた。さぞ暖かい春が待ち遠しいことだろう。

（平成一一・二・一二）

シメ

太いくちばしで大きな力生みだす

　二月の中じゅん、坂出市府中湖《ふちゅうこ》のほとりを歩いていると、雑木林の中からキチッ、キチッという鈍《にぶ》い声が聞こえた。見上げると、シメという鳥が葉の落ちたエノキにとまり、枝に残っている実を食べていた。

　シメは、十月中ごろに北国から渡ってきて五月の初めに去る冬鳥である。スズメより大きく、ずんぐりとした体形。その体に似合わず、太くて大きいくちばしが目立つ。

　なぜ、そんなに大きなくちばしが必要なのか。シメはエノキやムクノキなどの樹木の実が大好物である。しかも、その中にある堅い種子まで割って食べる性質がある。

　そのために、がんじょうなくちばしと、それを動かす強い筋肉をもっていなければならない。

　ある人が、その強さをはかるために、シメのくちばしの模型をつくり、それにサクラやオリーブの種子をはさんで力を加えてみた。その結果、三〇—七〇キログラムの重さの力を加えなければ、種子を割ることができなかったという。シメの体重が約五五グラムであるから、自分の体重の一千倍の力を出している計算になるのでびっくりする。

　シメは古くから知られている。ほぼ一千二百年前、歌を集めた万葉集という本の中にその名が出ている。また、百六十年前に、毛利梅園《もうりばいえん》という人が「梅園禽譜《きんぷ》」という画集を作っているが、その中にシメの非常に精密な図がかかれているからおどろく。

　三月に入り暖かくなると、シメは平地に姿を見せるようになる。神社や公園などの明るい林で、堅い木の実を食べている。

　また、人家の庭木にも姿を現し、木の実に加えてサクラやカキなどの新芽も食べるようになる＝**写真**＝。キチッ、キチッという鈍い声が聞こえたら、外に出てシメをさがしてみよう。

（平成一一・二・二八）

ウミネコ

猫のように鳴く海の掃除屋さん

昨年の秋、豊浜《とよはま》町姫浜《ひめはま》でウミネコの群れと出会った。ほぼ二千羽はいただろうか。干潟の波打ちぎわで休んでいた。とつぜん、ミャオ、ミャオと鳴きながらいっせいに舞い上がった。このようなことは、県内各地の海岸でも見られる。

ウミネコはカモメのなかま。県内には、ユリカモメ、セグロカモメ、オオセグロカモメ、カモメもいるが、ウミネコだけがカモメらしくない名前がついている。猫のように鳴くので、そのようになったのだろう。

この鳥は足が黄色、くちばしも黄色であるが、その先に赤色と黒色の斑点がついているのが特徴である。飛んでいるときに尾の端に黒い帯のような線もあるので、ほかのカモメと区別することもできる。ただ、群れの中には、体が褐色で、くちばしや足が黄色でない若鳥が多くまじっていたり、ほかのカモメもいるので、図鑑などを参考にして注意深く、そして根気よく見なければならない。

ウミネコは、海面を泳ぐイワシやイカナゴなどの魚をエサにしている。そのほか、走っている船からすてられる料理くずや残飯も好んで食べる。そんなことから、フェリーなどの船のあとをつけて飛ぶ習性を身につけてしまい「海の掃除屋さん」といわれるようになった。

そのウミネコも、三月になると、しだいに数がすくなくなる。若鳥を残して繁殖地へ向かうからである。

繁殖地は、近くでは愛媛県の豊後《ぶんご》水道にある無人島が知られているが、島根県大社《たいしゃ》町日御碕《ひのみさき》の経島《ふみしま》が有名である。ここでは、四月ごろから数千羽が集まって繁殖しているのが対岸から見ることができる。そのすばらしいながめは、見る人々に命の尊さも教えてくれる。

（平成一一・三・七）

キジバト

ピジョンミルクでヒナが育つ

庭にあるウバメガシの茂みで、バタバタとそうぞうしい音が聞こえてきた。重なり合った枝葉のすき間から、キジバトが二羽のヒナにエサをあたえているのが見えた。

キジバトのエサのあたえ方は変わっている。親鳥はエサを食べると、「そのう」という消化器で消化されてミルクのようになる。このような状態で巣に帰った親鳥は、それを口にもどす。おなかのすいたヒナは、それを口移しで吸いとるわけであるから、ほかの鳥とはかなりちがう。

このミルクは、〝バトの乳〟とか〝ピジョンミルク〟とよばれ、栄養価が高いのでヒナの成長も早い。つねに二個しか産まない卵からかえったヒナを大事に育てるためのキジバトの知恵であろう。そのミルクのもとになるエサは、地面に落ちている草木の実や種子である。だから、キジバトは土の上を歩いてエサさがしをしている。土にはキジバトの命のもとがある。

キジバトの体は、全身が淡いブドウ色であるが、肩から翼にかけて茶色のうろこ模様がある。また、首の両側に青色と黒色のしま模様がついているのも、この鳥の特徴である。

繁殖の盛んな春になると、よく鳴くようになる。デデッポーとくり返し、鳴き終わりにはデデポウとしめくくるからおもしろい。

香川県内では、昔からキジバトのことを山鳩とよんでいた。山地に多くすんでいたのでこのような名になったのだろう。

ところが、ここ三十年ほどの間に平地でも多く見るようになった。市街地の学校や公園、民家の樹木にでも平気で巣をかけている。そのような場所の近くには、土があり草木が生えている所がある。まわりが、コンクリートやアスファルトになってしまうと、キジバトは生きていくことができなくなる。

（平成一一・三・一四）

トビ

空高くまい小さい力で遠距離飛行

昔からトビのことを「とんび」という名でよんでいる。

「昼のお月さん」という童謡がある。「とんび　ぶつかるな　そっと　まわれ　昼のお月さんが　こわれるよ」と歌われている。

　また、高知県のわらべうたに「とんびとんび　まいまいせ　あさっての市で　鼠よ買うてほり上げちゃお」というのがある。

　さらに「夕焼けとんび」という歌謡曲に「夕焼け空が　真っ赤っか　とんびがくるりと　輪をかいた…」もある。

　どの歌も、トビが高い空でまわっているようすを歌っているからおもしろい。なぜ、トビが高い空でまわるのか。

　夜、トビは山や島などの林をねぐらにしている。朝になるとエサ探しのために遠くへいかなければならない。太陽が東の空に高くのぼると、山や島では空に向かって風が吹き始める。トビはこの風に乗って、羽ばたかずに翼を広げたまま同じ場所をまわり始める。何回もまわっているうちに、次第に上昇する。

　そして、数百メートルまで上がると、目的に向かって、羽ばたかずに一直線に飛び去る。このようにして、香川県の五色台から七キロも離れた岡山県側へと一気に飛んだトビを望遠鏡で見たこともある。

　トビが空をまわるのは、高い所へ上がるためである。翼をはばたかずに、上昇気流を利用して、上昇することができる。このような飛び方をソアリングとよんでいる。

　トビは翼を広げると、一六〇センチもある大型の鳥。イギリスのロンドンでは、一四六五年にたくさんいたトビが、一八五九年にはいなくなったという。日本では当たり前にいる「とんび」だが、大型の生き物が少なくなった今、大切な自然の一つである。

（平成一一・三・二二）

ハシビロガモ

幅広いくちばしに、かくされたしかけ

四日前に坂出市王越《おうごし》町の大池《おおいけ》で、三十羽のヒドリガモに混じって四羽のハシビロガモが泳いでいた。

そのうちのハシビロガモは四羽ともオスで、カモ類のなかでも特に美しい。濃い緑色の頭、翼の一部の鮮やかな緑色、茶色の横腹がめだつ。そして、何よりも幅広く大きなくちばしが、この鳥の特徴である。

ハシビロガモという名前の「ハシ」はくちばし、「ビロ」は広いことによる。英語でハシビロガモを「ショベラ」というが、くちばしが土をすくうショベルの形に似ていることから名前になったという。

やがて、四羽のハシビロガモが幅広いくちばしを水面につけたまま泳ぎ始めた。その姿勢のまま、水面に大きな円をえがいて何回も回っている。エサを取っているのだ。

実は、このくちばしに、エサ取りのかくされたしかけがある。水面にくちばしをつけて泳ぐと、幅の広いくちばしの先から大量の水が吸いこまれる。その水は上下のくちばしの合わせ目についている薄いくしの歯のような所からはき出される。ここでこし取られたエサだけを飲みこんだらよいというのである。このしかけで、水中の小さなプランクトンや昆虫、また、水中の小さな草の実などを食べることができるわけである。

このようなエサ取りの方法によって、ほかのカモ類が利用することができないような小さいエサを食物とすることができる。大きな水草をおもに食べるヒドリガモと同じ場所にいても、エサのために争うことはない。

二週間前の大池では、ヒドリガモ四十羽、ハシビロガモ十二羽がいたが、少しずつ数が減っている。いまの季節、カモたちは繁殖のために北国へと渡っている。

（平成一一・三・二八）

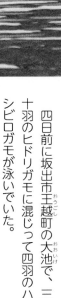

ゴイサギ

昼間は休み夜にエサとり

鎌倉時代に書かれた「源平盛衰記」という本がある。そのなかに、つぎのような話がある。

醍醐《だいご》天皇（八八五—九三〇年）が、平安京（いまの京都市内）の神泉苑《しんせんえん》に行かれたとき、池のふちに一羽のサギがいた。天皇はお供のものに、それをとらえよと命じた。ところが、ふしぎなことに、サギは逃げようとはしなかった。天皇はたいへんよろこばれ、サギに五位《ごい》という位をあたえ「鳥の王になれ」と書いた札を首にかけて、その場で放された。

この話から、このサギをゴイサギとよぶようになったという。

近ごろ、ゴイサギは多くなり、香川県内のあちこちで見られるようになった。たとえば、高松市の栗林《りつりん》公園内の群鴨池《ぐんおうち》では、いつも数十羽の群れが木にとまっている。観音寺市柞田《くにた》川の河口近くでは、アシの草むらのなかで立ったまま休んでいる。

ゴイサギは、体の白いコサギやダイサギなどとことなり、昼間はエサをとらない。木の枝や草むらをねぐらにしてねむっている。

ただ、初夏のころ、巣をつくっているときは、ヒナたちのために昼間でもエサとりをする。

夕方になり、あたりが薄暗くなると、ゴイサギはねぐらを飛び立ち、エサとりに出かける。このとき、ゴァー、ゴァーと間をおいて鳴く。このような鳴き声が夜中にも聞こえるのでエサ場から次のエサ場へと移動しているのだろう。

エサ場は池、川、海岸などで、ときには魚を飼育している養魚池にもやってくる。そして、その鋭いくちばしで、魚やザリガニ、カエル、ヘビなどをとらえる。このエサとりは、一晩中休みなくつづく。そのために、昼間はじゅうぶんに休まなければならない。

（平成一一・四・一）

カワセミ①

帰ってきた青色の宝石

カワセミが、チィーッと鳴きながら川の流れにそって飛んできた。ここは、高松市春日《かすが》川の竹やぶ、そこから横につき出た枯れた竹にとまった＝**写真**＝。

スズメほどの大きさだが、その美しさに思わず息をのむ。背はあざやかな青色。人々は、この色をコバルトブルー、翡翠《ひすい》の色などという。腹側のオレンジ色もきれい。カワセミは飛ぶ宝石のようだ。

この美しいカワセミには悲しい歴史がある。第二次世界大戦が終わった一九四五年ごろまでは、香川県の平野を流れる川や池などにすむ普通の鳥だった。

ところが、その後しだいに数がへり、一九七〇年ごろの平野では、まったく見ることができなくなった。このころ、県内でカワセミがすんでいる所は、山の間にある満濃池や内場《ないば》池などの六カ所だけであった。その後、しだいにその数がふえ、一九八五年ごろには、平野でも普通に見られるようになった。

香川県以外でも同じようなことがおこっていた。東京都では、一九四五年に都心の明治神宮の池にカワセミがいた。その後、しだいに少なくなり、一九七〇年には遠くはなれた山の多い八王子市までいかなければカワセミを見ることができなくなっていた。その後、しだいにふえ、一九八五年には再び都心でそれを見ることができるようになったという。

平野でカワセミがいなくなったのは、一九七〇年ごろまで盛んにつかわれていた強い農薬によって、川や池の水がよごれ、エサとなる魚がへったのが一つの原因と考えられる。

このようにして、平野からいったん消えたカワセミが、長い時間をかけて帰ってきた。わたしたちは、再び川や池からカワセミを消してはならない。

（平成二一・四・九）

カワセミ②

ダイビングでエサとり

　四月の初め、午前七時二十分、高松市春日《かすが》川のほとりでカワセミのメスが枯れた竹にとまった。その一メートル下には川の流れがある。

　とつぜん、カワセミがダイビングをした。次のしゅんかん、水面から飛び立ち、もとの位置にもどった。長さ四センチほどのくちばしには、黒っぽい獲物がくわえられていた。

　獲物は、体をはねるようにして最後の抵抗をするが、竹にたたきつけられてダウン。カワセミは、それをくわえなおし頭から飲みこんだ。獲物はエビのようだ。五分後、ふたたびダイビング。こんどの獲物は黒っぽい小魚だ＝**写真**＝。

　満腹になったカワセミが去った後、川の流れに入って黒っぽい獲物の正体をさがした。たも網ですくうと、たくさんのスジエビと数ひきのカワヨシノボリというハゼ類がとれた。

　いっぱんにカワセミは、オイカワ、モツゴ、メダカ、ハゼ類などの小魚やエビ類、水生昆虫などの小動物をエサにする。しかも、それらをエサ場でダイビングしてとる。カワセミは、すぐれたダイバーである。

　カワセミのエサ場は、川や池のうちでも場所が決まっている。そこは、小魚や小動物が多くいる所である。また、水中がよく見えるように澄んだ水が流れたりたまったりしていなければならない。さらに、カワセミのとまり木が生えていたり、安心してすむことができる竹やぶや林も必要である。

　ちかごろ、大きな川の岸では、竹やぶや林が切られてコンクリートでかためられたり、道路になってしまった所が多い。つまり、河原林《かわらりん》が消えている。河原林は、カワセミだけでなく、多くの生き物たちの大切な「すみか」である。

（平成一一・四・一六）

ヒクイナ

人の心にのこる鳴き声

四月十二日の朝、高松市春日《かすが》川の河原でヒクイナが鳴いていた。そこで、同市太田上《おおたかみ》町の上原昭子《うえはらあきこ》さんが、その特徴ある鳴き声に感動しながら聞いていた＝**写真**＝。

ヒクイナは、よくひびく声でキョッ、キョッ、キョッと一声ずつ区切って鳴き、次にキョキョキョ……と、しだいにせわしく続けて鳴いていた。この鳴き声は、人の心に深くのこる。そのためか、昔から多くの文学作品に、ヒクイナのことが書きのこされている。

いま、上原さんは、鎌倉時代に吉田兼好《けんこう》が書いた「徒然草」を読みこなしている最中と聞く。その中に「五月《さつき》、菖蒲《あやめ》ふくころ、早苗《さなえ》とるころ、水雞《くいな》のたたくなど、心ぼそからぬかは」という文章がある。「水雞のたたく」は、ヒクイナが門をたたく音のように鳴くという意味である。文章を理解するために、ヒクイナのすんでいる場所を見たり、鳴き声を聞くなどの体験をしてみるという上原さんの姿勢に心をうたれる。

今年、この河原では、四月始めからヒクイナが鳴いている。この鳥は、春に南方から渡ってきて、秋に南へ去る夏鳥である。その間、アシなどの草が茂る河原で巣をつくり、卵を産み、ヒナを育てる。

とても警戒心が強く、天気のよい日中は、草むらにひそみ姿を見せない。雨の日に、ときたま草むらから出て水辺を歩く。

長い指がある足は真っ赤。目も赤い。顔から胸、腹にかけての赤かっ色もめだつ。

四月十八日は朝から雨。ヒクイナのオスは、一日中、三千平方メートルの草むら内を歩きながら鳴いていた。昆虫やエビなどのエサを探しつつ「なわばり」を守っている。

ヒクイナたちにとっては、これからが新しい命が生まれる大切な季節になる。

（平成一一・四・二三）

ヒザラガイ

　四月二十二日、天気晴れ。ここは高松市亀水《たるみ》町の小原《おはら》海岸。この日の昼間の干潮は午前十時三十分ごろ。小潮《こしお》の日だから、あまり潮はひかない。それでも、その時刻になると、磯《いそ》のあちこちに大きな岩が波間から姿をあらわした。

　その大きな岩の表面をウオッチングして歩くと、たくさんの生き物に出合った。いちばん目立つのがマツバガイ＝**写真中・下部の四個**＝。変わった姿のヒザラガイ＝**写真左下**＝。小さくて星の形をしたウノアシ＝**写真右端の下方**＝もいる。

　マツバガイやウノアシは、平たい殻をもっているので貝のなかまだとわかるが、ヒザラガイは、貝のような姿ではない。実は、ヒザラガイも貝のなかまである。小判の形をした体の背に、八枚の横長の殻が並んでいて、そのまわりと腹側は肉の部分である。殻が一枚でなく、八枚に分かれているのにはわけがある。

　ためしに、岩にくっついているヒザラガイを、たがねではがすと、体を腹側に丸めた。そのようすが、背を丸めたおじいさんに似るので「ジイガセ」の別名もある。もし、一枚の殻であると、体を丸めることはできない。

　ヒザラガイは、ふつうは岩にしっかりとくっついているので、かんたんにはがせない。腹側の肉が、凹凸《おうとつ》のある岩の表面にあわせて、ぴっちりとはりついているからである。そのために、魚などの敵から身を守ることもできるし、はげしく打ちよせる波にたえて流されることもない。もし、不用意に岩からはなれても、体を丸めて敵の攻撃からのがれることができる。

　干潮時の磯は、ふだん見ることの少ないさまざまな動物がすみ、おもしろい所である。

（平成一一・四・三〇）

イソギンチャク

またたく間に魚を丸飲み

大潮《おおしお》の日、磯にできたタイドプール（潮だまり）で、人影におどろいたハゼが逃げた。悪いことに、そこにイソギンチャクがいたからたまらない。

あっという間に、イソギンチャクの触手《しょくしゅ》が一せいに動き、その真ん中にある大きな口の中に吸いこまれた。触手にふれたハゼは、そこから出る毒にしびれて抵抗できなくなり、エサになってしまった。

高松市亀水《たるみ》町の小原《おはら》海岸の磯では、ヨロイイソギンチャクが多い＝**写真**＝。このイソギンチャクは、直径四センチ、高さ六センチほどの円筒形の体で、上側に九十六本もの触手をつけている。

おもしろいことに、ヨロイイソギンチャクは体の周りに、数ミリほどの小石や貝殻のかけらをたくさんつけている。そのようすが、昔の武士が戦のときに、身を守るためにつける鎧《よろい》に似ている。もっとも、このイソギンチャクにとっては、エサになる動物や敵の目をくらますためのものだろうが。

小原海岸の磯には、タテジマイソギンチャクも多い＝**写真円内**＝。ヨロイイソギンチャクよりも小さく、直径一・五センチ前後。体の表面はつやがあり、縦に十二本並ぶオレンジ色の線が美しい。大潮のときは、そのほとんどが潮のひいた岩にくっついたまま、触手をひっこめ体も縮めている。

タイドプールは、潮がひいたときに現れる岩のくぼみに海水がとり残された場所である。ここではイソギンチャクのほか、オレンジ色のダイダイイソカイメン、黒色のクロイソカイメン、貝類のスガイやイボニシ、ヒトデのなかま、ハゼのなかまなどがすんでいる。

タイドプールは、さまざまな動物の生き方が見られる自然の水族館でもある。

（平成一一・五・七）

コアジサシ

翼が長いスマートな鳥

五月の始め、坂出市沙弥島《しゃみ》の瀬戸大橋記念公園で、海の上を飛ぶ二羽のコアジサシを見つけた。

そのうちの一羽が、海面上数メートルの空中で止まったまま羽ばたき、その直後、海にダイビングした。次のしゅんかん、舞い上がったときには銀色に輝く小魚をくわえていた。そして、もう一羽とともに東に飛び去った。

ひょっとしたら、近くにコアジサシが群れでいるかも知れない。そんな気持ちで、そこから東の五色台近くまでの海岸をさがして歩いたが、その群れはおろか一羽もあらわれなかった。

コアジサシは、全長二十八センチ、翼と尾が長いスマートな鳥。全体に白っぽく見えるが、頭と目の前後が黒色、くちばしと足が黄色である。春に南方から渡ってきて繁殖し、秋に去る夏鳥である＝**写真**＝。

一九七〇年代には、この鳥を多く見た。一九七〇年の夏、沙弥島東側の埋めたて地で約七百羽が集団で巣をつくっていた。また、一九七八年の夏に高松市朝日新町《あさひしんまち》の埋めたて地でも集団で繁殖をした。さらに、同年には、宇《う》多津《たづ》町の塩田跡や豊浜《とよはま》町姫浜《ひめはま》の海岸など、二百羽前後の群れで飛んでいるのが観察できた。

ところが、その後渡ってくる数がしだいに少なくなり、いまではめずらしい鳥になってしまった。

昨年夏に高松市新川《しんかわ》河口に二羽現れたこともあるので、五月八日の朝、三時間待ったが見ることはできなかった。

もともとコアジサシは、砂や小石が多くて広い河原や海岸で繁殖する鳥である。香川県のどこかにそのような自然がのこり、多くのコアジサシにきてもらいたいものだ。

（平成一一・五・一四）

アマサギ①

耕運機に頼る効率よいエサとり

飯山《はんざん》町内では、早くも田植えの準備が始まっている。水をはった水田で耕運機が動いて田をならしていた。そのすぐ後ろを数羽のアマサギが歩いていた。耕運機が掘りおこした土から飛び出してくる昆虫やミミズをとるためである。

三十年ほど前に、台湾の農村で放し飼いのスイギュウの背にアマサギがとまっているのを見たことがある。スイギュウがのしのし歩くだけで、草むらから虫が出てくる。彼らはスイギュウの背に乗って、それを待っている。

アマサギの故郷といわれるアフリカでも、ゾウのまわりに彼らが群れでいる光景をテレビでよく見る。

このように、大型の動物や耕運機が動くだけで、アマサギは苦もなくエサにありつくことができる。おもに水の中のエサをとるコサギやアオサギとは少しちがう。

アマサギは、もともとアフリカにすんでいた鳥と考えられている。それが勢力をまし、いまでは世界中に広がろうとしている。

香川県内では、水田や池、河川敷などに群れですんでいる。夏は、ほかのサギ類と集団になって低い山の林で繁殖している。寒い冬には南の方に移動するが、そのまま残って冬を越すものもいる。

頭、首、胸、背がオレンジ色であるから、ほかのサギ類と区別しやすい。ところが、冬になると、この色が消えて白いアマサギになる。しかし、首やくちばしが短く、頭が大きいので、見あやまることはない。

田植えの始まるいまごろは、アマサギを見やすい時期だ。彼らが、どのようなエサを、どのようにしてとっているかを観察するよい機会である。

（平成一一・五・二一）

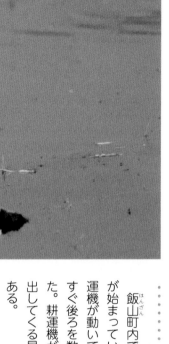

スズメ

順番を待ってエサついばむ

　五月の終わりごろになって、庭のビワがおいしそうに熟した。そこへスズメが数羽やってきた。その中には親鳥もいるが、ことし生まれた若鳥もいる。

　スズメたちは、ビワを食べるためにやってきたのである。ところが、彼らはとくによく熟した一個の実にこだわり、ほかの実を食べようとはしない。そのために、一番強そうな親鳥が食べている間、ほかのスズメは順番を待たなければならない。すぐ近くで待つもの、少し離れた木にとまって待つものなどいろいろである。

　もし、親鳥が食べている最中に、ほかのスズメが近づくと、つつかれるなどして追っぱらわれてしまう。このようにして、スズメたちは、一羽ずつ順番に熟したビワの実を食べた。どうやら、数羽のスズメにも強いものから弱いものへと順位があるようだ。自然のなかのきびしい「おきて」を見せられたような気がする。

　いまの時期は、スズメの繁殖期である。人家の屋根や壁のすき間、電柱の穴などに枯れ草をつめこんで巣をつくる。ときには、コシアカツバメの空巣を横取りすることもある。例外もある。いまから三十年ほど前に塩江町安原小学校戸《と》石《いし》分校の校庭にあるスギの木の枝にスズメが巣をかけていたのに驚いたことを思い出す。

　スズメは、人間生活との結びつきがきわめて強く、明るく開けた人里で繁殖をする。このことについて、ある人は「スズメは地球上に早く現れ、明るく開けた場所に住んでいた。そこへ、人間が現れてすむようになった。だから、人間とスズメは同じ所にすむようになった」という。この機会にスズメの行動をよく見て、人間との関係を考えてみよう。

（平成一一・五・二八）

キセキレイ

貨車のステップにも産卵

今週のはじめ、香東《こうとう》川上流の塩江《しおのえ》町塩江橋近くの河原で胸と腹の黄色がめだつキセキレイがエサをさがしていた。

キセキレイは、尾を上下にふりふり水辺をせわしく歩きながら、ぬれた岩の表面をつつく。ときおり、岩の上に立ち警戒していても尾を上下にふることをやめない＝**写真**＝。

数秒後、ふたたび水辺を歩きだしたとたん、カゲロウの幼虫をくわえた。そして、チチン、チチンと鳴きながら上流に向かって飛び去った。少し上流のがけにある巣では、ヒナたちがお腹をすかして待っていることだろう。

冬のあいだ、平野や海岸でふつうに見られるキセキレイの多くは、夏になると河川の中流や上流で繁殖をする。川岸やその近くのがけのすき間に枯れ草を敷いて巣をつくるのが、もっとも自然な姿である。

しかし、人のつくった石垣や人家の屋根のすき間に巣をかけることも多い。さらに、変わった例もある。

一九八〇年六月、兵庫県の国鉄（現在JR）播但《ばんたん》線寺前駅構内で止めていた貨車のステップにキセキレイが巣をかけ卵を五個産んでいた。そこで、荷《に》主《ぬし》にお願いをして貨車を引き込み線に入れ、ヒナが巣立つまで動かさなかったという新聞記事があった。

香川県でもよく似た例がある。自転車の前かごの中に巣をかけたのでしばらく乗らなかった。オートバイのエンジンのすき間に巣をかけたのでヒナが巣立つまで待った――。

このような例が多いのはどうしてだろう。キセキレイが巣をかけるための自然のがけが少なくなったためか。それとも、人が生活をする場所では外敵におそわれるという危険が少ないためか。いろいろ考えさせられるこのごろである。

（平成一一・六・四）

セグロセキレイ

長い尾をふりエサさがし

今月三日に四国地方の梅雨入りが発表された。そして、三日後は終日雨。そのためか、香東《こうとう》川上流に清らかな水がふえ、生き物たちはいっそうにぎやかになった。

塩江町上西《かみにし》の渓流では、セグロセキレイが長い尾を上下にふりながら水辺を飛び歩き、エサをさがしていた。瀬の石にひっかかっている落ち葉をくちばしではね飛ばして、その下にひそむ昆虫をとる姿にも勢いがある。

ときどき、大きめの石の上に立ち、ジジッ、ジジッと鳴く。このときも、しきりに尾を上下にふっていた＝**写真**＝。

セグロセキレイにかぎらず、キセキレイやハクセキレイなどのセキレイ類は、長い尾を上下にふる習性がある。まるで、尾で石をたたいているように見えることから、セキレイ類を「石たたき」という名前でよんでいる地方も多い。

セキレイ類はどうして尾を上下にふるのだろうか。瀬にころがる石の上を飛び歩くためで、着地したときに尾を上下にふって、体のバランスをとるのだろうか。あるいは、いつでも飛び立てるために、尾を上下にふって拍子《ひょうし》をとっているのだろうか。いろいろな説があるが、ほんとうのわけは分かっていない。彼らの動きをよく見て考えなければならない。

セグロセキレイは、全長が二十一センチ、そのうちの半分は尾の長さだからスマートである。そのうえ、全身が黒と白だけの色だから、清らかでさっぱりとした感じがする。そのような姿は、清らかな水の流れる渓流の自然によくマッチする。

いま、香東川のセグロセキレイたちは、これから巣づくりをするものや子育ての終わったものなどさまざまである。彼らが生きるためには、清らかな水が流れる川が必要である。

（平成二・六・一二）

サワガニ

はさみでプロポーズか

おや、カニが宇宙遊泳をしているのかな。いや、これは水中にいるサワガニのオス＝**写真左**＝が、メス＝**写真右**＝に近づいたところである。どうやらメスは、オスの右側の大きなはさみが気になるらしい。

　サワガニは、山あいのきれいな水が流れる沢にすんでいる。甲羅《こうら》の幅が二―三センチの小さなカニだが、まれに四センチもある大きなものもいる。

　天気のよい日は、浅瀬の石の下や水辺のしめったところに穴を掘ってその中にひそんでいるので目につきにくい。しかし、エサさがしをする朝明けや夕方には、水の底や水辺を歩いているのをよく見る。また、雨の日には行動する範囲が広がり、沢から離れた山道を歩いているものさえある。

　初夏は、サワガニにとって恋の季節である。オスは、川岸の石の下や木の根元に巣穴をつくる。そして、水中にいるメスたちの中から、気にいった相手をさがして、巣穴にさそい入れようとする。

　そのときに役立つのが、オスの右側に多い大きなはさみであるらしい。海岸の干潟にいるシオマネキのオスは、片方のはさみが異常に大きい。シオマネキは、これをふってメスにプロポーズしたり、メスをだきかかえるのだろうといわれている。サワガニの大きなはさみは、シオマネキの場合と同じだろうか。よく調べてみなければならない。

　なかよくなったオスとメスは交尾し、メスは産卵する。その卵は、ほかのカニのように水中に産み出すのではなく、母ガニの腹の内側にくっつけて、外敵から守られている。

　秋になると、卵から親ガニの形をした子ガニが生まれる。そのころの沢では、親ガニの近くでいる子ガニを見ることができる。

（平成一一・六・一八）

ミソサザイ

高音でよくひびく美声

香東川《こうとう》をさかのぼり塩江町《しおのえ》内場池《ないば》をこえて、さらに上流に進むと、標高九四六メートルの大滝山に行き着く。そこは、徳島県との境にあたり、ブナやスギなどの大木にかこまれた中に西照《にしてる》神社《じんじゃ》がある。ここでミソサザイのオスがさえずっていた。

花が終わったシャクナゲの小枝にとまったミソサザイは、尾をぴんと立てたまま前後にふり、口を上に向けて鳴く。その姿がたいへんかわいい＝**写真**＝。

ミソサザイのさえずりは、高音でよくひびき、美しい。しかも、早口で息が長いので、一度聞くと忘れることはない。ただ、このさえずりは、たいへんに複雑であるから、これを文字で表しにくい。ある図鑑では、ピピスクスケスチルチルヒョロヒョロピリピリリリルリリルと書き表しているが、ほかの図鑑では別の表し方をしている。

いまの時期、ミソサザイは繁殖の最中である。オスは、さえずりによって、自分のなわばりをほかのオスに知らせたり、自分がいることをメスに知らせている。

ミソサザイの体は、とても小さい。くちばしの先から尾の端までの長さが十センチくらい。体重も九グラムというから、十円硬貨二枚の重さである。このような小さい体で、どうして高音でよくひびく声が出るのだろう。

双眼鏡で見ると、全身こげ茶色で、その上に明るい茶色や黒っぽい斑点がたくさんついている。地味な色であるが、落ち着いた美しさがある。

シャクナゲの小枝でさえずっていたミソサザイが飛んだ。そして、すぐ近くのスギの大木に移り、休む間もなくさえずり始めた。その声は、いっそう高く森の中にひびきわたっていた。

（平成一一・六・二五）

ヒガラ

細く高いさえずりが特徴

先週、梅雨空を見上げながら塩江町《しおのえ》にある標高九四六メートルの大滝山をめざして登っていた。

とちゅう、杉のこずえに、スズメよりも小さいヒガラが見えた。ツピン、ツピン、ツピンと細く高い鳴き声が、あたりによくひびいていた。地図でその場所の高さを確かめると、標高七七〇メートルであった。

さらに山道を登り、標高九〇〇メートルでブナ林に着いた。ここは、香川県でただ一カ所、ブナが自然に生えている所である。ここでも、ヒガラがブナの大木のこずえでさえずっていた。どうやら、このあたりのヒガラは、標高七七〇メートル以上の所にすんでいる。

繁殖をするころのヒガラは、讃岐山脈のうち標高一〇〇〇メートル前後の大滝山、竜王山、大川山《だいせん》、雲辺寺山などの山頂近くの気温の低い所にすんでいる。

ちかごろ、自動車の増加や産業の発達などによって、大気中に二酸化炭素やフロンなどがふえているという。その結果、地球のまわりが温室のようになり、気温が高くなっていると、心配されている。これを地球温暖化とよんでいる。

もし、地球温暖化がいま以上に進み、かりに平均気温が一・八度だけ高くなると、どうなるだろう。ふつう、気温は一〇〇メートル登るごとに〇・六度ずつ下がる。これで計算すると、標高七七〇メートルにいるヒガラは、さらに三〇〇メートル高い標高一〇七〇メートル以上の所に移りすむ必要がある。県内には、それほどの高い山はないのでヒガラはいなくなる。

そのようなことを考えているうちに、ヒガラはさえずりをやめ、ブナの太い枝でエサをさがし始めた。地球温暖化が進むと、この小さな生き物たちだけではなく、私たち人間の生活も大変なことになる。

（平成一一・七・一）

イソシギ

光に映える翼の白い線

梅雨晴れのある日、丸亀市垂水《たるみ》町を流れる土器《どき》川の中流でイソシギに出会った。

そのイソシギは、下流側から水ぎわにそって歩いてきた。尾を上下にふって歩きながら、長めのくちばしで、浅い水の中をつついていた。水の中にいる昆虫をエサにするためである。

ちょうど目の前にきたとき、エサさがしをやめて立ちどまった。尾をふるのもやめた。疲れて休けいでもするつもりか。首を少しかしげて、しばらく動かなかった＝**写真**＝。

スズメよりやや大きい体の背中側は緑がかった褐色、腹側は白色。その白色が翼のつけ根あたりまでくいこんでいるように見える。これが、ほかのシギのなかまと見分けるポイントになる。

県内でイソシギは、海岸の干潟や磯、ため池、川などの水辺で見られる。イソシギという名前から海岸だけにすんでいるように思うが、さまざまな所にいる。ときには、川の上流に現れることさえある。

ことしの五月下旬、高松市の春日《かすが》川中流で、イソシギのオスとメスに出会った。このつがいは、エサをとるときや飛ぶときなど、いつもいっしょにいた。そして、ピーピーピーとかチーリーリーなどと鋭い鳴き声で、おたがいに呼び合っていた。

このとき、このつがいが、河岸の草むらなどで巣を作るのではないかと思い、観察をつづけてみた。しかし、巣を見つけることはできず、繁殖の確認はできなかった。

土器川のほとりで三十秒ほど休けいをしたイソシギは、尾を上下にふったあと、上流に向かって飛び立った。そのとき、腹の白色と広げた翼に現れた白い線が、夏の太陽を受けてまぶしく光った。

（平成一一・七・九）

ヤマセミ①

あざやかな白と黒のまだら模様

七月のなかば、日の出の時刻から五十分が過ぎた。しかし、香東《こうとう》川の上流にあたる塩江《しおのえ》町の谷川では木が生い茂り、辺りはうす暗い。その谷川では、岩にはげしくぶつかる水の音がたえまなくひびく。

そのとき、キョッキョッという声とともに、白っぽくて大きな鳥が、目の前を通りぬけた。そして、五十メートル先の谷川につき出た木にとまった＝**写真**＝。あっ、ヤマセミだ！

ハトよりも大きい体の上面が、白と黒の細かいまだら模様で、とてもあざやか。体の下面のまっ白も目にしみる。その姿は身ぶるいするほど美しい。

枝にとまったヤマセミは動かない。冠羽《かんう》という頭の上の長い羽毛を立てたままにしているところをみると、かなり緊張していることが伝わってくる。

おちついてよく見ると、このヤマセミはメスであった。オスは、のどの両側から胸にかけて、茶色がまじっているが＝**写真円内**＝、メスにはそれがない。

ヤマセミは、香東川のように大きな川の上流だけにしかすんでいない。そして、その川すじや、そのとちゅうにあるダム湖や池から外に出ることはない。しかも、その「なわばり」は、川すじにそって長く数キロもある。したがって、全体としてヤマセミの数は少なく、出会うこともめったにない。

県内では香東川のほか、鴨部《かべ》川、綾《あや》川、土器《どき》川、財田《さいた》川、柞田《くにた》川などの上流で観察されている。

枝にとまったヤマセミのメスは、一分間ほどじっとしていたが、急に頭を下に向けた。その五メートル下には水のよどんだ深いふちがあり、そこに魚がおよいでいる。

（平成一一・七・一六）

ヤマセミ②

豪快な渓流のダイバー

木の枝にとまっているヤマセミは、五メートル下の深いふちを見つめ、魚をつかまえるチャンスをまつ。ときおり、頭の上の長い冠羽《かんう》が閉じては開く。長めの尾も上下にピクッと動く。ちょうど、相撲で立ち合い前の力士のように、ヤマセミの体じゅうに緊張がみなぎっているようだ。

とつぜん、ヤマセミはとまっていた木の枝をけ飛ばすようにして、くちばしを先にして水中に飛びこんだ。水面に突っこむ直前に翼をすぼめたヤマセミの姿は、まるでロケットか鉄砲玉のようだ。

四秒か五秒ののち、魚をくわえたヤマセミが水面に現れ、翼で水面をはげしくたたいて空中に舞い上がった。そして、すぐ近くの倒れかかった木の幹にとまった。同じなかまで、小型のカワセミもダイビングをして小魚などをとるが、ヤマセミは豪快な渓流のダイバーだ。

ヤマセミにとらえられた魚は、くちばしの長さの二倍もあろうか。体長十五センチあまりのカワムツのようだ。満足をしたヤマセミは、冠羽を閉じ目を細めた＝**写真**＝。

くちばしにはさまれた魚は、逃げようとして必死になってあばれる。そのたびに、魚のうろこが白く光る。ヤマセミは、魚をくちばしにはさんだまま、木にたたきつける。十回ほどたたきつけただろうか。魚はあばれなくなった。それでも、数回たたきつけた。

ヤマセミは、おそらく骨までくだかれてぐったりとなった魚をくわえなおして、頭から丸のみにしてしまった。

その後、満腹になったヤマセミは、くちばしを体にこすりつけるようにして、水中ダイビングによって乱れた羽毛をととのえ始めた。そして、十分後、音もなく上流へ飛び去った。

（平成一一・七・二三）

カワガラス①

またたく間にカニを料理

日の出前の午前五時、香東《こうとう》川の上流では早起きのカワガラスが飛んでいる。この鳥は、黒いカラスのなかまではない。全身がチョコレート色で全長二十センチあまりの鳥である。

大小の岩がころがる浅瀬に、一羽のカワガラスがビッと鋭く鳴いて飛んできて岩の上にとまった。ほんの数秒間、短い尾を上下にふり、あたりを警戒していたが、水ぎわをせわしく歩きながらのエサさがしを始めた。

小さいながら丈夫そうなくちばしで落ち葉や小石をひっくり返したり、はね飛ばす。ときには、小石をくわえて投げ飛ばすという荒っぽい技も見せる。

そのうちに、小石の下にひそんでいたサワガニを見つけてくわえた。そして、そのまま平らな岩の上に移り、それにサワガニをたたきつけた。何回もたたきつけているうちに、足がちぎれて飛び散る＝**写真**＝。最後に、十本の足を全部もいだ体をつつき、かたい甲らをはずしてしまった。

このようにカワガラスは、サワガニをまたたく間に料理し、甲らの中にあったやわらかい内臓を食べた。

カワガラスは、サワガニのほかに水辺や水中にすむカワゲラやトビゲラなどさまざまな昆虫をとる。ときに小魚までとる。

そのとり方もさまざまであるが、大きく分けると次のようになる。その一は、水ぎわを歩いて岩の間や草むらにいる動物をとる。その二は、浅瀬の水中に体をつけて歩きながら水中の動物をとる。その三は、水中を泳いだり水底を歩いて動物をとる。ときには、深さ一メートル以上もぐることさえある。

このように、カワガラスは川の上流という特別な環境の中で、永い時間をかけて、特別なエサのとり方を身につけたのである。

（平成一一・七・三〇）

カワガラス②

ツグミのなかまに近い鳥

鳥類図鑑をひらくと、カワガラスの図のつぎにミソサザイの図が書かれている。この二種の鳥は、体の形や色がよく似ているので近いなかまであろうとされていた。

しかし、最近になってDNA分析という新しい方法によって調べられ、カワガラス＝**写真**＝はミソサザイよりもツグミのなかまに近いことがわかってきた。

それを聞いて「あれっ」と思った。ぼくは、三十九年前に買った「種の起源」という本を思い出した。

「種の起源」は、いまから百四十年前にイギリスのチャールズ・ダーウィンが書いた本である。生物がどのように進化してきたかの説が書かれ、生物の勉強をする者が一度は読むという世界的に有名なものである。

さっそく、本棚からひっぱり出して読みなおしてみると、その第六章に「ツグミのなかまに近いカワガラスは潜水によって生活している」とあった。

二百九十年前、日本にもカワガラスのことを書いた本がある。江戸時代の有名な学者貝原益軒《かいばらえきけん》が、薬になる植物や動物のことを書いた「大和本草《やまとほんぞう》」である。

そのなかに、「河烏《かわがらす》山かはにあり、其《そ》の大きさ、つぐみほどあり、黒し、人を見て河にしたがひて遠く去」とある。

この意味は「カワガラスは、山の川にすみ、ツグミほどの大きさである。黒っぽい色で、人を見ると川にそって遠くに去る」となる。ここでは、ツグミのなかまとは書いていないが、大きさをツグミにたとえているからおもしろい。

いずれにしても、科学の進んでいなかった時代に、カワガラスとツグミを結びつけた学者たちの想像力は、すごいとしかいいようがない。

（平成一一・八・六）

カワラヒワ

水浴びで暑さをしのぐ

七月二十三日の午後、キリキリという声とともに、十二羽のカワラヒワがビオトープの池のふちに降り立った。

群れのなかには親鳥もいるが、ことし生まれの若鳥も交じる。どの鳥もカワラヒワ＝写真＝の特徴である翼につく黄色がめだつ。ところが、ほとんどの鳥は、くちばしを半開きにし、暑さにあえいでいるように見える。

数秒後、そのうちの一羽が、水辺で水をひと口飲んだ。あたりを警戒して、またひと口。よほど、のどが渇いていたのだろう。そのつぎに、体の下半分を水につけて座りこみ、翼をはげしくふるわせて水しぶきをあげながらの水浴びを始めた。

あとのカワラヒワも、つぎつぎに水飲みと水浴びを始めた。しかし、十二羽が同時にすることはなく、どれかが警戒の役めをしているようだ。ちょっと風が吹き、木の枝がゆれただけで体の動きを止めるから、非常に警戒心の強い鳥である。

暦のうえで、この日は大暑《たいしょ》という日にあたり、むかしから暑さがきびしいといわれている。この日の高松市内の最高気温は三三・三度であったから、人だけでなく鳥も暑さにあえいでいた。

ここのビオトープは、高松自動車道上り線の府中湖《ふちゅうこ》サービスエリアにある。雨水を集めて流している小川や池を中心に、さまざまな樹木が植えられた人工の自然である。

昨年の十月に完成し、すでにトンボなどの昆虫がすみつき、おたまじゃくしやメダカが泳ぐ。カワラヒワのほかにセグロセキレイやカワセミも飛んでくる。

ビオトープは、まさに生き物たちのすみ場所であり、そこに訪れる人々にゆとりとやすらぎを感じさせる場所でもある。

（平成一一・八・一三）

アカショウビン

緑のなかを飛ぶ火の鳥

ことし六月、讃岐山脈を流れる内場《ないば》川にそった森で出会ったアカショウビンは、いまでもまぶたに映る。

なにしろ、そのときは緑につつまれた谷川で、目の前の木の枝に赤い鳥がとまったからびっくり。あまりの美しさに、ぼくの体は、まるで金《かな》しばりにあったかのように動けなかった。

アカショウビンは、初夏のころ南方から渡ってくるカワセミのなかま。ハトよりひと回り小さい体は赤褐色。その上に大きなくちばしと足は真っ赤である。動物写真家の嶋田忠さんが、この鳥を「火の鳥」とよんでいることはよく知られている。

さて、枝にとまったアカショウビンは、キョロロロ……と、しり下がりの調子で続けて五回鳴き、谷川に飛び下りた。そして、あっという間に岩の上で鳴いていたカジカガエルをくわえ、飛び去った。きっと、巣でエサを待っているヒナたちに運んだのだろう。

この鳥は、梅雨のころによく鳴くためか、昔から「水恋《みずこい》鳥」とか「雨乞《あまごい》鳥」などいわれ、人々に親しまれてきた。

アカショウビンは、いまでは非常に少ない鳥である。六十年前の記録によると「造田《そうだ》村や美合《みあい》村（現在の琴南《ことなみ》町）では、毎夏七月八月ごろよく見受けられる」とあるから、当時はかなりいたのだろう。それが、三十年前には県内では見られなくなっていた。ところが、十年ほど前から讃岐山脈の森に、ふたたび美しい姿を見せるようになった。

いまの時期、讃岐山脈のアカショウビンは繁殖も終わり、鳴き声も聞こえなくなった。いま一度その声を聞きたくなり、今月八日に沖縄県伊良部《いらぶ》島へ行った。太平洋に面した牧山《まきやま》展望台あたりの亜熱帯林で、アカショウビンがしきりに鳴いていた。

（平成一一・八・二〇）

タヌキ①

目の周りが黒く短い足

六月二十六日付の四国新聞に、高松市鹿角《かのつの》町の徳島酸素工業香川支社（当時）の工場でタヌキが現れているという記事がのった。

その内容は、六月初めごろから今は使っていない配管施設の溝に一匹のタヌキがすみつき、従業員からエサをもらいに出てくるというものだった。

この工場では、酸素のほかにいろいろなガスをあつかっているので一般には立ち入りができない。そこで、岡崎《おかざき》一矢《かずや》社長から特別な許可をもらって、このタヌキを観察してみることにした。

七月二十二日午後四時、溝の出口に一個のパンを置いた。それから一時間後、一匹のタヌキが地上に姿を現した。

ずんぐりとした丸い体形で、目の周りと短い足が黒いので、ひと目でタヌキと分かった。体の表面は、茶色の毛に多目の白い毛が交じる夏毛《なつげ》でおおわれていた。

ふつう、タヌキは人里近くの山や平地の林にすむ夜行性の動物である。ところが最近になって、人家の多い所にも現れるようになった。しかも、昼間でも出てくることがある。

ここ数年間、四国新聞の記事になったものだけをひろってみると、一九九三年五月に高松市新田《しんでん》町の住宅前、一九九六年八月に山本町の牛舎へ、一九九七年五月に高松市一宮《いちのみや》町の住宅地、一九九八年十二月に三木町の住宅などにタヌキが一匹または数匹で現れている。

さて、溝から姿を見せたタヌキ。しばらく鼻を周囲に向けて、においをかいでいた。やがて、鼻を地面に近づけたまま歩き始め、パンに近づいた。このしぐさはイヌ科の特徴である。そして、パンをくわえると、そのまま足早にもとの溝の中に姿を消した。

ところが、ほんの一分とたたない間に、同じタヌキが再び溝から出てきた。

（平成一一・八・二七）

タヌキ②

メスだけで子育ての話

徳島酸素工業香川支社（当時）の工場にすみついたタヌキの観察を始めてから七日目の午後、ぼくの家の電話が鳴った。「今朝、溝の中にタヌキの子がいました」と同社の前田留美子さん。「やはり、そうでしたか。しきりにエサをとりにきていたのは、子にやるためだったのですね」と返事。

現場にかけつけてみると、メス親のかたわらで一匹の子が動き回っていた。子の全身は黒っぽく、丸々と太り、生後一カ月くらいになるだろうか。

ふつう、タヌキは春ごろにオスとメスがなかよくなり結婚する。それから二カ月たつと、一―八匹の子を産む。さらに一カ月もすると乳離れをし、親と同じエサを食べるようになる。この間、オスはメスや子のためにエサさがしをする。このように、タヌキは家族生活をしながら子育てをするという。

これをもとに、工場にすみついたタヌキ親子のことを考えた。

このメスは、春ごろに近くの林など人目につかない所でオスと結婚した。ところが、オスは事故にでもあったのか、いなくなった。

五月終わりごろ、お腹が大きくなったメスは、この工場にすみついた。昼間は従業員の温かい心づかいのエサをもらい、夜は昆虫やミミズなどをとって生活していた。

六月の終わりに、メスは一匹の子を産んだ。オスがいないので、メスはエサをさがしながら授乳をした。七月の末、乳離れをした子と一緒に外に出てのエサさがしとなった。

タヌキは、昔から人々に親しまれてきた。北條令子《ほうじょうれいこ》著の「さぬきの狸」には、香川県に伝わるタヌキの昔話が六十一話も書かれている。屋島の太三郎《たさぶろう》狸、浄願寺の禿《はげ》狸などは有名で、ユーモアがあり、おもしろい。タヌキのしぐさや人をあまり警戒しない性質を見ていると、おもしろい話が生まれても不思議ではない気がした。

（平成一一・九・三）

ダイサギ

長い首や足で生命をつなぐ

九月初めの午後、観音寺市の柞田川《くにた》のほとりで、エサをとり終わり満腹になったダイサギが立っていた。長い首をS字の形に曲げた体は、秋の日差しを受け白く輝いて見えた。

やがて、そのダイサギが黄色の長いくちばしで、「羽《は》づくろい」を始めた。

羽づくろいというのは、鳥の尾羽のつけ根あたりから出る脂肪をくちばしで取り、羽毛にぬり羽毛をととのえる動作である。鳥にとって大切な羽毛を雨や水しぶきでずぶぬれになるのを防ぐためである。

ダイサギは、片方の翼を水平に広げ、その裏側から首をねじ曲げて、くちばしで羽毛をしごくようにしてととのえた。もう一方の翼も同じようにして羽づくろいをした。胸、腹、背なども長い首を使ってていねいに羽づくろいをした。

くちばしのとどかない頭や首の上の方はどうするか。一本足で立ったダイサギは、脂肪がついていると思われるくちばしを片方の足でぬぐい、それで頭をかくような動作をくり返していた＝写真＝。野鳥の観察者たちは、このような動作を「頭かき」とよんでいる。

昔から、ダイサギ、チュウサギ、コサギなど白いサギをまとめて「白鷺《しらさぎ》」とよんできた。このなかでダイサギは最も大きく、くちばしの先から尾の端までが約九十センチもある。干潟、川、池などにすみ、香川県ではここ三十年間でふえた鳥の一つである。

いまごろ、夏の繁殖期に黒色だったくちばしは黄色に変わり、背や胸の飾り毛も消えて冬のスタイルに変身している。

さて、くだんのダイサギは、羽づくろいが終わり、いっそう美しくなった。そして、川の浅瀬に入り、長い首を一直線にのばして、水中の魚をねらっていた。

ダイサギは、長い首や足で羽づくろいをしエサをとって生命をつないでいる。

（平成一一・九・一〇）

アオバト

群れで海水を飲む習性

九月三日午前十時、豊浜《とよはま》町余木崎《よきざき》にアオバトが六十羽あまりの群れで飛んできた。ここは、香川県と愛媛県の境にあたり、山が海につき出た岬になっている。その先には岩場があり波が打ちよせている。

　アオバトの群れは、いったん岩場の手前にあるがけに生えたマツの枝にとまった。警戒心が強く、葉の陰にかくれて姿を見せない。ときおり、そのうちの一羽がアーアォーアォーと赤ん坊の泣き声のように鳴く。

　三十分後、そのうちの三十羽がパタパタという大きな羽音をたてながら岩場のあちこちに舞いおりた。

　黄緑色の体に、水色のくちばし、赤い足が美しい。そのうえ、オスの肩羽のブドウ色が日に照らされて美しさを増す＝**写真右端**＝。

　岩場のアオバトは、競うようにして波打ち際まで歩き、くちばしを水中に突っこんで海水を飲んだ＝**写真左端**＝。海水を飲む時間は、ほんの数秒で短い。そして、いっせいに空中に舞い上がり、もとのマツの枝にとまる。また、十羽、二十羽などと群れの大きさを変えて岩場におりて海水を飲むことをくりかえした。

　もともとアオバトは、山地のよく茂った落葉樹の森にすんでいる。五―六月ごろの繁殖をしている時期には、讃岐山脈などでも早朝に赤ん坊の泣き声のように鳴く。

　このアオバトは、山地から遠く離れた海岸まで群れになって飛んで行き、そこで海水を飲むことが知られている。海水中にふくまれている塩分などのミネラルをとるためと思われるが、その意味はよくわかっていない。

　正午、アオバトの群れは、いっせいに飛び立ち、南の山地をめざして帰って行った。そのあと、アオバトが海水を飲んでいた岩場は、満ち潮によって波の中に消えた。

（平成一一・九・一七）

ヌマガエル

環境の変化にうまく順応

秋風が吹くようになったある日、高松市の郊外にあるぼくの家の庭で、一匹のカエルを見つけた。近くの水田から迷いこんできたらしい。

つかまえてみると、体長四センチのヌマガエル＝**写真**＝だった。カエルの場合の体長とは、鼻の先から肛門までの長さをいう。

ヌマガエルの背中は褐色で黒い斑紋があり、腹は白っぽい。お世辞にも美しいとはいえない。これによく似たツチガエルというのがいる。ツチガエルは口の上側とほおがくぼんでいるが、ヌマガエルにはそれがない。

六月ごろ、田に水が引かれると、ヌマガエルたちの合唱が始まる。ケッケッ……と、体に似合わず大きな声で鳴く。夜、懐中電灯をつけて見ると、オスがのどの両側をふくらませて鳴いていた。

三十数年前の高松市郊外では、ヌマガエルや大形のトノサマガエルが非常に多くすんでいた。ところが、いまは、トノサマガエルがいなくなり、ヌマガエルは生き残っている。

カエル類が少なくなったのは、水田や水路などにコンクリートや農薬が多く使われたためといわれているが、なぜヌマガエルが生き残っているのか。その秘密は、卵の産み方にあるらしい。

トノサマガエルは、春に卵を一度に全部産む。一方、ヌマガエルは、春から夏にかけて卵を何回にも分けて産むことが知られている。産まれた卵やオタマジャクシは、水がなくなったり、農薬などの被害にあうと生きることはできない。しかし、ヌマガエルは卵を何回にも分けて産むので、生き残るチャンスが多い。ヌマガエルには、生まれつき環境の変化に負けないしぶとさがある。

稲の穂が黄色くなったいま、ヌマガエルは鳴かなくなった。しかし、冬眠にそなえて、エサをとりつづける毎日である。

（平成一一・九・二四）

トノサマガエル

最も大きく最も活発なカエルの殿様

九月のある日、琴南《ことなみ》町でトノサマガエルをさがして歩いた。半日かけて水田地帯を見て回ったが、一匹も現れなかった。

あきらめかけていたところ、山すそに近い水田のあぜ道で、草むらから一匹の小さなカエルが大きなジャンプをして用水に飛びこんだ。トノサマガエルだ。

ようやく手にしたのは、まぎれもなくトノサマガエルだった。それも、体長四センチ、今年生まれの子ガエルだった。背面に黄緑の色が残り、褐色の斑紋が点々とついている。

高松市の郊外からトノサマガエルが消えてから何年になるだろう。久しぶりの出会いに、体がほてり涙が出そうになった。少なくとも三十年前まではトノサマガエルが用水やあぜ道にたくさんいた。

子どものころ、水面に浮いているトノサマガエルの釣りをして遊んだ。まず、あぜに生えているカモジグサをとり、その穂をしごいて輪をつくった。その輪をそっとカエルの頭から腹までとおして、一気に引っぱって釣り上げてつかまえていた。

この日、最初に子ガエルを見つけた場所から百五十メートルほどのあぜ道を歩いて、子ガエル十二匹、昨年生まれのオス一匹、そして、体長九センチの大きなメス＝**写真**＝一匹を見つけた。

このメスは、灰色の地はだに黒い斑紋が不規則につながっている。さらに、その背面の中央を縦に背中線《はいちゅうせん》という白いすじがある。

メスは、人の姿に気づき、体長の一・五倍もある長い足でジャンプし水中に飛びこんだ。

トノサマガエルは水田ふきんにすむカエルのうち最も大きくて最も活発である。まさに、カエルの殿様である。

琴南町でトノサマガエルがいたあぜ道には、ダイダイ色の花をつけたノカンゾウが生え、用水にはきれいな水が流れていた。

（平成一一・一〇・一）

キアシシギ

羽づくろいして干潮待ち

高松市の新川《しんかわ》河口で、ピューイ、ピューイと明るくはずんだ鳴き声が潮風にのって聞こえてきた。近くにキアシシギがいるはずだ。九月末のこの日は、午前十時四十七分が満潮だった。いま、ちょうどその時間。干潟が海中にかくれ、となりに流れる春日《かすが》川との境になる防波堤が水面上に出ているだけである。そこを望遠鏡でさがすと、鳴き声の主のキアシシギが立っていた。

　キアシシギは、くちばしの先から尾の先までの長さが二十六センチ。全身が灰色だが、足の黄色が目立つので、この名になった。

　この鳥は、夏にシベリアの東北部で繁殖をし、いまは東南アジアやオーストラリアに向けて渡りをしている最中である。長い旅だから、エサをとって栄養を補給したり休息することも必要である。県内では、海岸、とくに干潟で数羽以上の群れが見られる。ため池や川などの水辺にもやってくる。

　堤防の上のキアシシギが羽づくろいを始めた。最初に、頭の一・五倍もある長いくちばしで尾のつけ根あたりをこするしぐさをした。これは、尾のつけ根の上にある脂腺《しせん》から出る脂《あぶら》をくちばしにぬりつけるためである。それを尾羽や翼などにぬりつけながら、羽毛をすいていた。

　約三十分で羽づくろいが終わると、頭を後ろへ向け、くちばしを背羽の間に入れ、目をつぶり、動かなくなった。

　海岸に立ちよるキアシシギは、満潮のときにはエサがとれないので、岩や堤防などの上で羽づくろいや休憩をして時間をすごす。その代わり、干潮になり干潟が現れるとゴカイ、エビやカニ、小魚などのエサがたっぷりとれる。

　ふと、キアシシギがピピピピピピと、鳴いて飛んだ。堤防の向こうからハゼ釣りの人が近づいたからである。キアシシギは、休息中も警戒することを忘れない。

（平成一一・一〇・八）

カワウ

潜って魚とり「鵜のみ」に

日の出の二十五分前、まだうす暗い高松市春日《かすが》川の河口に、一羽のカワウが沖の方から飛んできた。また一羽。数羽の群れもいる。

黒い大きな体。長い首を前にのばし、広げると一三〇センチもある翼をこきざみにはばたいて飛ぶ。そして、急せん回して水面に滑りおりた。

このようにして、午前七時までに五十二羽がやってきた。水面におりたカワウのうち、泳ぎながら潜って魚を捕るもの＝**写真**＝もいるが、ほとんどのものは沖でたっぷり魚を食べたのか干潟や堤防にあがって休む。

休むもののうち、めだつのが翼を広げたまま立つ姿＝**写真円内**＝。これは、水でぬれた翼をかわかすためである。翼がかわくと、それをたたみ、立ったり座って休む。

カワウは、県内各地の海岸や池で一年中見られる。三十年前にはほとんどいなかったが、最近はその数がふえている。

よく似たものに冬鳥のウミウがいるが、渡ってくる数も少なく、海岸のがけをねぐらにしている。

ちなみに岐阜県長良《ながら》川などで鵜飼《うか》いに使われているのはウミウである。カワウよりウミウが魚を捕る能率がよいといわれているからである。

この日、カワウが魚を捕るすさまじい行動を見た。堤防で休んでいた一羽が、いきなり舞いあがり近くの水面におりた。そして、潜水すること約五十秒。浮きあがったカワウは、先の曲がった長いくちばしに大きなウナギをくわえていた。

ウナギは、のたうちまわり逃げようとするが、水面にたたきつけられる。それを近くで見ていたアオサギが飛んできて、ウナギを横取りしようとする。カワウは急いでウナギをくわえなおし、その頭から一気にのみこんでしまった。まさに「鵜《う》のみ」である。カワウの魚捕りは、おそろしいほど上手である。

（平成一一・一〇・一五）

エゾビタキ①

北国からきた秋の小鳥

十月のはじめ、坂出《さかいで》市と宇多津《うたづ》町の境にある常盤《ときわ》公園（一一八・六メートル）のいただきで、一羽のエゾビタキに出会った。

そのエゾビタキは、葉を落としたサクラの枝にとまり、あたりを見回していた。ふと、近くに飛んできたキチョウを空中でくわえ、もとの枝にもどり、器用に食べていた＝**写真**＝。

そののち、十メートルほどはなれた別のサクラの枝に移った。さらに、二―三分で別の木に移る。このようにして、そのあとをつけてみると、エゾビタキは約百メートルの範囲内を移動しながら、エサになる虫をさがしていた。

ここには、四―五世紀ころに造られた積石塚古墳がある。その辺りは、日当たりがよく、エノキの古木を中心にサクラやマツなどがまばらに生えている。エゾビタキは、このような明るい林にやってくる性質がある。

この鳥は、夏にはサハリンやカムチャツカなどの北国で子育てをし、冬になるとフィリピンやその南の島ですごす。その渡りのとちゅうに日本各地に立ちよる。とくに、九月下旬から十月上旬にかけて見ることが多い。

つねに一羽または数羽でいる。かつて、讃岐山脈の大滝山で五羽の群れに出会ったことがある。そこでは、この鳥の大好きなミズキという木の実を食べていた。このときは飛びながら実をついばんでいた。

エゾビタキは、スズメと同じ大きさの地味な鳥である。胸からわき腹に黒褐色の縦斑が目につく。よく似た鳥にサメビタキやコサメビタキがいるが、そのちがいをさがすのも勉強になるだろう。

一週間後、ふたたび常盤公園をおとずれたが、エゾビタキは飛び去っていた。そのかわり、冬越しのために北国から渡ってきたジョウビタキのオスとメスが「なわばり争い」をしていた。秋は小鳥たちの渡りの季節である。

（平成一一・一〇・二二）

シジュウカラ

巣箱を掃除して春を待つ

「私の巣箱に鳥の巣があり、うれしかった」（六年・楠井千春）、「すばこから大きなクモがでてきて、びっくりした」（三年・黒川雅《まさし》）。

　十月六日、大滝山県民いこいの森キャンプ場で、塩江《しおのえ》町立上西《かみにし》小学校の子どもたちが巣箱掃除をしたときの感想である。

　この日は全校生十九人の遠足。学校から約六キロの道のりを、空かんなどのごみを拾いながら歩いてきた。そこでは、一九九六年十一月四日に、子どもたちが作った巣箱がかけられている。それ以来毎年、鳥の繁殖が終わった秋に巣箱の掃除を続けている。子どもたちは、先生の助けをかり、木の幹にかけていた巣箱を地面におろし、その中の掃除をはじめた。

　そのとたん、あちこちから歓声があがった。それぞれの巣箱の中に、おもにコケを材料にしてつくったシジュウカラ＝**写真**＝やヤマガラの巣材《すざい》が見つかったからである。そのほかに出てきたものにも驚いていた。

　巣箱からクモ、ムカデ、カタツムリがはい出してきた。キイロスズメバチの使い古しの巣もあった。さらに、巣箱の中でアリが巣をつくっているのもあった。かわいそうに、ヒナになれなかったシジュウカラの卵もあった。

　結局、巣箱二十一個のうちシジュウカラまたはヤマガラの巣があったのは十三個。巣箱は、鳥によく利用されていた。

　二時間後、すべての巣箱はきれいになった。いたんでいた巣箱も修理されて、木の幹にかけられた。「巣箱の掃除の大切さがわかった」（五年・藤沢聖子）。

　その後、木の幹にかけた一つの巣箱に、シジュウカラのオスとメスがやってきた。そのうちのオスが巣箱の穴の中をのぞいていた。冬の間によく見られる「穴のぞき」の行動である。「来年の春も巣箱を使ってくれたらいいな」（四年・藤沢怜史《さとし》）。

（平成一一・一〇・二九）

オオバン

水草が茂る池がすみか

十月末の朝、丸亀市の太井池《たいいけ》で二羽のオオバンがエサをとっていた。オオバンは泳ぎながら、水面に浮いているホテイアオイという水草の葉や根をついばんでいた。よく見ると、そのあたりのホテイアオイの葉は、ほとんど食いちぎられている。

オオバンは、見るチャンスの少ない鳥だ。水面を泳いでいるのでカモのなかまのようにみえるが、クイナという鳥のなかまである。

この鳥は、あたりを泳いでいるカモのなかまよりも小さく、全身が黒くて、ひたいの部分（額板《がくばん》という）とくちばしが白い。近くに同じなかまのバンという鳥もいるが、その部分は赤いので区別できる。

もともとオオバンは、夏に関東地方より北で繁殖をし、冬は西日本に渡るといわれてきた。ところが、最近になり県内のかぎられた池や川で季節にかかわらず見られるようになった。その数は次第にふえているようだ。

オオバンがすむ池や川には、かならずといってよいほどヨシやガマなどの水草が茂っている。

太井池は、その代表のような池である。ここでは、オオバンのほかにカモのなかまをはじめ、いろいろな水鳥でにぎわっている。ちかごろ、県内の池の多くは堤がコンクリートでおおわれているが、ここにはそれがない。

ホテイアオイを食べ終わったオオバンは、その隣に浮いているヒシの葉を食べ始めた。ときおり、トンボの幼虫「ヤゴ」を追ってエサにしている。

三時間あまりをかけてエサをたっぷり食べたオオバンは、ひと区切りずつ進むという独特な泳ぎ方をして池の中央を横切り、対岸に生えているヨシの茂みに消えた。

（平成一一・一一・五）

カルガモ

くちばしの先端が黄色

十一月に入り、県内の池や河口などでカモのなかまがめだつようになった。丸亀市の田村池でも、マガモ、ホシハジロ、カルガモ＝写真＝などでにぎわっている。

そのほとんどは、夏に北国で繁殖をし、冬越しのためにやってくる冬鳥である。ところが、カルガモは北から渡ってくるものもいるが、県内各地で繁殖をするものも多い。

カルガモは、ほかのカモ類にくらべて大きい。全身が褐色に見えるが、黒いくちばしの先端の黄色と、翼の一部の白色がめだつ。ほとんどのカモ類はオスとメスで体色がちがうが、カルガモのオスとメスの体色は同じである。

カルガモが全国的に有名になったのは、一九八五年六月十六日のできごとが新聞やテレビで報道されたからである。

その日の朝、東京・大手町の三井物産ビルの中庭にある人工池にすみついていたカルガモの母親とヒナ十二羽が、幅四十メートルの道路を横断して、向かい側にある皇居のお堀に引っ越しをした。

母親を先頭に縦に並んでトコトコ行進し、最後のヒナがお堀に入ったしゅんかん、かたずをのんで見守っていた通行人やドライバーたちから大きな拍手がわいたそうである。

春から夏にかけて県内各地の池や川の草むらでは、カルガモが地面に巣をつくり十個あまりの卵を産む。ふ化したヒナは、すぐに地上を歩くが母親にみちびかれて水辺に向かう。このとき、草などの茂みによって、そのようすが見えにくいのがふつうである。

秋になり、成長したカルガモたちは北国から渡ってきたカモ類とともに、池や河口の水面に姿を見せるようになる。とくに、マガモの群れの中やその近くにいることが多く、観察するのによいチャンスである。

（平成一一・一一・一二）

エナガ

長い尾でバランスとる

香川町川東八幡《かわひがしはちまん》神社から竜満《りゅうまん》池の中につき出た堤の先にお旅所《たびしょ》がある。その堤にアカメヤナギ、アキニレ、サクラの並木がつづく。

十一月七日午後三時、そのアカメヤナギの小枝がかすかにゆれ、チッチッという声が聞こえた。つぎのしゅんかん、枝先に一羽のエナガが姿をあらわしてチュルルルルと鳴いた。それを合図に、エナガの群れが茂みの中に見え始めた。エナガたちの動きは活発で、小枝から小枝へと移りながら、そこについている昆虫やクモなどをさがしているようである。

エナガは、スズメよりも小さい鳥。以前、死んでいたエナガを拾い、体重をはかったところ七グラムだった。一円硬貨七枚分だから、すごく軽い。

その小さい体に長い尾がついている。これで体のバランスをとるので、小枝のあらゆる所にとまったり、ぶら下がることもできる。ちょうど、サーカスで軽業《かるわざ》をする人が、手を広げたり長い棒を持って体のバランスをとるのに似ている。小さい体と長い尾をもつことで、ほかの鳥がとまることのできない細い枝先でエサをとることができる。

アカメヤナギのエナガの群れは、五分間ほどエサをとっていた。そのとき、最初にあらわれたリーダーらしいエナガ＝**写真**＝が手前の電線にとまり、チィチチとつづけて鳴いて飛び立った。「みんな、ついていらっしゃい」とでも言っているようだ。

すると、ほかのエナガはツッ、ツッと鳴きながら、つぎつぎと波形をえがいて飛び、十メートルはなれたアキニレの木に移った。このとき、全部で十五羽いることがわかった。

エナガは、春の繁殖期をのぞいて群れで生活をする。そして、林の中のきまったコースを移動しながらエサをとる。夜になってねむるのも群れである。

（平成一一・一一・一九）

タシギ

くちばしに獲物を感じるセンサー

高松市の香南《こうなん》町に位置する小田池は、面積が三十七万五千平方メートルあまりの大きな池である。いまの時期、この池で養殖していた魚をとるために水を抜いているので浅くなっている。そこに、カモやサギのなかまなどの野鳥が多く集まっている。

そのなかに二羽のタシギがいて、水ぎわでエサをとっていた。タシギは、長いくちばしを泥の中に深くさしこんで、せわしく上下に動かす。タシギのエサとりは、このくりかえしである。このとき、泥の中にひそむミミズなどの小動物をどのようにしてさがし、とらえるのだろうか。

ある年の冬、死んでいたタシギを見つけた。きりのようにかたいと思っていたくちばしは、その先の部分がやわらかいのにおどろいたことがあった。そのやわらかい部分には神経が集まっていて、獲物にふれると感じるセンサーになっているという。また、やわらかい部分が上下に開いて獲物をはさみとることもできる。

タシギは、シギのなかまの一種。夏にシベリア北部などで繁殖し、冬は日本などの暖かいところですごす。県内では九月ごろから明くる年の四月まで池や川、休耕田などの草が生え、湿ったところで見ることができる。

三十分間ほどエサをとっていた二羽のタシギは、なににおどろいたのかジェッ、ジェッと鳴いて飛び立った。そのとき、体を左右にかたむけながら急上昇してすばやく飛び、二百メートル先の水辺に舞いおりた。

そこは、草が生え石がころがる。そのかげで、タシギは身動きをせずに立っていた＝**写真**＝。このとき、体の表面が枯れ草のような色であることも身をかくすのに役立つ。さらに、頭の両側についている目で、ほぼ三六〇度のはんいを見ることもできる。タシギのように弱い鳥は、いろいろな方法で身を守りながら生きている。

（平成一一・一一・二六）

ヤマガラ

人なつっこい器用な小鳥

十一月二十六日は、天気予報のとおり急に寒くなった。その日の午後一時、琴南《ことなみ》町の大川山《だいせんざん》（一〇四三メートル）の頂上では、セ氏六度。このとき、目の前に一羽のヤマガラ＝写真＝が現れ、人なつっこい目でふりむいた。

スズメほどの大きさのヤマガラは、すぐに飛んだ。双眼鏡でその後をおうと、近くのアカマツにとまった。そして、松かさをつつき別の枝にとまった。ヤマガラのくちばしには松の種がくわえられていた。

ヤマガラは、種を枝の上におき両足でおさえつけてくちばしでつつき、種についているはねをもぎとり皮をむいて、その中身を食べた。そのしぐさは、おどろくほど早く、とても器用に見えた。

秋から冬のヤマガラは、森の中を飛びまわって、木の幹や枝のすき間にひそむ昆虫の卵や幼虫をとるが、木の実や種も器用に料理して食べている。

その器用なしぐさを人に見ぬかれ、数百年も前から飼育されて、「おみくじ引き」や「鐘つつき」、また、「つるべあげ」などの芸を教えられてきた。

三十九年前のことだが、広島県宮島の厳島《いつくしま》神社の参道で「おみくじ引き」の芸を見た。かごから出たヤマガラが、小さい模型のはしごだんをぴょんぴょんと渡り、模型の神社のとびらをあけて、その中にあるおみくじをくわえてもどるという芸であった。その器用で愛きょうのあるしぐさは、多くの見物客をひきつけていた。

いまは、このような芸はなくなった。法令によって、ヤマガラをつかまえたり飼うことができないからである。

ヤマガラは、森があればたいていはいる。なかでも、葉の広い樹木が生えている所に多い。そのような所で、彼らは生きるために、長年にわたって器用なしぐさを身につけてきた。

（平成一一・一二・三）

ゴジュウカラ

冬の林でエサを蓄える

十二月になると、讃岐山脈の尾根も冬らしくなった。ミズナラやコナラなどの木は葉を落とし、林の中が明るくなった。

そんなある日、琴南《ことなみ》町の山中で、くちた切り株のすき間をつつく一羽のゴジュウカラがいた。十数秒後、フィッフィッと鳴いて目にもとまらぬ速さで飛び、少し離れたところのミズナラの幹にとまった。

そのあとで、切り株のすき間をほじくってみると、マツの種子が出てきた。また、ドングリもあった。ゴジュウカラの仕業《しわざ》である。

ゴジュウカラは漢字で「五十雀」と書き、標高八〇〇メートル以上の高い山にすむ小鳥である。体の上面は青みがかった灰色、下面は白色でわきから後ろがうすいオレンジ色。くちばしのつけ根から目の後ろにのびる黒い線もめだつ。

この鳥は木の幹を歩きながらのぼるだけでなく、頭を下にして幹をおりることもできる。また、横にのびる枝の下側をさかさまになって歩くこともできる。まさに、林の中の小さな忍者である。

秋から冬になると、標高数百メートルの低い山でもゴジュウカラが見られるようになる。このころは、ヤマガラやシジュウカラの群れに混じって林の中を移動しながらエサをさがす。

いろいろな昆虫をエサにするが、ドングリやマツの種子もとる。とくに、木の実や種子をとると、木の幹の皮や割れめの間に蓄え、あとでとり出して食べる性質がある。このために、くちばしはきりのように鋭い。クルミの実を半分に割った例もある。

ミズナラにとまったゴジュウカラは、しばらく幹をのぼりおりしていたが、ふたたび切り株に飛んできた。そして、そのすき間に蓄えていたドングリをとり出して、飛び去った。

ゴジュウカラはエサのかくし場所を忘れてはいなかった。

（平成一一・一二・一〇）

キンクロハジロ

潜ってエサをとるカモ

十二月十三日の朝、豊中町勝田《かつた》池でカモのなかまがにぎやかに泳いでいた。かなり水がへっているものの、十八万六千平方メートルあまりもある池の東よりにマガモ、西よりにハシビロガモがすみ分けている。

そのハシビロガモの近くに、三羽のキンクロハジロが舞いおりてきた。このうちの二羽はオス、あとの一羽がメスであった。

水面に浮かぶオスは、黒と白のコントラストが美しい＝**写真**＝。もう少しよく見ると、頭・胸・背・尾・翼の上面が黒色、腹・わきが白色に分けられる。メスは、その黒色の部分が褐色がかり、白色の部分もよごれて見える。さらにキンクロハジロの決め手は、オス、メスとも頭の上から後ろにたれた冠羽《かんう》という羽毛がある。

勝田池のキンクロハジロたちは水面を泳いでいたが、やがて潜水を始めた。潜るとき、少しはね上がり、円を描くようにして頭から水中にはいる。ちょうど、体操の前転技のようで小気味よい。

潜水はエサをとるためである。水の中のようすは見えないが、小魚やエビ、ヤゴなどの水中動物を追いまわしているのだろう。そのためか、潜る時間は意外と長い。時間をはかってみると、ほとんどが三十秒以上で、四十五秒という長いときもあった。

この日、隣にある高瀬町の国市《くにち》池、丸亀市の田村池・八丈《はちじょう》池・道池などを見てまわったが、毎年やってくるキンクロハジロはいなかった。そして、どの池も水が少なかった。

県内の多くの池は、農業用水のほかに淡水魚を養殖するために使われる。その場合、秋の終わりに水を抜いて魚をとる。いま、それが終わり、池の水が少ない。そのために、潜水をしてエサとりをするカモにとっては不利な時期でもある。水がふえ、エサになる動物が多くなるときが待ち遠しい。

（平成一一・一二・一七）

ノスリ①

やさしい顔つきのタカ

立冬をすぎたある暖かい日の午後、讃岐山脈の中腹で一羽のノスリに出会った＝**写真**＝。獲物をさがしているのか、高さ二十メートルもあるアカマツのてっぺんにとまり、山の斜面を見つめていた。

ノスリはタカのなかま。同じなかまのトビにくらべると少し小さく、ずんぐり型。尾は短く、その先が丸い。全体に淡い褐色であるが、あごにひげのように見える黒褐色のもようも特徴である。

タカのなかまの多くは、目玉の虹《こう》彩《さい》という部分が黄色のために鋭い顔つきに見える。ところが、ノスリの虹彩は赤黒いのでやさしい顔つきに見える。

そのためか、昔からノスリは「くそとんび」「うまぐそ」「まぐそだか」、ひどいのは「のうなしだか」などのありがたくない名前でよばれてきた。

この機会に、過去五年間の観察ノートをくってみた。その結果、ノスリは十月からあくる年の四月までの間に県内のほとんどの地域で観察をしている。ノスリが繁殖する期間にあたる五月から九月までの記録はない。つまり、香川県でのノスリは、いまのところ冬鳥ということになる。

アカマツのてっぺんにとまっていたノスリが谷に向かって飛び立った。

エサになる獲物が見つからなかったのだろうか。そのとき、幅広い翼に黒いもようがめだち、尾をいっぱいに広げていた。

十二月二十日、県内の上空に寒気が流れこみ、山間部では十五年ぶりの大雪になった。このようなとき、昆虫やネズミ、小鳥などをエサにするノスリは苦労をする。

小鳥の多い低い山や平地の雑木林、カモなどが多く群れている池などは、かっこうのエサ場になるだろう。そのせいか、ノスリがそれらの上空を飛んでいることもある。

（平成二一・一二・二四）

ウグイス①

待ち遠しい春つげるさえずり

　三年前の春、高松市松島小学校の全校生の前で、ホーホケッキョと鳴く鳥の録音テープを再生した。聞き終わってその名をたずねると、全員が正解のウグイスと答えた。

　それほどウグイスの鳴き声は人々に知られている。しかし、冬の間の鳴き声や姿は、あまり知られていない。

　昨年末の十二月二十八日、坂出《さかいで》市の府中湖近くの山道六キロを歩いて七羽のウグイスに出会った。それぞれは単独で、別々のやぶでエサをとっていた。そして、チャチャチャと低く鋭い声で鳴いていた。

　このチャチャチャを地鳴《じな》きといい、秋から冬にかけての鳴き声である。この地鳴きは昔から「ウグイスの笹鳴《ささな》き」とよばれてきた。

　寒さがきびしくなると、山地だけでなく市街地の公園や民家の生け垣の茂みにもすみつき、その地鳴きを耳にするようになる。

　一方、ホーホケッキョは、早春から夏の盛りまでの鳴き声で、これを「さえずり」とよんでいる。いうまでもなく、さえずりは自分のなわばりをなかまに宣言するためであり、恋の歌でもある。それだから、そのさえずりは高らかで美しい。

　ところで、小学生だけではなく一般にウグイスの名を知らない人はいない。しかし、ウグイスの姿を見た人はごく一部にかぎられる。ウグイスの体の色を、あざやかな緑色のうぐいす餅の色と思いこんでいる人も多いくらいである。じっさいのウグイスの体は茶褐色で、きれいな色ではない。そのために、ウグイスがよく茂ったやぶの中で、たえず動きまわっているから、見つけられにくいのである。

　正月が過ぎ、日照時間が日ごとに長くなっている。二月末には気のはやいウグイスがさえずり始める。昔から「春つげ鳥」といわれているウグイス、美しいさえずりが待ち遠しい。

（平成二二・一・七）

キクガシラコウモリ

天井にぶらさがり冬眠

まっ暗でせまい隧道《ずいどう》（トンネル）の奥に向かって中腰のまま進む。とつぜん、懐中電灯の明かりで天井にぶらさがったコウモリの群れが見えた。「冬眠しているキクガシラコウモリです」と、コウモリの生態にくわしい高松市協和中学校の吉川武憲《よしかわたけのり》先生が教えてくれた。

　一カ月ほど前の十二月十二日、高松市南部の山のなかで水を通すためにくりぬいた隧道内でのことである。

　キクガシラコウモリは、高さ一・五メートルほどの天井に二本の足をひっかけ、頭を下にしてぶらさがり眠っていた。薄い膜でできている飛膜《ひまく》をたたみ、体をおおうようにしている＝**写真円内**＝。

　天井のあちこちで数頭ずつ体をよせ合っている。このとき、キクガシラコウモリは全部で九十一頭いた。これに混じって一頭のモモジロコウモリも天井にくっついていた。

　吉川先生によると、キクガシラコウモリは、県内にすむ六種のコウモリのうちで最大級。洞くつや隧道などをねぐらにし、夜になると森林のなかを飛びまわって昆虫を食べるという。しかし、冬になると昆虫が姿を消すので冬眠して寒い冬をのりきるとつけたした。

　隧道のなかで深い眠りに入っているキクガシラコウモリをそっとのぞいた。ほかのコウモリにくらべ、鼻の形が複雑で怪奇にさえ見える。菊の頭（花のこと）のようにも見えることから菊頭《きくがしら》の名がついたという。キクガシラコウモリは、この鼻から発射する超音波によって、暗い所を自由に飛んだり、飛んでいる昆虫を追うことができるというから不思議な気がする。

　観察しているうちに、近くの一頭が体をふるわせて動き始め、ぶらさがったまま飛膜《ひまく》を広げて＝**写真右**＝飛び立った。エサの少ない今ごろ、エネルギーをつかいすぎるとかわいそうだ。隧道を出ることにした。

（平成一二・一・一四）

ヒドリガモ

干潟のアオサが大好物

高松市の東部を流れる新川《しんかわ》は、海にそそぐ所で春日《かすが》川と合流している。一月十四日午前十時、この日は小潮にもかかわらず広い干潟があらわれていた。

　このとき、残された水面で泳いでいたヒドリガモの群れから、オスとメスの二羽がそろって飛び立った。そして、岸に近い潮だまりに舞いおり、首を水の中につっこんで緑色あざやかなアオサをひきちぎって食べ始めた。そのすぐあと、五百羽以上のヒドリガモもいっせいに潮だまりにやってきて、同じようにアオサを食べ始めた。

　正確にいうと、このアオサはアナアオサという長さ三十センチあまりの海藻である。いまごろは成長の盛りで、この干潟のいたるところに生えている。

　ヒドリガモは、アオサのほかアオノリなどの海藻も食べるが、池や川の水草や陸上の草の葉を主食にしている。ときには、ムギの葉をついばみ農家の人にくやまれる。

　ところで、ヒドリガモはカモのなかまでも中型。オスは顔と胸が赤みをおびた茶色、ひたいから頭のてっぺんにかけてのクリーム色がめだつ＝**写真左**＝。ピュイーと口笛を吹くような声でよく鳴く。メスは全体に明るい褐色であり＝**写真右**＝、グワグワーと鳴く。

　九月の終わりごろ北の国から渡ってきて池や川、海岸にすみつき、明くる年の五月初めには去ってしまう。香川県には毎年二十種ほどのカモのなかまが渡ってくるが、もっとも数が多いのはヒドリガモである。

　この日、この干潟では、ざっと数えて二千羽以上のカモのなかまがいた。そのなかにはコガモ、マガモ、オナガガモ、ヨシガモなどが少しずつ混じっていたが、ほとんどがヒドリガモであった。なぜ、ヒドリガモが集まるのか。そこに広い干潟があり、アオサがたくさん生えているからであろう。

（平成二二・一・二二）

チョウゲンボウ①

高所から獲物をねらう猛禽

なんの気なしに窓の外を見たとたん、群れになってたんぼにおりていたスズメが、いっせいに舞いあがって散った。同時に、ハトくらいの大きさで細身の鳥があらわれ電線にとまった。チョウゲンボウのメスだ。小鳥にとっては、おそろしい猛禽《もうきん》である。

一月十八日午後三時、高松市の郊外にあるわが家の前でのできごとである。

チョウゲンボウはハヤブサのなかま。県内では秋からあくる年の早春まで見かけるが、その数は少ない。電柱、くい、高い木など見はらしのよい所にとまって獲物をねらう。飛びながら獲物を見つけてとることもできる。おもにネズミをとるが、小鳥や虫もおそう。

電線にとまったチョウゲンボウは、その下に広がるたんぼを見つめたまま動く気配がない。変だなと思い望遠鏡をのぞいておどろいた。左目がふさがっていたからである。やがて、頭を動かしてこちらを向いた。右には丸くて大きい目があった＝**写真**＝。

それから五分、たんぼに獲物がいなかったのか、電線を飛び立った。翼をひらひらとはばたかせながら北に向かい一直線に去った。その飛び方は、ほかのチョウゲンボウと変わりはなかった。

そのあと、片方の目しか見えないチョウゲンボウが気になり、高松市の菅原《すがはら》眼科医院の樋端《といばな》みどり先生に電話した。

「何かの事故で眼球がつぶれ、まぶたがふさがったのでしょう。片方の目だけになると、視野はせまくなりますが、学習によって獲物までの距離をはかることもできるようになります」と教えてもらい安心した。

あくる日の十九日午前八時、同じチョウゲンボウが同じ所にやってきたが、その後は姿を見せていない。障害に負けず強く生きてほしいと祈るこのごろである。

（平成二二・一・二八）

トモエガモ

日差しを受け輝く飾り羽

池が広く見渡せる瞰鴨閣《かんおうかく》の中でじっと待った。ここは国の特別名勝に指定されている栗林《りつりん》公園。園内には七つの池があり、そのうち群鴨池《ぐんおうち》がもっとも広い。その南の岸に建つのが瞰鴨閣という展望台である。

二時間は過ぎたか。池に浮く冬島の岸にあがって休んでいたマガモたちが、つぎつぎと水面におり、こちらに向かって泳いできた。その中に、お目当てのトモエガモ＝**写真**＝がいた。それも美しいオスで、たった一羽だけだった。

顔にある緑色と黄色の模様が、冬のやわらかな日差しをうけて美しく光る。その模様は、うず巻いて外にまわる形の組み合わせになっていて、巴《ともえ》という瓦《かわら》や太鼓《たいこ》に描く紋《もん》に似る。この模様がトモエガモの名になった。

さらに、肩からたれさがった数枚の飾り羽も白色と茶色に光り、この鳥をいっそう美しく見せる。

ちなみに、トモエガモを学名という世界共通の学問上の名ではアナス・フォルモサという。アナスはカモ、フォルモサは美しいという意味であるから、だれが見てもこの鳥は美しいのだろう。

トモエガモは、北国から渡ってくるカモのなかま。県内では十一月からあくる年の三月まで池や川にすみつく。たいていはマガモやコガモなどの群れに混じって一羽か数羽でいる。県全体でも十羽前後というから、その数はきわめて少ない。

群鴨池のトモエガモは、マガモとともに泳いだり、浮いたまま休んでいた。また、池の中の冬島や秋島などの日の当たる岸にあがっても休む。

しかし、夜になると郊外の川や休耕田などに飛んでいき、水草や草の実、エビや水生昆虫などのエサをさがす。そして、朝の開園時間までには群鴨池にきちんと帰ってきて休んでいるこのごろである。

（平成一二・二・四）

ムササビ

昼間はうろの中で睡眠

登山靴で雪を踏むたびにバリッ、バリッという音が静かなブナ林にひびく。雪がこおってできたアイスバーンのわれる音である。せまい登山道の両側は急斜面。気をつけてはいたが足が滑り、しりもちをついた。

そのとき、目の前に立つブナの大木を見上げると、うろ（洞）の中からムササビが顔を出し、大きな目でこちらを見ていた＝**写真**＝。しばらくして、「おーい」と声をかけたら、まばたきをしてゆっくりとひっこんだ。

この日は立春。徳島県との境にある大滝山《おおたきさん》のブナ林は雪でまっ白。ときおり、粉雪も舞う。リュックサックから取り出した温度計がマイナス二度をさす。きびしい寒さのなか、ムササビはうろで睡眠の最中だった。

ムササビはリスのなかま。県内の山林のうち、大木の茂る所にすむ。

昼間は、大木のうろや丸い巣などでねている。丸い巣というのは、葉がついたままの小枝を集め、直径数十センチの球にしたものである。少し前に、ブナ林から離れた所に生えているモミの幹に、その枝で作った丸い巣にいるムササビと出会ったことがある。

午後七時、あたりはまっ暗。とつぜん、ブナのうろからムササビがするりと出て、こずえに向かって幹をかけ登り、グルル、グルルと鳴いた。赤いセロハンをかぶせたライトを照らすと、二つの目が黄色に光った。

つぎのしゅんかん、二つの目が光る四角形の影が、となりのブナに向かって飛んだ。飛んだというより、座布団を投げたように見えた。ムササビは、体の横側と四本の足の間にある飛膜《ひまく》を広げて滑空し、木から木へ移ることができる。

やみにつつまれたブナ林では、別のムササビも鳴く。夜行性のムササビは、これからがエサをとったり、なかまと付き合う時間になる。

（平成二二・二・一二）

ミヤマホオジロ

エレガントな姿の小鳥

先週の暖かなある日、五色台の白峯《しろみね》寺《じ》に向かう山道を歩いていた。そのとき、急に目の前の林からミヤマホオジロが飛び出て、数メートルはなれたカエデの枝にとまった。

よく見るとオス一羽とメス二羽がいた。どれも頭の上につく冠羽《かんう》を立て、その姿がとてもエレガントに見えた。とくに、オス＝**写真**＝は、まゆとのどが黄色で、顔と胸につく黒色とのコントラストがあざやかだった。

それにつけても、ミヤマホオジロの学問上の名はエンベリーザ・エレガンスというが、エンベリーザはホオジロのなかま、エレガンスは上品とか粋《いき》などの意味であり、うまいこと名づけたものだ。

ついでに、ミヤマホオジロという和名を漢字で書くと「深山頬白」となる。特別に深い山だけにすんでいるわけではないが、この名になっている。

ミヤマホオジロは、中国の東北部で繁殖し、秋に日本へ渡ってくる小鳥である。香川県内では、十一月ごろからあくる年の三月ごろに、低い山から讃岐山脈の高い所までの広いはんいで見ることができる。

つねに林のへりで小さな群れになっている。エサをとるときには、地面におりて落ちている草の実をさがす。

数分はすぎたか、三羽はカエデにとまったまま。ときおり、チッチッと小声で鳴く。なかまがいるはずだと思い、地面をさがすと枯れ草のあいだに九羽もいた。

その九羽は、持ち前の冠羽をねかせたままエサとりをしていた。さらにつづけて見ていると、エサを見つけてつついているメスのところに、冠羽を立てらしたオスがやってきた。すると、メスも冠羽を立ててすばやく逃げた。

つねに小さい群れで行動をともにしているミヤマホオジロだが、そのなかではエサをめぐっての争いがしばしばある。

（平成一二・二・一八）

ツクシガモ

ひとりぼっちの浮き寝

二月十七日の正午、高松市香南《こうなん》町に位置する小田《おだ》池で一羽のツクシガモが水面に浮いて休んでいた。長めの首を曲げ、くちばしを肩羽の間にさしこんだ姿勢である。これがカモの浮《う》き寝《ね》である。

ところが、そのときのツクシガモは、水面に吹きつける強い風をまともに受けて、西から東へと流されていた。

ほんのさっきまで西の岸近くでいっしょに泳いでいたマガモの群れからどんどん離れ、ひとりぼっちになってしまった。

このとき、高松地方気象台では西の風、風速八メートルを観測していた。広い小田池の水面上では、それよりも強い風が吹いていたかも知れない。

ツクシガモは、秋に中国から渡ってくる大型の美しいカモ＝**写真**＝。体の大部分は白色だが、頭の黒色と、胸から背にかけての茶色の太い線があざやかである。真っ赤なくちばしもめだつ。

その数は、全国的にきわめて少ない。県内では小田池のほかに、丸亀市の田村池・宝幢寺《ほうどうじ》池、高瀬町の国市《くにち》池などの大きなため池にやってきたことはある。ただ、九州の有明海、とくにそのうちの諫早《いさはや》湾では毎年たくさん渡ってくる。九州の古い名を筑紫《つくし》というが、そのようなことからツクシガモという名になった。

ところで、浮き寝のまま風に流されていたツクシガモだが、東の岸に近づくと急に首をのばして頭を上げ、西に向かって泳ぎ始めた。こんどは強い西風にも負けずぐいぐいと泳ぎ、あれよあれよという間にマガモが群れる西の岸近くにたどりついた。

しばらく見ているうちに、西から東へ流されては東から西に向かって泳ぐことを三度もくり返した。昼間のツクシガモは、強い風を受けても浮き寝をしてたっぷり休み、夜のエサとりにそなえなければならない。

（平成一二・二・二五）

アオジ

林のへりで見えかくれ

「あっ、アオジだ。やぶの中に入った」「どこ、どこ」それらしい小鳥が、やぶの下で見えかくれする。小学生たちは、一斉に双眼鏡でのぞきこんだ＝**写真円内**＝。

強い風が吹いた二月二十四日、高松市の峰山《みねやま》（二二八メートル）で、亀阜《かめおか》小学校の四年生が野鳥の観察をした。小学校では、今年の四月から新たに総合的学習が行われることになっているが、同校では前々から「峰山学習」の名で取り組んでいる。野鳥観察もその一つであり、この日は十一種を観察した。

小学生たちが帰ったあと、やぶの中からアオジが一羽ずつ出てきた。オス二羽、メス二羽の小さい群れであった。

両足をそろえて飛びはねながら、すばやく地面を移動する。そして、止まって草の種子を食べては、あたりを見回して警戒する。いっしゅん、強い風が吹き木々がゆれた。その音で、四羽ともやぶの中に飛びこんだ。おそろしく神経質な鳥である。

アオジは、スズメよりやや大きいホオジロのなかま。オスは頭から背にかけて緑っぽい褐色だが、胸から腹の黄色があざやかである＝**写真**＝。メスは全体に色が薄い。

十月の終わりに、冬越しのために渡ってきて、山や平地などの林にすみつく。とくに、林のへりのやぶで見ることが多い。先週、坂出市府中町の山道を六キロ歩いて十組のアオジに出会った。

四月の終わりになると、腹側の黄色が一層濃くなり、中部地方より北に渡って繁殖をするようになる。

かつて、七月に長野県八ケ岳《やつがだけ》の高原で、繁殖中のアオジが木のこずえでさえずっていた。チッチョチチチリーチッリリと澄んだ声は、いまでも耳にのこっている。

三月に入り暖かくなると、小学生たちが見たアオジも一層美しくなるだろう。

（平成一二・三・一二）

ホオジロ

三月三日、この日は移動性高気圧におおわれ暖かい一日となった。高松市の屋島山上の談古嶺《だんこれい》では正午の気温が一五度にもなった。そのためか、いろいろな野鳥がさえずり始めた。

なかでも、ホオジロが高らかにさえずっていた。その声をたどると、がけっぷちに立つコナラの枝にオスがとまっていた＝**写真**＝。

赤みがかった茶色の体に、顔の白色と黒色があざやかだ。このときは「ツッピィーチルル、ツッチルル」と聞こえた。

ふつう、鳥のさえずりはカタカナで書き表すが、人によってちがう。いろいろな鳥類図鑑でも表し方が多少ちがっている。たとえば、ホオジロでは「チョッピーチリーチョ、チーック」とか「チョッピィーチチロ、ピピロピィー」や「チョッピーチチ、ピッツーチリリ」などとある。

かつて、中学生二十五人が、同じホオジロのさえずりを聞きカタカナで書き表したが同じものはなかった。いずれにしろ、鳴き声をしっかりと聞き、感じたままを書き表すとよいのである。

「聞きなし」で楽しい気分

昔の人々は、ホオジロのさえずりをうまく言い表していた。その代表的なのが「一筆啓上仕候《いっぴつけいじょうつかまつりそうろう》」である。もともとこの言葉は、男の人が手紙文の書き始めに使っていたものである。ホオジロのさえずりに合わせて、この言葉を口ずさむと調子が合うだけである。これを「聞きなし」とよんでいる。

ホオジロの「聞きなし」はほかにもある。「源平つつじ白つつじ」「丁稚鬢《でっちびん》付何時《つけいつ》つけた」「何時もつけんが今日《きょう》つけた」などである。ちかごろは、「サッポロラーメン、ミソラーメン」の「聞きなし」に人気があり、そのさえずり方がすぐに覚えられる。

これから野鳥のさえずりが盛んになる。それぞれの野鳥に合った「聞きなし」を口ずさみながら歩くと一層楽しい気分になる。

（平成一二・三・一〇）

コガモ

北帰行にそなえ体力つける春

高松市春日《かすが》川の中流に、竹やぶと冬枯れのヨシ原にかこまれた浅瀬がある。そこでコガモのつがいが、なかよくエサをとっていた。

浅瀬には、とろろこんぶのように柔らかな藻が、一面についている。コガモは、平たいくちばしを藻につけたまま、ぴちゃぴちゃと食べていた。まるで掃除機をかけているようで、能率のよい食べ方だ。

エサをとり始めてから一時間にもなるが、一向にやめようとはしない。それどころか、岸に生えている冬枯れのミゾソバの実をしごきとっていた。いまの時期、コガモの食欲はものすごい。

コガモは、秋に北国から渡ってきて池や川にすみつき、春に去るカモのなかま。体が小さく、文字通り「小ガモ」である。

オスは、茶色の頭に、目のまわりから首の後ろにかけての濃い緑色がめだつ＝**写真右**＝。それに対して、メスは全体に褐色で、じみにみえる＝**写真左**＝。

二時間後、コガモのエサとりは終わった。そのあと、やや深い水路に入り、浮かんだまま水浴びをした。

ところが、その直後、おもしろいしぐさを見せた。まず、オスがジーッ、ジーッと甘えるような声を出しながらメスに近寄った。つぎに、オスは上体をおこしたまま頭を下げてくちばしを水面につけ、手前にひきつけるしぐさをした。このとき、水が飛び散りメスにかかった。そのあと、オスは頭を上げて翼を半開きにする姿勢になった。これらのしぐさをしてオスがメスにプロポーズしたのである。

三月も半ば、日ごとに暖かになり、コガモたちが北国の繁殖地に向かって北帰行《ほっきこう》する日がせまってきた。いまのうちに、エサを多くとって体力をつけ、オスとメスは固く結ばれたつがいになっていなければならない。

（平成二一・三・一七）

カメノテ

岩の割れ目で動かないエビやカニのなかま

春分の日は大潮だった。県内の干潟では潮干狩りでにぎわったようだ。海の水がぬるむと、磯《いそ》もおもしろくなる。五色台の北端、小原《おはら》海岸の磯もその一つ。ここには一千万年前の火山活動によってできたギョウカイカクレキ岩のがけがある。そのところどころに割れ目があり、そこにカメノテ＝**写真**＝が群れになってすみついている。

カメノテは、エビやカニのなかま。一生のほとんどを、潮が満ち干する岩にくっついたまま動くことはない。

体が亀の手に似ることから、この名になった。大きいものは、長さが七センチほど。つめのように見える殻はかたく、大小合わせて三十二枚あまりもある。この中に、口や内臓、足などがある。その下に肉質の柄があり、これで岩にくっついている。

このような体のために、昔は貝のなかまにされていた。江戸時代の中ごろ医者の寺島良安《てらじまりょうあん》が、わが国初めての図入りの百科事典「和漢三才図会《わかんさんさいずえ》」を著した。その中で、カメノテを貝のなかまと記している。西洋でも一八二九年までは貝のなかまとしていたが、卵からかえった幼生が、エビやカニの幼生に似ていることがわかり、エビやカニのなかまに改められた。

小原海岸のカメノテは、潮がもっとも満ちてくる線より下、約五十センチから百センチの間にすむ。引き潮では殻を閉じ、満ち潮になると花が開くように殻を広げる。このとき、殻の間から「つる足」という六対の足を出し入れして水の流れをおこし、プランクトンなどのエサをとり入れる。

ためしに、カメノテを岩からはずしとり、海水を入れた容器にうつしてみた。その結果、殻は少ししか開かず、「つる足」は出さなかった。どうやら、このしくみには打ち寄せる波のリズムも関係がありそうだ。

（平成一一・三・二四）

シロハラ

渡りに備え栄養蓄える

何気なく芝生広場に近づいたとたん、「クワッ、クワッ」と鋭く鳴いて、すばやく林の茂みに飛びこんだ。それだけで、声の主がシロハラとわかるが、人の気配には非常に敏感だ。

寒川町《さんがわちょう》には、津田川の支流の栴檀《せんだん》川に門入《もんにゅう》ダムがある。そこに、一九九九年三月にオープンしたのが「門入の郷《さと》」。その数ある施設のうち、「冒険の舞台」の芝生広場でシロハラがエサをとっていた。

このようなとき、シロハラをむやみに追っても見ることは難しい。物かげにかくれて五分待つと、ふたたび芝生広場に姿を現した。

シロハラは、全長二十五センチで、ツグミのなかま。背、翼、腰は茶褐色だが、いくぶん緑がかって見える。腹がやや白っぽく見えることからシロハラの名になった。

十月の終わりごろ、シベリアの日本海側あたりから渡ってくる。そして、県内いたるところの山地にすみつく。とくに、よく茂った林を好む。

冬、山道を歩いていると、道ばたからシロハラが飛び立ち、おどろかされることがよくある。シロハラが地上におりて、落ち葉をはねのけてエサをとっているからである。

落ち葉の下には、ミミズ、昆虫、クモ、ムカデ、カタツムリなど、エサになる動物が多い。また、ヒサカキ、クロガネモチ、ハゼノキなどの木の実もよく食べる。人家の庭に生えているカキやピラカンサの実は大好物である。

ところが、三月ごろから公園、学校、グラウンドなどにある芝生地で、エサをとることが多くなる。芝生の間にいるミミズや昆虫をとるためである。

春はシロハラの渡りの季節。それに備え、栄養の多い動物質のエサをとり、エネルギーを蓄えておく必要がある。

（平成二二・三・二二）

ハイイロガン

ローレンツが生態観察でノーベル賞

三月九日、山本町大野の三好良文《みよしよしふみ》さんからの電話をうけた。近くの財田《さいた》川にハイイロガンがいるというからおどろいた。明くる日、かけつけてみると、川の中州に五羽もいた。

なにしろ、ハイイロガンは、きわめてまれに日本に渡ってくるめずらしい鳥だからである。ガンのなかまのうちでも大型。その体には灰色の部分が多くあり、ピンク色のくちばしが見分けの決め手になる。

ヨーロッパのガチョウは、ハイイロガンを長い年月にわたって飼育してつくりだした鳥であることはよく知られている。

さらに、ハイイロガンといえば、オーストリアの動物学者コンラート・ローレンツ（一九〇三―一九八九年）が頭に浮かぶ。

ローレンツは、卵から育てたハイイロガンとともに生活をし、身近で自由にふるまわせて、その行動をくわしく観察した。その成果がみとめられて、一九七三年にノーベル生理学医学賞を受賞した。

ローレンツの研究のしかたは、特別な機械や道具を使わずに、てっていした観察と記録だったという。だれにでもできる動物観察を新しい科学にまで高めた成果は大きい。

山本町大野にやってきたハイイロガンは、財田川の中州にとどまり、さまざまなエサをとっていた。冬枯れのツルヨシの葉もくわえていた。川の土手から見ていると、警戒はしているが、いろいろな行動を見せてくれた。

三好さんによると、このハイイロガンは三月二日に現れ、三月二十日までいたという。最初に見つけた大野の内田実さん、朝から何回も通って観察をつづけた山本町河内《こうち》の角田忠司《かどたただし》・真理子ご夫妻と三好さんによって温かく見守られてきた。いまごろは、生まれ故郷のシベリア方面に渡っていることだろう。

（平成一二・四・七）

ヤリタナゴ

ひれが赤っぽくなるオス

いま、坂出市《さかいで》の青海川《おうみ》にそった水田地帯は、春のさかりである。たんぼの間を流れるかんがい用の水路をそっとのぞくと、水面でメダカの群れが泳ぐ。その底にはウシガエルのおたまじゃくしも見える。

水路のふちにクロモが茂っていたので、網を入れると銀色に光る小魚がかかった。久しぶりに見るヤリタナゴである。

四十年ほど前までは、高松平野の小川や池でもヤリタナゴが多くいた。フナやドジョウに混じってとれても、すぐに放したこともある。この魚は別の名でニガブナとよばれるように、食べると苦味《にがみ》があるからだ。

十九年前の一九八一年から六年間にわたり、県内の魚類研究者によって調査した結果がある。それによると、ヤリタナゴは土器川、大束川《だいそく》、綾川、青海川、本津川《ほんづ》、香東川《こうとう》、鴨部川《かべ》などの限られたところで採集されたという。

ヤリタナゴは、大きくなっても十センチ足らずの細長くて平たい魚である。体は小さくても二本の口ひげをもつ。

夏が近づくと、オスのしりびれと背びれのふちが赤くなり始める＝**写真上側**＝。さらに体の前半分も赤っぽくなっている。メス＝**写真下側**＝は、オスのような色にはならないが、しりびれの前あたりから卵を産むための管が長くのび始める。

メスは生きたドブガイ（本県ではカラスガイという）の中に卵を産む習性がある。細長い管を貝の中にさしこんで卵を産むと、近くにいたオスが精子を出す。貝の中で受精した卵は、えらの内側で稚魚になるが二十五日ほどしてから水中に泳ぎ出すという変わったふえ方をする。

近ごろ、川や池の水質が悪くなったためかドブガイがめっきりへった。ヤリタナゴの生き残りは、ドブガイによってきまる。

（平成一二・四・一四）

ツリスガラ

ヨシにひそむ虫がエサ

チィー、チィーという鳴き声とともに、ツリスガラが四羽飛んできた。そのあと、バチッ、バチッという音が聞こえ始めた。四月十三日の朝、丸亀市の太《た》井《い》池で冬枯れのヨシが茂る中からである。

茂みのすき間からメスがエサをとっているのが見えた＝**写真**＝。垂直に立つ茎を器用につかみ、鋭くとがったくちばしで、つついていた。よく見ると、茎を巻いている葉の柄にあたる葉《よう》鞘《しょう》をはがしていた。葉鞘は枯れてかたいので、バチッという音がする。ツリスガラは、このようにして茎と葉鞘の間にひそむ虫をとらえる。

あとで、ヨシの茎をとり、葉鞘をはがしてみると、五―八ミリの平たいカイガラムシ類が多くくっついていた。これを香川県病害虫防除所に持ちこみ、松木保雄《まつきやすお》主任研究員に見てもらったところ、ビワコカタカイガラモドキという名のカイガラムシに似ていることがわかった。

四羽のツリスガラのうち、オスもいた＝**写真円内**＝。オスは、目のあたりに黒くて太い線がめだつ。まるで大きなサングラスをかけているようにみえる。ところが、このオスの右足に足環をつけているのが見えたからびっくり。

千葉県にある山階《やましな》鳥類研究所標識研究室に聞くと、ツリスガラの分布を調べるために、九州をはじめ西日本で足環をつけて、バンディング（鳥類標識調査）をしているとのことである。残念ながらこのときは、足環に書いている記号を読みとることができなかった。

ツリスガラは、十一月に北から渡ってきて四月終わりごろに去る冬鳥である。ヨシが茂る川原や池だけに住みつく。最近、県内ではヨシ原が少なくなっている。太井池はヨシが茂り、ツリスガラのほか多くの野鳥の住みかになっている。

（平成二二・四・二二）

チュウシャクシギ

干潟のカニとり名人のシギ

四月二十一日午後一時、高松市の新《しん》川《かわ》河口の堤防にチュウシャクシギがいた。全部で二十三羽、ほぼ一列に並び、休んでいた。

チュウシャクシギの休む姿は、一本足や二本足で立つもの、座るもの、くちばしを羽の間に入れてうつむくもの、その間をうろうろと歩くものなどさまざまだ。ところが、どの鳥も眠たいのか、ときおり目をつむる。

この日は大潮。干潮時刻が午後六時四十一分だから、まだ干潟は見えない。潮が引くと、そこに小さな生き物が多く現れる。チュウシャクシギは、それを待っているのだ。

午後二時、雨がふり始めたが、チュウシャクシギの休息はつづく。午後四時、目の前に干潟が現れ始めると、ホィピピピピと高く鳴いて飛び立ち、その浅瀬におりた。待ちに待ったエサとりが始まった。

下に湾曲した長いくちばしを、せわしく泥の中にさしこむ。その先には、ゴカイ、小魚、カニなどが、つぎつぎとくわえられる。

なかでもカニは大好物。湾曲した長いくちばしは、うつむくだけでカニの巣穴にさしこむことができる。とらえたカニをふりまわし、足を落としてから丸飲みにするという荒っぽい食べ方もする。カニをとる名人だ。

チュウシャクシギはハトほどの大きさだが、くちばしと足が長いので大きく見える。いまの時期、東南アジアなどからシベリア方面に向かうとちゅう。数千キロ以上の長い旅だから、とちゅうで休息と栄養の補給を欠かすことができない。その場所が、日本各地の干潟や池である。

二十三羽のチュウシャクシギは、つぎの日、そのつぎの日も、同じ所で休息し同じ所でエサをとっていた。

県内各地の干潟や池には、毎年春と秋にチュウシャクシギが立ちよる。そこには、さまざまな生き物がすむからである。

（平成一二・四・二八）

コチドリ

春から夏は恋の季節

ことしの八十八夜は五月一日であった。その朝、高松市の本津《ほんづ》川中流で、コチドリのメスがエサをとっていた。そこへ、ピォピォ、ピピピピピ、ピューピューの明るい声とともにオス＝**写真**＝が飛んできた。

そして、オスは休む間もなく、メスの前に走りよった。さらに、メスに向かって頭を低くして、翼を半開きにしたまま小きざみにふるわせ始めた。プロポーズの姿勢である。

二十秒あまりたっただろうか、いきなりオスがメスの背に飛び乗った。交尾のしゅんかんである＝**写真円内**＝。

コチドリは、日本にいるチドリのなかまのうちでは最も小さく、スズメほどの大きさ。県内では川の中流や下流、海岸、池などの水辺にすむ。

体が小さいので双眼鏡で大きくして見ると、意外に美しい。清潔な感じさえする。とくに、目のまわりに金色の環《わ》がめだつ。コチドリによく似たイカルチドリの金色の環は、それほどはっきりしない。

春から夏は、コチドリにとっても恋の季節。河原のうち、小石や砂の多いかわいたところで皿形のくぼみをつくって卵を産む。川原だけでなく、造成地や畑などに巣をつくることもある。

本津川の川原で交尾をしたオスとメスは、その後、お互いに数メートルの距離をおいたままエサをとり始めた。それぞれは、足早に数歩進んで立ち止まり、泥の表面をつつく。また、数歩進んで立ち止まり泥をつつくのくり返しでエサとりをする。エサは、昆虫などの小さい動物ばかり。

三十分を過ぎた。オスとメスは同時に下流に向かって飛び去った。このつがいにとっては、これから巣の場所をきめ、卵を産んで温め、ふ化したヒナを育てるという大きな仕事が待っている。

（平成一二・五・五）

アオアシシギ

一本足で立って居眠り

　四月二十一日の正午すぎ、高松市屋《や》島西町《しまにしまち》の海岸で、一羽のアオアシシギが一本足で立っていた＝**写真**＝。そのときは満潮のために干潟がかくれていたのでエサがとれなく、堤防の上で休んでいた。

　アオアシシギは、シギのなかまでハトくらいの大きさ。冬は暖かい南方の島々やオーストラリアなどにすむ。春になると、繁殖のためにシベリア中部に向かって渡るので、日本を通過中である。

　一時間すぎたとき雨になった。堤防のアオアシシギは、一本足の姿勢のまま動こうとしない。ときおり、海から風が吹きつけるが、よろけることもない。それどころか、たびたび目をつむり居眠りさえしていた。

　アオアシシギにかぎらずシギ、サギ、カモのなかまなどの水鳥は、一本足で休むことが多い。動物園のフラミンゴも一本足で立つ。なぜ、一本足で立って休むのか。

　そのわけは、体温が下がるのを防ぐことにあるらしい。もう一本の足を暖かい羽毛の中にしまいこんでいると、にげる熱は半分ですむ。冷たい石の上や浅い水の中に立って休む鳥にとって、体温を保つ工夫の一つだろう。ある研究者によると、足のつけねの中にも、熱がにげるのを防ぐしかけがあるという。

　それにしても、一本足で長時間立ったり、眠ることのできる鳥の平衡《へいこう》感覚はすごい。わたしたち人間は、目をつむって片足立ちしても三十秒ともたない。

　ゴールデンウイークの五月四日午後、同じ場所の干潟で、三羽のアオアシシギが走るようにして小魚を追っていた。そして、ときどきチォチォチォと澄んだ声で鳴いていた。

　一万キロ以上の長旅をするアオアシシギにとって、エサをとって体力をつけ、できるだけ体温を保ちながら休息することは何よりも大切である。

（平成二一・五・一二）

幹でエサとりや巣作り

五月六日の朝、ギー、ギーという声とともにコゲラが現れ、サクラの枯れた幹にとまった。すぐさま、エサとりが始まった。短いがきりのように鋭いくちばしを、猛烈なスピードで木の皮にたたきつけていた。

枯れた幹は皮がさけ、すき間も多い。そこには、小さな昆虫やクモなどがひそむ。コゲラは、それをさがすために、大きな指で幹につかまり、尾で体を支えながら、上へ上へと登っていく。

こずえまで登りつめたコゲラは、「あれっ、行き止まりだ。さて、つぎはどの木にとまろうかなぁ」というような感じで周りを見渡してから飛び立った＝**写真円内**＝。

ここは、坂出《さかいで》市と宇多津《うたづ》町にまたがる聖通寺山《しょうつうじやま》の北峰《ほくほう》（標高一一八・六メートル）。北に瀬戸大橋、南に飯野山《いいのやま》（讃岐富士）をのぞむ景色のよいところである。

コゲラは、キツツキのなかまのうちで最も小さく、スズメほどの大きさ。県内の林にはどこにでもいる。背側の黒と白の模様がめだつが、全体には地味な色である＝**写真**＝。

こずえから飛んだコゲラを追ってみた。ギーギーに混じってキッキッという声も聞こえた。枯れたサクラにオスとメスがいた。その幹に直径四センチほどの丸い穴をあけていた。巣作りの真っ最中であった。

この鳥は枯れた幹に巣を作ることが多い。去年の六月二日の四国新聞に、大野原町五郷《ごごう》小学校の校庭にある枯れかかったコブシの木に巣を作り、それを児童たちがテントの中から観察したという記事があった。

ところが、今までに生きているケヤキやアラカシの幹に穴をあけて巣を作っているのも見たことがある。今はコゲラの繁殖シーズン。枯れ木や生きている木に巣を作り、子育てをしているときである。

（平成一一・五・一九）

ヒバリ①

なわばりを宣言する歌

先週の二十日は天気がよく、丸亀市と飯山町《はんざんちょう》の境にあたる土器《どき》川の川原で、ヒバリがさかんにさえずっていた。いま、県内の田畑、川原などのいたる所でヒバリがさえずるが、ここは広々として雑音も少ないので、その行動を見るのによい環境だ。

ヒバリのオスが、ヘリコプターのように地面から垂直に舞い上がった。それと同時にさえずり始め、翼をひらひらと動かしながら高く上がった。

数十メートル以上も高くなると、旋回しながらさえずる。それが二分以上もつづいた。この時間は、上がるたびにまちまちである。

そして、さえずりながらしだいに下がり、地面近くになるとピタリとさえずりをやめ、翼をたたんで落ちるようにして地上に下りた。

ヒバリのさえずりは長くて複雑だが、どうやら舞い上がるとき、上空にいるとき、下りるときによってちがうらしい。また、地面や低い草木にとまったままさえずるときもあるので、どのような行動をするときに、どのようなさえずりをするのか時間をかけて調べたくなった。

なぜ、ヒバリはさえずるのか。いまの時期は、ほかのヒバリに対して「なわばり」を宣言するのだといわれている。

このあたりでは、二百—三百メートルごとに「なわばり」をつくっている。それは、巣を造りヒナを育てるために必要な昆虫などのエサの量によって、その広さがきまるのだろう。

「ここは、おれたち夫婦のなわばりだ」と宣言するためには、高い所から大きな声で歌うほど効き目が大きい。

つい先ほどまでさえずっていたオスは、メスとともに草むらに入った。そして、そこにひそむ昆虫をくわえて、ヒナの待つ巣へ走って行った。

（平成二二・五・二六）

カジカガエル

渓流にひびく美しいコーラス

　五月二十五日、日の入り時刻から五十三分すぎた午後八時、塩江《しおのえ》町内場《ないば》川（香東《こうとう》川の上流）の岸に着いた。辺りはすでに真っ暗。瀬《せ》の岩にぶつかる水の音と近くの森で鳴くフクロウの声だけが聞こえる。とつぜん、フィフィフィ、ヒョイヒョイ、ルルル……と、笛を吹くような声が聞こえた。カジカガエルのオスだ。

　それを合図に、瀬のあちこちからも聞こえ始めた。とてもカエルの声とは思えないような美しいコーラスとなって渓流にひびく。

　コーラスは二分二十秒間つづいてピタッと止まった。しばらくして、ふたたびコーラスが始まったが、今度は一分十五秒。その時間はまちまちだが、まるで指揮者がいるかのようにコーラスをくり返す。

　カジカガエルは、山地の渓流にすむカエルである。体長はオスで約四センチだが、メスは約六センチと大きい。背中は暗い灰色のものが多いが、緑色がかったものや茶色がかったものなどさまざまである。ヘビや野鳥にねらわれるので、岩の色に似た保護色になっているのだろう。

　川の瀬を懐中電灯で照らして見ると、カジカガエルのオスは、水面につき出た岩の水ぎわで、へばりつくようにして座っていた。前足に四本、後ろ足に五本ずつある指の先には丸い吸盤がある。これで岩にくっついているので流されることはない。

　この瀬は、幅が約二十メートル、長さが約四十メートルである。ここで、少なくとも九匹のオスが、一定の間かくをあけて座っていた。

　カジカガエルのオスは、四月をすぎると繁殖のために瀬に集まる。昼間でも鳴くが、暗くなると多く集まり、きまった岩に陣どって、美しい声でメスを呼ぶ。八月になりコーラスが聞こえなくなると、水ぎわでおたまじゃくしが見られるようになるだろう。

（平成二二・六・二）

イソヒヨドリ

磯がすみかの青い鳥

五月二十一日午前七時、坂出《さかいで》市与島《よしま》の磯でツツ、ピーコ、ピィーと、明るく澄んだ声が聞こえた。そっと近づくと、黒っぽく見えるイソヒヨドリのオスが作業用のロープにとまっていた。

ちょうどそのとき、横から朝日がさしてきた。すると、イソヒヨドリの頭と背が青色、腹が赤褐色に見えた＝**写真**＝。この鳥は光をあびると見ちがえるように美しくなる。

周囲が四・四キロの与島には、がけのある磯があちこちにある。イソヒヨドリは、そのような環境をすみかにしている。

しばらくして、ロープでさえずっていたオスのそばに、バッタをくわえたメスが飛んできた。それと同時にオスが飛びたち、がけをこえて林の中に消えた。

数秒後、メスもロープを飛びたち五十メートル先のがけにとまった。メスの体は、灰色のなかに黒い斑点がある地味な色＝**写真円内**＝。メスは、あたりを見回してから、がけのすき間に入った。しばらくして、すき間から出てきたときには、バッタがなくなっていた。すき間には、ヒナのいる巣があるらしい。

この日、オスとメスは一日中近くの林や草地からエサをとってきて巣に運んでいた。ところが、オスはそれだけではなく、「なわばり」を守る役もしているので大変だ。

オスは、巣の位置から約百メートルの範囲内にあるロープ、電線、マツのこずえ、岩角などの高い所にとまってさえずりながら見張っていた。さえずりは、ほかのイソヒヨドリを寄せつけない「なわばり宣言」の意味がある。

この島には、おそろしい敵もいる。この日も草地でアオダイショウを見たが、このヘビに巣を見つけられると、ヒナは全部飲みこまれてしまう。オスのさえずりは、ともすれば瀬戸大橋を走る列車のごう音に消されそうになるが、日が暮れるまでつづけていた。

（平成一二・六・九）

ササゴイ

ぬき足、さし足、しのび足

六月七日の午後、大内町与田川の河口で、一羽のササゴイが低い姿勢のまま、ゆっくりと浅瀬を歩いていた。正に、ぬき足さし足しのび足という歩き方だ。

　その前方には、おりからの上げ潮にのってさかのぼってきた小魚が群れていた。ササゴイは、それをねらっていた。

　ササゴイは、ゴイサギより一回り小さいサギのなかま。青黒い体に、やりのように鋭いくちばしをもつ。県内では、おもに夏の間に川や池の水辺で見るが、その数は少ない。

　小魚の群れに近づいたササゴイは、さらに低い姿勢になった。ふと、アフリカの草原でチータが獲物に近づくテレビのシーンを思い出した。そのとたん、ササゴイは目にも止まらぬ速さでくちばしを水中にさしこんだ。体をおこしたササゴイのくちばしには、ハゼがもがいていた＝**写真**＝。

　ササゴイのエサのとり方には二通りある。一つは、この例のように浅瀬を歩きながらエサをさがす方法。もう一つは、水辺にじっと立ち、そこを通るエサを待ちぶせる方法である。

　ところが、おどろくべき方法で魚をとっているササゴイがいる。熊本市の水前寺公園とその周辺にすむササゴイである。

　そこのササゴイは、水ぎわのきまった石や木の低い枝にとまって魚を待つ。ところが、そのくちばしには、さまざまの昆虫、木の葉や実、鳥の羽毛などをくわえている。そして、魚がある程度近づいてくると、それらを水面に投げこむ。それに反応した魚が近づいてくるところを、ササゴイがくわえてとるというのである。

　釣り人が、まき餌やルアーフィッシングをするのと同じである。いつ、このような方法を学習したのか。香川県のササゴイもそのような漁をするようになるのか。

（平成二二・六・一六）

ミサゴ

豪快なダイビングで活魚とる

「あっ、ミサゴ」と、思ったときには、もう百メートル前に飛んできた。水面から四十メートルほどの高さで旋回しながら、頭を下に向けて魚をさがしていた＝**写真**＝。

今週のはじめ、梅雨の中休みで天気もよく、白鳥《しろとり》町の湊川《みなとがわ》河口では、引き潮の最中であり、水面に魚影も見えていた。

いっしゅん、ミサゴは、はげしく羽ばたきながら体を空中の一点にとめた。その直後、翼をすぼめて急降下し、水しぶきを上げて豪快なダイビングをした。

つぎのしゅんかん、翼を水面にたたきつけて飛び上がった。その両足は、三十センチもあろうか、大きなボラをつかんでいた。ボラがあばれて落としそうになるが、つかみなおし、低空飛行のまま山に向かって飛び去った。

ミサゴは、トビほどの大きさだが、翼が細めで、体の下側は白い部分が多い。頭の上も白い。日本にいるタカのなかまのうちでは、白っぽく見えるほうである。

このミサゴは、海や池などでダイビングをして活魚《かつぎょ》（生きている魚）だけをとる。海や河口ではボラをとることが多いが、池ではコイやフナなどをとる。

とった魚は、その場所では食べずに、海岸近くの山にある巣に運んでヒナに与えたり、その近くの木にとまって食べたりする。

最近、ミサゴの数が少なくなった。環境庁（現、環境省）は、数が少ないことやすむ場所の条件も悪くなっていることから、ミサゴを絶滅のおそれがある野生生物の一つに指定している。

県内の海岸近くの山では、マツの大木が枯れて少なくなり、そこで巣を作るのもむつかしくなった。海岸から十キロも離れた山で巣をかけた例もあるほどだ。また、海岸で釣りなどのレジャーを楽しむ人も多くなり、とくに警戒心の強いミサゴにとってはすみにくくなった。

（平成一二・六・一三）

トウネン

ひとりぼっちの遠い旅か

堤防の上から三十メートルほど離れた干潟の水たまりを見て「おや」と思った。そこに、シギのなかまのトウネンが、たった一羽でエサをとっていた。六月七日の午後、大内町与田川の河口でのことであった。

トウネンは、冬のあいだ東南アジアやオーストラリアなどで過ごし、夏にはシベリアやアラスカの北のはしで繁殖をする渡り鳥である。したがって、旅のとちゅうの春と秋には、日本に立ち寄る。

ふつう、県内でトウネンが見られるのは、北上とちゅうの四―五月ごろと、南下とちゅうの九―十月ごろである。その場合、数羽か数十羽の群れでいることが多い。

いまの時期に、群れから離れて一羽だけでいることが気になった。これから遠いシベリアの北のはしまで飛んで行き、相手を見つけて子育てできるのだろうか。

そんな心配をしながら、トウネンのエサとりを見せてもらった。頭を下げて、小刻みに歩きながら、水中の泥をせわしくつつく。体が小さいのでエサも小さい。双眼鏡で見えたものは、ゴカイと小さなエビやカニであった。それよりも小さい動物も食べているらしい。

エサをとりながら、こちらに近づいてきた。スズメほどの体だが、頭から胸にかけて赤褐色がめだつ。背にも赤褐色が混じっている。トウネンの夏羽の特徴だ。短いくちばしと足の真っ黒もよく見えた。おまけに、約三十分間のうち、キリッと一回だけ鳴いてくれた。

それにしても警戒心の少ない鳥である。五メートル手前までやってきた。そこで羽づくろいをしたのち、切れ味のよい羽ばたきをしながら沖の方に去った。

一週間後、再び与田川を訪れたときには、トウネンの姿はなかった。無事にシベリアまで行けたのだろうか。秋になり白っぽい冬羽に変身したトウネンを、ぜひ見たくなった。

（平成一二・六・二〇）

セッカ

チガヤを材料に巣を作る

六月二十三日、大内町番屋《ばんや》川の堤を歩いていると、セッカが飛んできて、ススキの枯れた茎にとまった＝**写真**＝。オレンジ色の細い足で、ふんばったポーズがかわいい。

セッカは、スズメよりやや小さく、上面が茶褐色、下面は白っぽい地味な鳥。いまごろは、県内の川や池の堤、たんぼなどの草地でよく鳴いている。

枯れたススキにとまったセッカは、十数秒後に空中に舞い上がった。そして、波の形を描くように飛び回りながら、ヒッヒッヒッ……と、切れめなく鳴いていた。

十分ほどたって、空中からセッカがおり始めた。すると、急に声が変わりチョッチョッと鳴きながら草むらに着陸した。このくり返しで、夕方まで鳴きつづけた。

それから一週間後、白く光るものをくわえたセッカのオスに出会った。よく見ていると、チガヤが茂る草むら＝**写真円内**＝に飛びこんだ。

そこでは、チガヤの細長い葉を何枚もよせ集めて、「つぼ」の形にした巣があった。まだ巣作りの最中のようで、セッカは白く光るものを葉にこすりつけていた。白く光るものはクモの糸であった。つまり、クモの糸でチガヤの葉をくっつけていたのである。

このあと、あらかた巣ができると、メスを呼びよせる。そして、今度はメスがチガヤの穂の白い毛を集めてきて、巣の中に敷いて完成させることが知られている。

子供のころ、チガヤの穂が出る前のつぼみを「つばな」とよび、摘み取って食べたことがある。もちろん、その穂がセッカの巣の材料になることは知らなかった。セッカとチガヤは、強く結ばれている。

いま、川や池の堤では、アスファルトを敷いて道路にしている所がふえた。それだけ、セッカのすむ所が少なくなっている。

（平成二二・七・七）

アシハラガニ

アシ原にすみつくカニ

川が、海に流れこむところには、さまざまなカニがすむ。小さいチゴガニ、甲が横長のヤマトオサガニ、片方の大きなはさみを上下にふるハクセンシオマネキなど。

ほかに、アシ原をすみかにするアシハラガニもいる。大内町の番屋《ばんや》川では、河口から上流の七百メートルあたりに、アシがよく茂り、アシハラガニが群れですみついている。

七夕の日の午前九時、ここは引き潮中で、干上がった泥の上でアシハラガニがエサをとっていた＝**写真**＝。あたり一面は、アシハラガニでいっぱい。

アシハラガニは、甲の幅（左右の長さ）が三センチあまり。四角形の甲の色は、暗い緑色だが、はさみは黄白色である。

体のわりに大きなはさみを持つので、さぞかし大きな獲物をとるだろうと思った。ところが、目の前の泥をはさみの先で少しつまんで口に運ぶだけ。これを左右のはさみで、ゆっくりとくり返すというものだった。

このカニは、なぜ大きなはさみを持つのか。あたりをよく見ると、干上がった泥の表面のあちこちに、直径三センチほどの穴がある。これは、巣穴の出入り口であり、その奥は深くつづいている。大きなはさみの一つの役割は、この穴掘りに使われるのだろう。

ところで、アシハラガニは音を出すことで知られている。目の下側に、つぶつぶが横一列に並ぶ。これに、はさみの先から三番めの節（長節《ちょうせつ》）にある角ばったところでこすると、音が出るしくみになっている。

このときは、カニから六メートルも離れていたので、音を聞くことができなかった。何のために音を出すのか。カニ同士でお話をするのか。もっと近くで音を聞きたくなった。

午後二時、番屋川のアシ原は満ち潮になった。アシハラガニは、巣穴にもぐりこみ、姿を消してしまった。

（平成一二・七・一四）

ニホンジカ

茶色に白い斑点の夏毛

小豆島《しょうどしま》には、野生のニホンジカ（以下シカとよぶ）が、ほぼ三百頭すんでいるという。朝や夜に姿を見せることがあるので、寒霞渓《かんかけい》の山の中で野宿をして待った。

七月九日、日の出時刻の午前五時から、そのあたりをさがした。一時間後、ブルーラインの道路わきで、一頭の若いオスに出会ったが、すぐに森の中へ走り去った。

午前八時三十分、寒霞渓から西へ約七キロメートルの銚子渓《ちょうしけい》に着いた。そのうちの仙多公峰《せんたくぼう》（標高五四九メートル）のがけに、メスが一頭立っていた。高鳴る胸をおさえ、そっと近づくと、メスがもう一頭いた。さらに、岩かげには今年生まれの子ジカもいるようだ。そのとき、がけの上に立っていたメスが首をのばした。見つかったかなと思ったしゅんかん、一斉にがけの反対側を下り、森の中に消えた。

今の時期のシカは、茶色に白い斑点のある夏毛でおおわれている。そして、オスだけが持つ角は、やわらかくて太い袋角《ふくろづの》になっている＝**写真**＝。袋角の中には血液が流れていて、それで頭の中を冷やすはたらきがあるという。それが、秋になると、血液の流れは止まり、先のとがった堅い角に変わる。

江戸時代の中ごろ、小豆島の山には、シカやイノシシが多く生息し、農作物の被害も多かった。農民たちは、石を高さ一・五メートルに積み上げた「しし垣」を作って、それらを防いだ。「しし垣」は、全島で百二十キロメートルにおよび、幕末まで百年間も使われた。

その後、捕獲や開発の影響によって、シカの数は減りつづけ、一九六八年ごろには二十頭以下までになった。それからは、保護の成果が表れて、少しずつ数がふえている。

江戸時代には、高松など県内各地にもシカが多くすんでいたという記録が残されている。しかし、いま県内でシカが確実に生息しているのは、小豆島だけである。

（平成二一・七・二一）

ハクセンシオマネキ

白いはさみを振り振りプロポーズ

七月二十一日午前九時、大内町与田川の河口では、太陽がぎらぎらと照りつけていた。このとき、干潟でチカッ、チカッと、白く光るものが見えた。

「おや」と思い、近づいてみて、その正体がわかった。ハクセンシオマネキというカニのオスが、白扇《はくせん》のような白いはさみを振っていたのだ。

そこは、干潟のうちのやや高くなったところで、泥の混じった砂地のあちこちに、直径一センチ前後の穴があいていた。これは、このカニの巣穴で、それぞれにオスが一匹ずついた。近寄ると、一斉に巣穴にかくれたが、五分もたつと出てきて、はさみを振り始めた。

ハクセンシオマネキのオスは、甲の幅が約十七ミリの小さい体だが、片方のはさみは巨大である。ふだんは、はさみを体の前で水平にかまえている。

それを振るときは、まず、はさみを体の横から上に大きく振り上げ、八本の歩く足でふんばるようにして立ち上がる＝**写真**＝。つづいて、体を下ろすとともに、はさみを体の前にサッと振り下ろす。このおおげさな動作をリズミカルにくり返す。

むかし、この動作からハクセンシオマネキの名がついた。「潮《しお》よ、早う満ちてこい」と、潮を招くように見えたのであろう。本当にそうだろうか。

この日、その答えになるようなことがおこった。一平方メートル内に五匹いたオスが、それぞれの巣穴の近くではさみを振っていた。そこへ、小さなはさみしか持たないメスが歩いてきた。オスたちのはさみの振り方が、はげしくなった。そのとき、メスに最も近くにいたオスが、はさみをはげしく振りながら、自分の巣穴に向かって横歩きをした。メスを巣穴にさそいこもうとしていたのだ。

オスのはさみ振りは、メスをさそうプロポーズ（求愛）のしぐさである。

（平成二二・七・二八）

イカルチドリ

河原を滑るように走る

ことしの七月の末は、台風6号の影響でフェーン現象がおこり、猛烈な暑さになった。このとき、丸亀市の土器川生物公園近くの河原を歩いていた。

五十メートルほど前方で、白っぽい小鳥が、ピォと一声鳴いて数メートル走った。まるで、地面に浮いて滑るような走り方だ。止まったところで、頭をぴくりと上下にふった。イカルチドリだ＝**写真**＝。

イカルチドリはチドリのなかま。同じなかまのコチドリによく似ている。コチドリよりも大きく全長二十センチ。目の周りの黄色の環は、コチドリのようにはっきり見えない。くちばしは、コチドリより長い。そのほかにも細かいちがいもあるが、うっかりすると、コチドリと間違う。

また、イカルチドリが地面を滑るように走り、止まって頭を上下にふった。ちょうど、そこは生物公園のきわで、アキニレの茂みで日かげになっていた。イカルチドリは、地面をつついた。小さな昆虫をとったようだ。

このあたりは、洪水で堤防がこわされるのを防ぐために作られた霞堤《かすみてい》という施設の内側で、広い空間になっている。ここに、自然に親しむために作られたのが、土器川生物公園である。その中の生態園では、水草が生えた池があり、その周りにアキニレの木が茂っている。

五月の中ごろ、霞堤の東側、つまり土器川本流の河原で、イカルチドリのオスがピォッ、ピォッと強く鳴きながら飛び回って、メスを追っかけていた。それから二か月あまりすぎた。その間に、石ころの多い河原で巣をつくり、子育ても終わったようだ。

いま、エサをとっているのは、おそらく、そのときのイカルチドリだろう。この鳥が、安心してすめるのは、大きな川の中流で、石ころの多い河原があるからである。

（平成二一・八・四）

ウシガエル

緑色の体色で身を守る

高松自動車道のとちゅう、府中湖パーキングエリアの上り線側（坂出市《さかいで》）に、ビオトープが作られている。いま、そのビオトープ内の池は、ウシガエルでにぎやかである。

そのほとんどは、体長四〜五センチのかわいい子ガエルで、親ガエルは二匹しかいない。子ガエルたちは、スイレンなどの水草の上にすわったり＝**写真**＝水面に浮くものなどさまざま。緑色の美しい体色は、鳥などの外敵におそわれにくい保護色になっている。

この子ガエルたちは、昨年の春に産卵されてオタマジャクシになり、そのまま冬を越して、今年の初夏に変態して子ガエルになったばかりである。オタマジャクシになったころは、一万匹をこえるほどいたが、コサギやハシボソガラスなどに食べられて、いまは、その百分の一くらいになってしまった。

子ガエルたちは、あと二年もたつと、体長十五センチほどのたくましい親ガエルになるだろう。そして、ウォン、ウォンと大声で鳴くようになる。それが、ウシの声に似ることから、ウシガエルという名になった。昼よりは夜によく鳴き、遠くまで聞こえる。

ウシガエルは、食欲おう盛で、昆虫、クモ、ザリガニなど水辺にいる小動物はなんでも食べる。ときには、別の種のカエルやヘビの子まで食べるからびっくり。

ところで、香川県には十一種のカエルがいるが、そのうちのウシガエルだけが外国原産である。このカエルは、一九一八（大正七）年ごろに、アメリカから輸入され、食用にするために各地で養殖された。そんなことから、食用ガエルという名にもなった。また、その肉を缶詰にしてアメリカへ輸出もしていた。

いま、ウシガエルの養殖はしなくなったが、逃げ出したものがふえ、日本全国にすむようになった。この季節、県内の池や川ではその子ガエルでいっぱいだ。

（平成二二・八・一二）

シロチドリ

片足でたたき獲物とる

暑い日差しを受けて、緑色のじゅうたんが輝いていた。シロチドリのメスが、その上を数歩歩いて止まった＝**写真**＝。

つぎのしゅんかん、シロチドリは片足で緑色のじゅうたんをたたいた。すると、小さな動物がおどろいて飛び出したようだ。すかさず、シロチドリがそれをつついて食べた。小さな動物は、トビムシのようだった。

シロチドリは、緑色のじゅうたんの上を少しずつ移動しながら、かくれている獲物を追い出していた。獲物の種類は、トビムシのほかに小さなカニもいた。

ここは、大内町与田川の河口。このときは、引き潮の最中で、干潟が現れていた。緑色のじゅうたんに見えたのは、そこにびっしりと生えているスジアオノリという海藻である。これは、アオノリ類のなかでは、もっとも味がよく、「すじあおのり」に加工されて、雑煮やお好み焼きにふりかけて食べることで知られている。そのスジアオノリの下には、シロチドリのエサになる獲物がかくれているのだ。

メスが獲物をとっていた場所から約四十メートルはなれたところに、オスがいた＝**写真円内**＝。

ところが、オスの獲物のとり方は、少しちがっていた。よく見ると、オスのいる干潟は、スジアオノリが生えていない広い砂地。オスは、そこに立ち、あたりを見る。獲物を見つけると、一直線に走り寄って、ついばむ。そして、二、三歩歩いて立ち止まり、また、あたりを見る。このくり返しで獲物をとっていた。

シロチドリは、干潟のようすによって、獲物のとり方を変えているから、その知恵におどろかされる。この日、オスとメスは、はなれたり近づいたりしながら、潮が差してくるまで獲物をとっていた。

（平成一二・八・一八）

カワヨシノボリ

川で一生をすごすハゼ

流れのゆるやかな平瀬《ひらせ》で、魚のかげがちらっと見えた。さっそく、流れの上手《かみて》に網を入れて、下手《しもて》から追いこんだ。網を上げると、大小のカワヨシノボリが、ぴちぴちとはねていた。

八月の中旬、雨が少ないために、香川町東谷を流れる天満川《てんまがわ》の水も少なくなっていた。いまの時期、カワヨシノボリの産卵期にあたり、ここにも成熟した成魚がいるはずだ。何回か網を入れているうちに、成魚がとれた。

成魚の全長は、六センチほど。オスは、全身が黒っぽく、ひれに赤みをおび、背びれの前の部分が長くのびていた=**写真中央**=。メスは、体の色が明るく、腹が黄みがかっていた=**写真左端**=。どちらも、産卵期の体の色だ。

カワヨシノボリは、ハゼのなかま。川の中流から上流で、水の流れがゆるやかな平瀬にすむ。五月から八月に、砂に埋まった石の下に穴をほり、卵を産むという。そして、ほとんどのハゼは海に下るが、カワヨシノボリは川で一生をすごす。このことから、一九六〇年にカワヨシノボリと名づけられた。

この魚は、むかしから別の名で知られている。京都や高知などでは「ごり」。香川や徳島では「じんぞく」というが、「ごり」の名も使う。

白鳥町の南の山をこえると、徳島県土成《どなり》町御所《ごしょ》というところがある。ここで、「じんぞくうどん」を食べさせる店がある。そこでは、「じんぞく」つまり、カワヨシノボリで、うどんのだしを作っている。

天満川でカワヨシノボリを採集しているとき、ドンコという大形のハゼも網にかかった。むかし、ドンコは平野の用水路に多くいた。しかし、いまは非常に少なくなり、かんたんに見られない。天満川には、ハゼのなかまがすむことができる自然がのこされている。

(平成一二・八・二五)

ドジョウ

口ひげでエサをさぐる

小さい真ん丸い目、口ひげを生やしたドジョウの顔は、愛きょうがある。

むかしから、人のひげで「どじょうひげ」というのがある。辞書では、「ドジョウの口ひげに形が似た薄いひげ。また、そのひげを生やした人」と説明している。

ドジョウの口ひげは、上くちびるに六本、下くちびるに四本、合計で十本もある。コイとナマズの親は各四本だから、ドジョウの口ひげは、魚なかまでは濃い方である。

なぜ、ドジョウに口ひげがあるのか。ぼくの家の水槽に、二年前に高松市林町で採集してきたドジョウがいる。それが、水底の泥に顔をつっこむようにしてエサをとっている。口ひげの先に、味を知る部分があり、これで泥の中の小さいエサをさぐるらしい。

高松市内に、生きたドジョウを売っている魚屋さんがある。そこでは、容器にたくさんのドジョウを入れている。よく見ると、ドジョウが次から次に水面に上がってきて、口を出して空気をぱくっと飲みこみ、身をひるがえして水底に下りている。下りながら、肛門から「おなら」のようなあわを出している。

ドジョウも魚だから、えらで水中の酸素をとっている。それとは別に、口から空気を飲みこみ、腸で酸素をとり、いらない空気を肛門から出す。水中の酸素が少なくなると、腸呼吸《ちょうこきゅう》をさかんにするようになる。

ドジョウが、水のかれた小川や泥っぽい水の中でも、平気でいられる秘密は、腸呼吸ができるからである。

約五十年前の水田や用水路には、たくさんのドジョウがいた。

とくに田植えが終わった水田には、用水路からドジョウが入ってきて、ここで産卵し大きくなっていた。「どんじょう」「どんきゅう」などと呼ばれてきたドジョウは、用水路や水田のコンクリート化などによってすめなくなり、姿を消している。

（平成二二・九・二）

オイカワ

美しい婚姻色でメスさそう

「あら、きれい。熱帯魚ですか」と、カメラ店で、出来上がった写真を見た女性店員さんに聞かれた。「いや、オイカワという魚で、近くの川にもいるよ」と、返事をしたら、ちょっと、おどろいた風であった。

九月一日の朝、春日《かすが》川の中流（高松市池田町）で、数匹の魚が泳いでいた。近づくと、さっと逃げ、水草のかげにかくれた。そのなかに、オイカワのオスがいた＝**写真**＝。

オイカワのオスは、体長が十五センチ。体側は、銀白色の地色に、青緑色とピンク色のしま模様がつく。大きなひれも赤みがかる。この美しい色を婚《こん》姻色《いんしょく》とよび、夏の繁殖期をむかえたオスだけに表れる。

さらに、このときのオスには、顔やしりびれに、追星《おいぼし》という白くて小さい突起も表れてくる。

このような婚姻色や追星は、メスをさそい、産卵をうながすためにある。オイカワにとっては、新しい命を生むしくみでもある。

オイカワは、県内の河川の中流から下流にかけて多くすむ。ところが、もともとは香川県にはいなかった。

魚類学専門の植松辰美《うえまつたつみ》香川大学名誉教授によると、県内にオイカワが現れはじめたのは、昭和八年ごろだという。そのために「しょうはち」という俗名《ぞくめい》もついた。そのころ、琵琶湖産の子アユを県内の河川に放流していた。それに、オイカワが交じって移入されたのだろうと説明された。

ところで、オイカワには「しょうはち」のほかに、「はや」や「ごしき」の俗名もある。長野県では、婚姻色で色づいたオスを「いろおとこ」というからおもしろい。

九月になると、オイカワの繁殖が終わる。そして、オスの婚姻色も消えかける。その代わりに、その子魚たちが、川の中で泳ぎまわってエサをとり、どんどん成長している。

（平成二二・九・八）

セイタカシギ

スマートな足が役立つ

九月六日の午後、大野原町花稲《はないな》の海岸で、一羽のセイタカシギに出会った。砂浜の波打ち際に座り込み、休んでいた。そのときは、潮が差している最中だったので、そのあとの行動を見ることにした。

やがて、セイタカシギの体に、波があたるようになった。すると、ゆっくりと立ち上がった。全長三十二センチの体の下に、ピンク色の細くて長い足が現れた＝**写真**＝。

この見事な足は、この鳥のフィールドマークであり、トレードマークでもある。また、その姿は、非常にスマートに見える。

むかし、日本でセイタカシギを見ることは、まれであった。ところが、四十年ほど前から、しだいに姿を見せるようになった。

県内では、過去一年間に、高松市、丸亀市、観音寺市、木田郡、三豊郡などの一部の池に渡来しているが、その数は少ない。また、海岸に現れることは、あまりない。

立ち上がったセイタカシギが、波打ち際にそって、ゆっくり歩き始めた。エサさがしである。細いくちばしで、砂の表面をつつく。ときには、くちばしを砂の中に五センチほども差し込み、ゴカイを引っ張り出していた。

セイタカシギが、エサさがしをしている間に、潮が差して海面が高くなった。しかし、長い足をもっているので、平気でエサとりをつづけた。短い足の鳥たちよりも、エサをとる範囲が広く、非常に有利だ。

四十分後、セイタカシギは、エサさがしをやめて、波打ち際に立ち止まった。そして、片方の足を腹の下に折りたたみ、一本足で立った。ときおり、その姿勢のまま目を閉じることもあるから、まどろんでいたのだろう。

時間がたつにつれ、潮が差し、長い足もしだいに水中にかくれるようになるが、一向に平気なようすだった。セイタカシギの長い足は、エサさがしや休息に役立っている。

（平成一二・九・一五）

シマドジョウ・スジシマドジョウ

きれいな水と砂の川にすむ

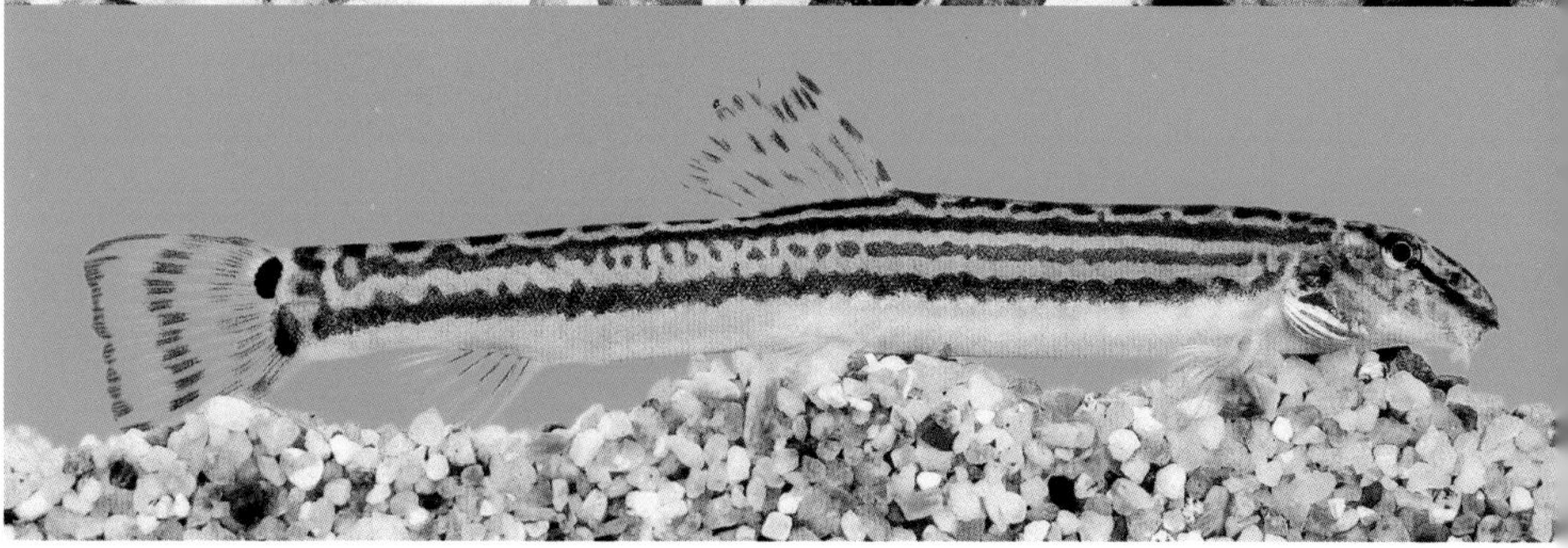

「マムシにかまれないように、気をつけてください」と、白鳥《しろとり》町五名《ごみょう》の木村美恵子さんから、親切な声をかけられた。

　八月十六日のこと。木村さん宅の前を流れる谷川は、湊《みなと》川の上流にあたり、水が澄んでいてきれいだ。群れになって泳いでいるカワムツが、はっきり見える。

　木村さんの注意を頭におき、ツルヨシをかき分けて、砂の多い浅瀬に入った。さっそく網を入れると、いきなり、シマドジョウが二匹かかった。はだ色の体側には、黒い斑紋が一列に並んでいる＝**写真上**＝。

　シマドジョウは、河川の中流あたりの、砂の多い平瀬にすむという。ドジョウにくらべて、細く小さめである。体側にある黒い斑紋に特徴がある。口ひげは六本だから、ドジョウの十本よりは少ない。

　江戸時代の本草《ほんぞう》学者毛利梅園《ばいえん》は、「梅園魚譜《ぎょふ》」という本を著している。その中に、口ひげが六本のシマドジョウの図もあるから、むかしから知られていたのだろう。図の横に「たかのはどじやう」という別の名も書いている。県内では、「すなどじょう」とか「ささどじょう」の別の名でよぶ地域がある。

　シマドジョウに似たものに、スジシマドジョウというのがいる。八月九日、高松市川島町の春日《かすが》川に網を入れると、一匹のスジシマドジョウがとれた＝**写真下**＝。ドジョウより小さく、その体側には赤褐色の斑紋がつながり、すじになっている。

　淡水魚類の調査をしている大高裕幸《おおたかひろゆき》さんによると、県内の河川には、シマドジョウやスジシマドジョウがすんでいるがスジシマドジョウの方が少ないという。

　いずれにしろ、両者とも、主として河川の中流にすみ、その川底にはきれいな砂があり、つねにきれいな水が流れていると、説明を付け足された。

（平成一二・九・一二）

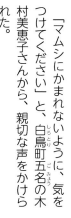

ソリハシシギ①

いそがしい栄養の補給

シギなかまのうち、ソリハシシギほど、よく歩き、走り回るものは少ない。はたから見ていても、「ああ、いそがしい。いそがしい」という声が聞こえそうだ。

九月二十日は小潮《こしお》。津田町西部を流れる津田川の河口では、せまいながらも干潟が現れていた。そこにキアシシギやイソシギに混じって、二羽のソリハシシギがいた。

ソリハシシギは、全長が約二十三センチ。そのうちの約五センチが、上に反り返ったくちばしである。これがよく目立ち、エサ探しの道具になる。

エサ探しは、くちばしを低めに突き出して、左右になぎはらいながら、すばやく移動する。そして、浅瀬にいる小魚をくちばしですくいとる。また、くちばしで海藻や小石をはね飛ばして、かくれているカニをつかまえる。あるいは、くちばしを砂に差しこんで、ゴカイをひっぱり出すこともする。

このように、ソリハシシギのさまざまなエサ探しを見ていると、反り返ったくちばしが役立っていることに気づく。

ソリハシシギは、夏、ロシアなどの北国で子育てをし、冬を東南アジアやオーストラリアなどですごす。その渡りのとちゅうの春と秋に、日本各地に立ち寄る。

県内でのソリハシシギの秋の渡りは、八月末から十月までである。津田川河口では、すでに八月二十六日に立ち寄っていた。

二時間たち、潮が差してきた。二羽のソリハシシギは、満腹になったのか、エサ探しをやめた。そして、羽づくろいを始めた。

体がきれいになったソリハシシギは、水辺の石に立ち、しばらく休んでいた。とつぜん、何を思ったのか、ピピピ、ピリッと、きれいな声で鳴きながら、干潟を後にした。

津田川の河口には、ソリハシシギに栄養を補給するための自然が残っている。

（平成二一・九・二九）

サシバ

渡りをする里山のタカ

十月一日、晴れ。五色台大崎《おおさき》ノ鼻《のはな》の展望台で、渡りをするサシバを待った。午後二時、上空約二百メートルに一羽を発見。羽ばたきをせずに翼を広げたまま青空を滑るようにして飛び、南の方向に去った。つづいて一羽、さらにもう一羽。ほぼ同じコースを飛んだ。あっと言う間に、三羽が通過した。

ここでは、秋になると、サシバが岡山県側から瀬戸内海の上空を飛んでくる。一九八〇年の秋に、合計で三六六羽を数えたことがある。

サシバはタカのなかま。体の大きさがカラスくらいで、褐色に見える。毎年、四月に南方から渡ってきて、本州から西の地方で繁殖し、九月下旬から十月にかけて南方へ渡って行く。ちょうど今が、秋の渡りのピークにあたる。

四国でサシバの渡りは、徳島県の鳴《なる》門《と》山《やま》や蒲生田《かもだ》岬、愛媛県の佐田《さだ》岬や高《こう》茂《も》岬などが有名である。一日に一千羽以上も渡る。

それほど多くはないが、県内のあちこちでサシバの渡りを見ることができる。大崎ノ鼻のほか、詫間町の庄内《しょうない》半島、大川山《だいせんざん》や雲辺寺山《うんぺんじやま》などの見晴らしのよい所で待っていると、その姿を見つけることができる。

ところで、四月に渡ってきたサシバは、県内各地の山で繁殖をしている。そのとき、ピッ、クイーと鳴きながら飛んだり、樹木や電柱にとまっているのを見る＝**写真**＝。サシバは、人里に近い山、つまり里山にすむことができるタカである。

しかし、最近になり、そのサシバが減った。里山の開発が進み自然が少なくなったり、巣をかけるマツが大量に枯れたことが原因だろう。また、エサになるカエルやヘビなどが少なくなったことにもよるだろう。

今、そのサシバたちが、冬越しをするために、南に向かって懸命に飛んでいる。

（平成二一・一〇・八）

カワムツ

江戸時代から河川に生息

ことしの夏は、カワムツ（B型）＝**写真**＝に、たびたび出会った。そのおもな所だけでも次のようになる。

湊川《みなとがわ》の上流（白鳥《しろとり》町五名《ごみょう》）、与田川の中流（大内《おおち》町水主《みずし》）、門入《もんにゅう》ダム（寒《さん》川《がわ》町）、春日《かすが》川の中流（高松市川島町）、内場《ないば》川（塩江《しおのえ》町上西《かみにし》）、土器川の下流（丸亀市土居町）、財田《さいた》川の中流（山本町大野）など。

県内の魚類研究者が調査をした結果をみると、カワムツは、河川の上流から下流までの広い範囲に生息していることが、明らかにされている。

江戸時代の終わりごろの本や図版に、カワムツのことが書かれているから、むかしからすんでいた魚だろう。

子供のころにも、カワムツに出会ったことがあった。高松市松並町を流れる御坊《ごぼう》川の水はきれいで、そこに群れで泳いでいた。当時、カワムツという名を知らずに、「あかまつ」と呼んでいた。群れの中で、体に赤みをおびているのがいたからである。美しいのでつかまえようとしたが、泳ぎが速く、逃げられてしまった記憶がある。

カワムツは、体長十センチあまり。メスは、春から夏にかけて卵を産む。このとき、オスの頭の下側や腹が赤みがかる。これを婚姻色《こんいんしょく》という。これから「あかまつ」という地方名がついたのだろう。

ことしの八月、津田川の下流で魚類の調査をしていた大高裕幸《おおたかひろゆき》さんたちの網に、胸びれや腹びれがやや違うカワムツがかかった。大高さんは、これをカワムツA型だという。そうでないものは、カワムツB型になる。

最近になり、カワムツにA型とB型の二種あることが分かった。大高さんによると、A型は、中讃地域の河川の下流にいるという。

秋になり、カワムツの赤い色も消えた。来年の夏も、美しい姿に出会えるだろう。

（平成一一・一〇・一三）

（注）カワムツA型は、後の二〇〇三年にヌマムツと命名

タカハヤ

上流にすむ川魚の知恵

九月二十六日の朝、内場川《ないば》（塩江町《しおのえ》上西《かみにし》）の水は、ゆっくり流れ、きれいに澄んでいた。浅い瀬で泳ぐ大小のカワムツが、はっきり見えた。それに混じり、体長十センチほどの黒っぽい魚がいた。

その少し上流に、深さ約二メートルのふちがある。そこでも、黒っぽい魚が群れていた。

瀬とふちのそれぞれに、網を入れてみて、黒っぽく見えた魚の正体がわかった。どちらも、タカハヤ＝**写真中央**＝であった。

そのタカハヤにさわってみて、おどろいた。体が非常にしなやか。その体表はぬらぬらの粘液でおおわれていた。まるで、ドジョウをつかんだときの感触だった。

水面上から黒っぽく見えるタカハヤも、水中では黄褐色で、その上面には小さくて黒い斑点がたくさんある。

このタカハヤは、ふつう、川の上流から中流にすむ。魚類の分布を調べている高松商業高校の安藝《あき》昌彦《まさひこ》先生は「香東川《こうとう》では、塩江町安原の観月橋《かんげつばし》より上流に分布する」という。内場川は香東川の支流で、上流にあたるから、タカハヤがいてもめずらしくない。

さて、網でとったタカハヤで、おどろいたことがもう一つある。バケツに入れておいたタカハヤが、一メートルほどジャンプして、川に飛びこんだ。残った四匹も、同じようなジャンプをした。

以前、台風の後に、ここに来たことがある。そのとき、ものすごい濁流だった。岩までが、ごろごろと動いていた。このような状況と、タカハヤのしなやかな体、体表の粘液、ジャンプする力などと、合わせて考えた。

もし、濁流になったときにタカハヤは、しなやかな体で泳いだり、ジャンプなどをして、押し流されることはないだろう。また、岩などに当たっても体表の粘液が体を守るだろう。それは、上流にすむ川魚の知恵ではなかろうか。

（平成二二・一〇・二〇）

ムナグロ

長旅の栄養補給と休息するチドリのなかま

黒くて真ん丸い目、体の上面が黄褐色と黒褐色のまだら模様になっているムナグロと出会った＝写真＝。

十月十一日午前十時、観音寺市の柞《くに》田《た》川河口は、満ち潮の最中であった。そのとき、水際から約三十メートルはなれた草地で、ぽつんと銅像のように立っていた。

しばらくして、ムナグロは灰黒色の足を交互に動かしてすばやく走りだしたが、すぐに止まった。同時に、ぴょこりと体を上下にふった。これらの動作は、チドリのなかまでよく見られるくせである。

次のしゅんかん、地面にとまっていたイボバッタをくわえた。その後、同じような動作をしてオンブバッタを食べた。枯れ草のてっぺんにとまったシオカラトンボもねらったが、逃げられて失敗。

この時期のムナグロは、シベリアやアラスカでの子育てが終わり、東南アジアやオーストラリアをめざして渡りをしている最中である。長い旅だから、とちゅうの各地に立ち寄って、栄養を補給したり、休息をしなければならない。

県内でムナグロが立ち寄る所は、海岸の干潟の場合もあるが、海岸からはなれた河原などにいることもある。しかし、いずれも数が少ない。

春になると、逆に南から北に向かって渡りをする。このときは、羽毛が抜けかわり、顔、のど、胸、腹などが真っ黒に変身している。

その姿から、ムナグロ（胸黒）と名づけられたそうだ。

一時間たち、草地のムナグロはエサさがしをやめた。そして、ふたたび銅像のように立って動かなくなった。

ムナグロは、休息しながら、エビやカニなどが多い干潟が現れる引き潮を待っているのか。思わず「がんばれ」と言いたくなった。

（平成二二・一〇・二七）

チュウサギ

稲刈り後の「ひつじ田」で虫探し

　十月十一日午後一時すぎ、高瀬町の国市《くにち》池に十羽あまりの白鷺がいた。その大部分はダイサギとコサギであったが、くちばしが黄色のチュウサギが一羽だけいた。

　そこへ、くちばしが黒いチュウサギが飛んできた。すると、くちばしが黄色のチュウサギは飛び立ち、二百メートルはなれたたんぼに舞い降りた。

　そこは、稲を刈りとった後にふたたび茎や葉がのびた、いわゆる「ひつじ田」であった。その中をチュウサギは、大またで歩きながらエサを探し始めた＝**写真**＝。

　チュウサギがくちばしを斜め前に突き出した。くちばしには、エンマコオロギがくわえられていた。その後も、つぎつぎにエサをとるが、エンマコオロギがほとんどで、ケラなどの虫もとった。

　チュウサギは夏鳥。県内では四月から十一月に、池や河原で見られる。しかし、その数は非常に少ない。また、この鳥のくちばしは、夏は黒色であるが、冬は黄色になる。

　ふつう白鷺は、ダイサギ、チュウサギとコサギをまとめた名である。このうち、コサギは小さくて足指が黄色であるから、すぐに分かる。

　ところが、大きさが中くらいのチュウサギと大きなダイサギは、なれないと区別しにくい。両方が並んでいると大きさで分かるが、別々にいるときは区別しにくい。

　見分ける決定的なポイントは、上下のくちばしが合わさった部分の口角《こうかく》にある。その口角の位置が目の下にあるとチュウサギ、口角の位置が目の下より後ろの方にあるとダイサギというふうに区別できる。

　さて、ひつじ田で虫探しをしていたチュウサギは、一時間後にふたたび国市池にもどってきた。そして、くちばしが黒いチュウサギとともに、水辺でエサをとっていた。

（平成一一・一一・四）

オナガガモ

季節で生え変わる羽毛

秋が深まるにつれて、県内各地の池や川、海などでは、北国から渡ってくるカモ類の数がしだいにふえている。

十一月四日の朝、高松市の新《しん》川と春日《かすが》川が合流する河口では、ヒドリガモ、オナガガモ、カルガモ、マガモ、オカヨシガモ、ヨシガモなどのカモたちが翼を休めていた。

なかでも、首と尾の長いオナガガモがめだつ。とくにオスの首と胸は、朝日を受けて白く輝いていた＝**写真上側**＝。そのそばで、全身のほとんどが茶褐色のメスも泳いでいた＝**写真下側**＝。

ところがよく見ると、どのオスも尾がやや短く、図鑑に書かれている姿とはちょっとちがっていた。なかには、首や胸がそれほど白くなっていないものもいた。

一般にカモのオスは、夏に繁殖が終わると、全身の羽毛が生え変わりメスに似た体色になる。このときの姿をエクリプスという。

いまの時期、オナガガモはシベリアや北アメリカなどでの繁殖をすませて渡ってきたところである。そして、オスはエクリプスから、ふたたび繁殖期の羽毛に生え変わっている最中である。これから冬にかけて、首や胸は真っ白になり、尾はさらに長くなる。

新川と春日川の河口には、毎年二千羽以上のカモがやってくる。県内では最も多い数である。そのうち、オナガガモは四百羽あまりきているから、今年もそのくらいはやってくるだろう。

この日、近くの屋島小学校では、地域の自然や文化を歩いて体験する「ウオーク・イン・屋島」という学習をした。そのうちのバードウオッチングのグループ四十九人は、ここでカモなどの野鳥を観察していた。

子どもたちは、その種類の多様さや群れの大きさにおどろき、双眼鏡をのぞく目は輝いていた。

（平成二一・一一・一〇）

クサシギ

体色のコントラストが印象的

　寒い冬を越すために、さまざまな冬鳥がやってきた。地球全体からみると、香川県の冬は暖かいからであろう。

　十一月十三日、高松市の春日《かすが》川中流で、一羽のクサシギと出会った＝**写真**＝。このクサシギと最初に出会ったのが十月三十一日、二回目は十一月九日であったから、これで三回目になる。

　冬の羽毛に包まれた体の細かい特徴から、同じクサシギである。しかも、同じ場所でエサをとったり、休息をくり返していた。

　そこは、川幅が二十メートルほどで、草がまばらに生えている浅瀬である。泥の混じった砂の上を、水がゆっくり流れている。このような所は、クサシギのエサになる水生昆虫やエビなどの小動物が多い。

　クサシギは、くちばしから尾の先までの長さが二十二センチほどであるが、くちばしが長めだから、ハトよりは小さく見える。

　全体に地味な鳥であるが、体の背側が緑っぽい黒褐色と、腹側が白色とのコントラストが目立ち、一度見ると忘れることはない。

　クサシギがエサをとっているそばに、クサシギよりも一回り小さいイソシギがやってきた。イソシギは急ぎ足で歩きながら、水面をせわしくつついてエサをさがす。クサシギは、それよりもゆっくり歩き、ゆっくり水面をつついていた。それでも一分間に平均四十回はつつく。

　そんなにエサをとっていたら、すぐにおなかがいっぱいになるだろうと思うが、そうではないらしい。ほとんどのエサは双眼鏡では確認できないほど小さく、つついてもエサをくわえていない場合が多いからである。

　エサとりを始めてから一時間たったとき、堤防に沿って人が歩いてきた。同時に、クサシギが水面上を低く飛び去った。そのとき、腰が真っ白に光っていたのが、目に焼きつき忘れられない。


（平成二二・一一・一七）

クサガメ

硬い甲羅で災難逃れる

十月三十一日、高松市の春日《かすが》川中流で、草かげから一匹のカメが現れた。そして、浅瀬を歩き始めた。それは甲《こう》羅《ら》の長さが二十センチほどのクサガメであった＝**写真**＝。

甲羅の中央に一本、左右に各一本、合計三本の隆起が縦に走っていた。また、顔や首に黄色い虫食い状の模様も見えた。これらはクサガメの特徴である。

ところが、その甲羅に傷あとがあった。左側に小さい割れ目、右側に大きな割れ目があったが、どちらも傷はいえていた。

この傷あとは、クサガメにとって何か恐ろしい事件があったことを意味する。天敵のイタチか野犬に襲われたのか。それとも、夜道を歩いていて車にはねられたのか。いずれにしろ、このクサガメは背と腹にある硬い甲羅の中に頭や足を引っ込めたので、命が助かったのだろう。

浅瀬を歩いていたクサガメが立ち止まったとたん、首をのばして頭を水中に入れた。次のしゅんかん、ウシガエルの大きなおたまじゃくしをくわえていた。あばれるおたまじゃくしを持て余していたが、一気に飲み込んだ。歯を持たないカメは、エサをかみこなすことができないからだ。

近ごろ、県内の池や川では、昔からすんでいたクサガメやニホンイシガメがめっきりへった。

その代わりに、体が大きくて、目の後ろに赤い斑紋があるミシシッピアカミミガメが、急速にふえている。この子はアメリカから輸入されて、ミドリガメという名前で売られている。小さいときはかわいがられ、大きくなり過ぎて捨てられたのが野生化したという。これが昔からいたカメを追い払っている。

気温が下がった今、傷あとのあるクサガメも水中などで冬眠を始めたであろう。二億年も前から甲羅をつけて生きのびてきた生き物も守らなければならない。

（平成二一・一一・二四）

ニホンアカガエル

山間でひっそり生きる

　今年の秋は暖かい日がつづいたので紅葉がおそくなったと、新聞やテレビが伝えている。十一月半ばだから、カエルやヘビは冬眠に入っただろうと思っていた。

　ところが、十一月十三日に山本町の山間《やまあい》で、ニホンアカガエルに出会ったから、多少おどろいた。

　そこは、池に近い水田のあぜ道であった。二十メートルほど歩く間に、体長三センチの子ガエルが四匹、五センチの親ガエルが一匹＝**写真**＝もいた。どれも大きなジャンプをして、水田と反対側の溝に飛び込んだ。

　ニホンアカガエルは、山すそや丘陵地帯の湿った所にすむ。体色が赤褐色で美しく、スマートな体形。目から耳の後ろにかけて黒褐色の大きな斑紋が目立つ。さらに、体の側面や足にも黒褐色の斑紋が散らばっている。

　ぼくはこれを見るたびに、高校生のときに国語で習った島木健作（一九〇三―一九四五年）の小説「赤蛙」を思い出す。

　その内容は、一匹の赤蛙が、川の中の岩から急な流れに飛びこんで向こう岸に渡ろうとするが、失敗し何度も試みているうちに、ついに力尽き渦にのみこまれてしまう、というものだった。

　それを読むうちに、東洋には、力の限り挑戦し、あとは運命にまかすという「諦観《ていかん》」の考え方があることを知り、感動をおぼえたものだった。

　この小説の赤蛙は、何というアカガエルかは分からない。いま、県内にすむアカガエルのなかまには、ニホンアカガエルのほかに、山地にいるヤマアカガエル、渓流にすむタゴガエルなどがいる。

　そのうちのニホンアカガエルは平地に近い人里にすんでいるだけに、土地開発の影響をうけて、すみ場を少なくしてひっそりと生きるようになった。地球上で日本だけにすむニホンアカガエルを消してはいけない。


（平成一二・一二・一）

ケリ

日本のチドリで最大級

十一月二十日午前十時、朝からの小雨は上がった。そのとき、我が家の台所の窓に、大きな鳥の影が映った。

反射的に外を見ると、稲を刈り取った後の田に、ケリが二羽舞い降りていた。県内では極めてめずらしい鳥だからびっくり。そこまでの距離は約十五メートル。ケリの動きが手に取るように見えた。

さっそく二羽のケリは、別々にゆっくりと歩き始めた。数歩歩いては立ち止まる。止まったとき、ときおり頭をぴょこんと上下に振る。これらはチドリのなかまの特有な行動である。ここでは、おもにミミズをとっていたが、二十分ほどたったときに隣接の道に人が歩いてきたので飛び立った。おそろしく警戒心が強い。

ケリは、日本にすむチドリのなかまのうちでは最大級。ハトより少し大きい。左右の翼を広げた長さが七十五センチもあるから、飛ぶと一層大きく見える。

この鳥は、おもに近畿地方より北で繁殖をし、その一部が温暖な地方に移動して冬を越す。県内では、ごく少数が水田、池、河口などに渡ってくる。

なかでも、高松市多肥下町《たひしもまち》あたりには、十数年前から十羽前後のケリが決まってくるようになった。そこは、我が家から南東方向に約六百メートルはなれた水田地帯で、今年も五羽が訪れている。

さて、我が家の台所前に現れた二羽のケリは、その後姿を見せなかった。ところが十日後、我が家から北の方向四百メートルの休耕田にすみついていた＝**写真**＝。姿や行動の特徴から、同じケリに間違いはない。

このあたりでケリがすみつく場所に共通な特徴がある。そこは、かなり湿った水田あとである。エサになるミミズや昆虫などの小動物が多いからであろう。また、そこは人通りの少ない所でもある。

（平成二一・一二・八）

タヒバリ①

木枯らし吹く田に住む

今年の冬も北国からタヒバリがやってきた。十一月の末、観音寺市と大野原町にまたがる三豊干拓地にも三羽が群れていた。

そこは、水田や野菜畑に囲まれた狭い草地であった。タヒバリは地面に降り、低い姿勢のまま小刻みに歩いて、イヌタデという草の種をついばんでいた。ときおり、背のびして辺りの警戒もする＝**写真**＝。タヒバリは、その名からヒバリのなかまのようにみえるが、そうではなくセキレイのなかまである。その証拠に、ときどき小石や土くれの上に立ち、長めの尾を上下に振る。

スズメよりスマートなこの鳥は、土の色に似た体色で、胸から腹にかけてある黒っぽい模様のほかは目立つ特徴がない。お世辞にも美しいとは言えない。

しかし、ぼくにとっては遠い記憶のなかにある鳥でもある。小学生のとき、年上の子らが「みぞば」と呼ぶ鳥を追って遊んでいた。

「みぞば」は、木枯《こが》らしが吹くころ、麦まきの終わった田にいた。それを、エーチッチ、エーチッチという声をかけながら追う。「みぞば」は、畝《うね》と畝の間の溝にそって、どんどん走り去るというものだった。

なぜ、そんな声をかけて追うのかわからなかったが、ぼくもまねて同じようにやってみた。しかし、「みぞば」を間近に見るほどに近づけなかった。双眼鏡や鳥類図鑑もない当時のこと、その正体を知るすべもなかった。

ずっと後になって、その「みぞば」がタヒバリであったことが分かり、少年時代の小さな夢がかなない感激したものだった。

三豊干拓地にいた三羽のタヒバリは、一時間あまりもイヌタデの種を食べていたが、とつぜんチッチッと細い声で鳴き飛び去った。ふと、「みぞば」を追った年上の子らの声は、この鳥の鳴き声に似ている気がした。

（平成二一・一二・一五）

カンムリカイツブリ

角刈りしたような潜りの名人

最近、高松市の野田池周辺では、道路が整備され住宅がふえている。十二月十二日午後三時、その池の堤に上がったとたん、雲間から日がさし、辺りが急に明るくなった。

　このとき、七万七千平方メートルあまりの広い水面の真ん中で、カンムリカイツブリが三羽、白く光って見えた。

　カンムリカイツブリは、大型のカイツブリ。冬の間は、顔から胸にかけての白い色が目立つ。また、頭のてっぺんに黒い羽毛があり、角刈りをした若い衆を連想する。それが冠《かんむり》のようにも見えることから、この鳥の名前になっている。

　この鳥は秋の終わりごろに、北国から県内の池や河口などに渡ってくる。以前はめずらしい鳥であったが、近ごろは数がふえた。

　数分後、三羽のカンムリカイツブリが岸に向かって泳ぎ始めた。水面を滑るよう泳ぐ。たちまち、岸に近い水面に着いた。

　休む間もなく、その辺りで潜り始めた。魚や水生昆虫などを捕るためである。体が大きいだけに潜水時間も長く、二十秒を超えるときもしばしば、潜りの名人である。

　捕った小魚は、水面に現れてから飲みこんでいるようだ。そのうちに、一羽がくちばしの二倍もあろうかと思われるフナをくわえて浮いてきた。あばれるフナを何回もくわえ直した後、一気に飲みこんだ。

　三羽のカンムリカイツブリは、おどろくほどの大食漢《たいしょくかん》だ。三十分あまりも、岸に沿って移動しながら、頻繁に潜っていた。その場所を見ていると、野田池では岸に近い所に、魚が多くいるよう思った。

　カンムリカイツブリは春になると、北に向かって渡る。そのころになると、角刈りに見える羽毛が長くなる。また、体全体に白い羽毛が少なくなり、赤褐色の羽毛が多い夏の姿に変身する。

（平成一二・一二・二二）

ヨシガモ

なぜ美しいオスの羽毛

今年の冬もヨシガモのオスが、高松市の春日《かすが》川と新川《しんかわ》が合流する河口で、美しい姿を見せている。

正月四日午前九時、このときの気温は三度。折からの強風で波はかなり高かった。そんななかで十羽あまりのヨシガモが、オスとメスのつがいで、また、あるものは単独で泳ぎながらエサをさがしていた。

その様は、逆立ちをして首を水中に突っ込み、水底に生えているアオサなどの海藻をついばむというものだった。

そのうちのオスは、日差しをまともに受けると、頭のてっぺんが紫色に、顔は緑色に光り、美しく見えた。さらに、翼のうちの三列風切《さんれつかざきり》という羽毛が、尾をおおうほどに長く伸び、派手な姿になっていた＝**写真**＝。

近くにいたメスは、ほかのカモ類のメスがそうであるように、全体に茶褐色の地味な姿で、長い三列風切もない。

ヨシガモのオスは、なぜ美しく派手なのだろうか。実は、ヨシガモは去年の十一月三日に、すでにここに渡ってきていた。そのときのオスは、今ほど頭の色も美しくなく、三列風切も短かった。つまり、オスは渡ってきてから今までに、次第に羽毛が伸びて、美しく派手に変身したのである。

一般にカモ類は、越冬地にいるときから繁殖の準備をする。オスがメスと並んで泳いだり、オスがメスの前で頭を上下に振るような行動などもするようになる。

このとき、プロポーズをするオスは羽毛の色や形が美しく派手なほど、メスの気をひきやすいだろう。また、その種特有の色や形の羽毛は、ほかの種のカモと間違ってつがいになることもないだろう。

むろん、これらの推理は、いくつかの証拠によったものである。しかし、それをより確かなものにするには、さらに多くの観察や実験をしなければならない。

（平成一三・一・一二）

ビンズイ

マツ林と芝生地が好き

地べたに座り込んで写真を撮っていると、「めずらしい鳥ですか」。後ろからささやくような声が聞こえた。ぼくは、前を見つめたまま「冬にやってくるビンズイです。分かりますか」と小声で答えた。

しばらくして「六羽いますね。体が枯れ草に似てカムフラージュになっていますね」と、前よりも低い声が聞こえた。少し時間がたち、振り返ると人影はなかった。

一月十五日、この冬一番の寒波に見舞われた。栗林《りつりん》公園（高松市）では午前十一時になっても気温一度だが、小鳥の声でにぎわっていた。

公園の中央よりやや西寄りに、「御《お》手《て》植松《うえまつ》」と呼ぶ六本のクロマツがある。そのうちの一本は、一九一四年（大正三年）に昭和天皇が皇太子殿下のときに御来園し、御手植えされたというから、成長著しく枝が四方に広がっている。

その木陰の芝生地で、寒いのか少し羽毛をふくらませたビンズイがエサを捕っていた。足を少し折り曲げて体を低くして、一歩ずつゆっくり歩いていた。そして、草の間に落ちているマツや草の種子をついばんでいた。ミミズや虫も捕っているようだった。

ときおり、首をのばして辺りを警戒する＝写真＝。この季節、彼等にとってはおそろしいオオタカにねらわれるからである。

ビンズイは、スズメ大で、上面は緑がかった褐色、胸に黒い縦の模様がある。それは土や草の色に似て保護色となっている。

六羽のビンズイがエサを捕っていた近くの通路を数人の観光客がにぎやかに通り過ぎた。ビンズイは驚いて舞い上がり、マツの枝にとまった。しばらく、枝の上を歩いたり別の枝に飛び移ったりしていたが、辺りが静かになると芝生に降り、エサを捕りつづけた。

それにしても、ビンズイは、大きなマツが生え、芝生地が広がった所が好きなようである。

（平成一三・一・一九）

青い鳥を探すチャンス

一月二十一日午前十時、前日に降った寒《かん》の雨がうそのようなぽかぽか陽気。そのせいか栗林《りつりん》公園（高松市）にすむ小鳥の行動は活発であった。

なかでも平賀源内《ひらがげんない》ゆかりの百花園跡の茶畑には、ウグイス、ヤマガラやエナガが次々とやってきて、枝から枝に移っていた。

ふと、そこで普段あまり見かけない小鳥が一羽、茶畑の畝《うね》から畝へと素早く動いていた。そして、隣の梅園に移り、ウメの枝でやっと姿を見せた。全体に地味な色合いだが、わき腹がオレンジ色で、尾の上側が青みがかっていた。ルリビタキのメスだった＝**写真円内**＝。そのつぶらなひとみがかわいい。

それから一時間後、この園内で最初に庭造りされたという小普陀《しょうふだ》前のベンチに座っていると、ヒッヒッとひそやかな声が聞こえた。

反射的にその方を見ると、青っぽい粒のような鳥が、マツ林から一直線に飛び、ハゼノキのこずえにとまった。一見してルリビタキのオスと分かった＝**写真**＝。

その上面の青色とわき腹のオレンジ色のコントラストがとても鮮やかに見えた。その美しい姿を見せながら、ハゼノキの堅い実を食べ始めた。一粒、また一粒、そして三粒目を飲み込んで一息し、飛び立って別のマツ林に消えた。その間、一分ほどだったが、幸せがやってくるような気持ちになった。

ルリビタキはヒタキのなかま。青色が美しいるり色にも見えることからこの名になった。春になると、愛媛県の石鎚山《いしづちさん》や徳島県の剣山《つるぎさん》のような高い山に渡って繁殖するようになる。

冬の間は香川県の低い山や平地でもルリビタキを見るチャンスがある。近くのよく茂った神社の森や雑木林の縁で待っていると、青い姿に出会える。少し前に、坂出《さかいで》市与島《よしま》の天津《あまつ》神社で、オスに出会ったことを思い出す。

（平成二三・一・二六）

オカヨシガモ

地味な色は生きる知恵か

いっぱんにカモのオスは、羽毛の色が美しい。オシドリはその代表だろう。反対に、羽毛の色が地味で、美しく見えないカモがいる。その例がオカヨシガモである。

オカヨシガモのオスを、少しはなれた所から見ると、全身がねずみ色で、お尻辺りの黒色が目につく程度＝**写真**＝。望遠鏡で見ても、胸や翼に細かい模様があるものの、ほかのカモに比べたら非常に地味である。なお、メスはほかのカモに似て、全身が茶色の地味な姿である＝**写真円内**＝。

このように地味な色のオスは、メスに気に入られるように、自分をアピールすることができるのか。また、メスも自分の相手を見つけることができるのか。前々から気になっていた。

一月二十八日の朝、府中湖（坂出《さかいで》市）で、オカヨシガモが七十羽の群れで泳いでいた。

そこから少しはなれた水面で、百羽あまりのヒドリガモ、マガモやカルガモの小さい群れもいた。このカモたちは、それぞれで群れになったり、混じり合って泳いでいた。

しかし、オカヨシガモの群れは、ほかのカモと混じることもあるが、つねにほかのカモと一定の距離をおいて泳いでいた。しかも、その群れの中では、オスとメスがつがいになり、仲よく泳いでいるものが多かった。

そこで、ひょっとしたらオカヨシガモは、オシドリのように毎年新しいつがいになるではなく、同じつがいで長く過ごしているのではないかと思った。そういえば、このカモは秋に渡ってきたときから、つがいでいるものを多く見かける。そう考えると、オスは自分をアピールする必要があまりないので、地味な姿でよい。また、ほかのカモと距離をおくことで、相手を見間違えることもないだろう。

地味な色は外敵におそわれにくい。オカヨシガモの地味な姿や群れの特徴は、生きのびる知恵であろう。

（平成二三・二・二）

アトリ

明るい雑木林が住み家

「あっ、オレンジ色や」「黒い色もある」「白も見える」。五十九人の子どもたちは、アベマキの大木に群れるアトリに、双眼鏡を向けたまま口々に声をあげた。

一月二十六日の朝、檀紙《だんし》小学校（高松市）の四年生が、学校に近い津内山《つないやま》（五七・九メートル）で、総合的学習の授業をしていたときのことである。

アベマキの枝にとまった約三十羽のアトリは、まるで申し合わしたかのように、羽づくろい（羽毛の手入れ）をしていた。

それから十分はたっただろうか。アトリは一斉に舞い上がり、雑木林の上を猛スピードで旋回した後、葉を落としているアキニレの木にとまった。

アトリは枝から枝に移りながら、そこに付く乾いた実をついばみ始めた。子どもたちの双眼鏡が、一斉にそちらに向けられた。

アトリは、十月ごろに北国から渡ってくる冬の鳥。北国に向けて去る四月までは、県内あちこちの雑木林で見ることができる。

スズメよりわずかに大きい体が、オレンジ色、黒色、白色などで複雑に組み合わさった色合いが美しい。とくに、オスの頭は黒っぽく、全体に鮮やか＝**写真**＝。メスはオスに似るが、頭が灰褐色である＝**写真円内**＝。

一九八六年一月に、フランスのヴィエルゾンという町に行ったことがある。その郊外の明るい雑木林で、アトリを見た。そのとき、日本にはいないズアオアトリもいた。そのオスの頭は、青色であったから、いっそう美しく見えたことを思い出す。

二月二日の朝、ふたたび津内山に登った。アトリが、オオバヤシャブシの木の種子を食べていた。また、草地に降りて、地面に落ちた草の実もついばんでいた。

いまの季節、津内山は、さまざまな小鳥の住み家である。明るい雑木林には、さまざまなエサがあるからだ。

（平成一三・二・九）

イカル

「ろう」を食べる小鳥たち

十一日の朝は、青空が広がり日差しも春めいていた。このとき、津内山《つないやま》（高松市御厩町《みまやちょう》）の雑木林から、キィーコーキー、キィーコーキーと、イカルの朗らかなさえずりが聞こえてきた。

山頂につづく小道をゆっくり進むと、イカルが十五羽、ハゼノキにとまって果実を食べているのが見えた＝**写真**＝。

灰色がかった太めの体に黒い頭。大きなくちばしが、朝日を受けて黄色に光っていた。

イカルの食事は、非常にていねい。まず、ハゼノキの枝先にぶら下がる果実の一粒をついばむ。次に、くちばしを半開きにしたまま小刻みに動かす。直径十ミリ近くの豆のような果実は硬いので、くちばしでかみ砕いているのだ。このくり返しである。

そのさまが、口の中で豆を回しているようにも見えることから、昔の人たちは、イカルのことを「まめまわし」「まめころがし」などと呼んでいた。

ハゼノキの果実には、「ろう」が多くふくまれている。かつては、その「ろう」で、ろうそくを作っていた。イカルは、どうしてそんな果実を食べるのか。

十五羽のイカルは、三十分ほどかけて食事をした。そして、キョッ、キョッと鳴きながら、一斉に飛び去った。

ところがその後、ハゼノキにツグミ、ヒヨドリ、メジロ、カワラヒワが次々とやってきて、果実をついばんでいた。その食べ方は、イカルのようにかみ砕くのではなく、丸のみをしていたからおもしろい。

食べ方に違いはあるものの、ハゼノキの果実にふくまれる「ろう」には、栄養分がたっぷりあることを鳥たちは知っているようだ。

津内山の雑木林には、ハゼノキが多い。そして、その果実は、冬の小鳥たちの大切な栄養源になっている。

（平成二三・二・一六）

銀白色に光るギンブナ

二月十九日の高松の気温は三月下旬並みと、テレビで報じていた。このとき、香東《こうとう》川の中流を歩いていた。

ふと、そのふちで魚の影を見た。目をこらすと、二十センチあまりのフナだった。フナはゆっくり動いて、石の間に身をひそめた。

一口にフナといっても、日本にはキンブナ、ギンブナ、ニゴロブナ、ゲンゴロウブナなどがいる。

そのうち、昔から県内にいるのは、ギンブナ＝**写真**＝。体がスマートで、銀白色に光るのが特徴である。

子どものときのフナの思い出は多い。近くの小川でフナを見かけると、竹製の「じょうれん」を持って追った。また、小川をせき止めて、水をくみ出して捕ることもした。ため池で、ミミズをエサにして釣り上げた感触も忘れられない。

そのころ十二月になると、淡水漁業の人たちが、ため池を干し上げて魚の収穫をしていた。今のように魚を豊富に売っている時代でなかったから、父がそのフナをたくさん買ってきた。焼いてから煮込む料理。ときには、てっぱい（鉄砲《てっぽう》和《あ》え）にもしていた。寒ブナのてっぱいは最高で、讃岐の郷土料理だ。

今、それらの記憶をたどりながら魚類図鑑を眺めていると、そのフナは、すべてギンブナであったように思う。

ところが県内には、いつごろからか琵琶湖原産のゲンゴロウブナを改良したヘラブナも見るようになった。ギンブナよりも大きくなるので、ため池で養殖するようになったからであろう。釣り堀で人気があるのもヘラブナのようだ。

いずれにしても暖かくなると、ため池や川で、活発に泳ぐフナを見るようになる。そんなときは「うさぎ追いしかの山、小鮒つりしかの川……」と、口ずさみたくなる。

（平成一三・二・一三）

クロサギ

せばまる生息地に不安

シラサギのなかまに、体が黒いクロサギがいる。そんな話をしたら大抵の人は、「えっ、ほんま」と驚くが、分類上は、れっきとしたシラサギのなかま。

その証拠に、沖縄には体が黒いクロサギのほかに、体の白いクロサギもいる。かつて、ぼくも石垣島のさんご礁で、白いクロサギを確かに見た。

しかし、県内にすんでいるのは黒いクロサギである。黒いといっても、カラスのように真っ黒ではなく、すすけたように見える黒色である。

二月十七日の朝、大内町の海岸で、一羽のクロサギが、首をすくめて岩の上に立っていた。満潮時のために、エサが捕れなくて休んでいた。

やがて潮が引き始め、浅瀬が現れると、クロサギは首をややのばして、ゆっくりと歩き出した＝**写真**＝。

ときおり、立ち止まって水面を見つめては歩く。コサギよりやや大きいが、くすんだ黄緑色に見える足は短い。

とつぜん、太めのくちばしを電光石火のごとく突き出した。小魚をくわえて、一気に飲み込んだ。魚といっしょに飲み込んだ海水が、くちばしの先からしたたり落ちていた。

クロサギは、小魚のほかにカニやエビなどの底生動物も食べる。ぼくは岩かげにかくれて見ていたので、警戒するようすもなく、一時間あまりエサを捕りつづけていた。

県内でクロサギがすんでいる場所は、無人島や人影の少ない岩礁の多い海岸である。エサ探しのために広い干潟などにやってくることもあるが、そんなに多くはない。

近ごろ、いろいろなレジャーのために、岩礁に訪れる人が多くなった。クロサギは、警戒心が強く、生息する所が限られているだけに心配するこのごろである。

（平成一三・三・二）

オオジュリン

冬枯れのアシ原がエサ場

チッ、チッと、細く短い声とともに、四羽のオオジュリンが飛んできて、アシ（ヨシ）の茎にとまった。

　立春から一カ月を過ぎた今、太井《たい》池（丸亀市）では、冬枯れのアシが立ち並ぶ。

　オオジュリンが最初にとまったのは、二メートルあまりもある茎の下の方。そこで、短いくちばしを上手に使って、茎に巻きついている乾いた葉をはがし始めた。茎と葉の間に潜むカイガラムシなどの昆虫をとるためである。ときおり、葉の割れる音が、パチッ、パチッと聞こえてくる。

　オオジュリンは、エサを探しながら茎を登っていく。そして、茎の先端近くに達すると、ひらりと舞い降りて、別の茎にとまり、登り始める。そんな行動をくり返しながら、茎から茎へと移っていた。

　やがて、五本目の茎でエサを探し終わったオオジュリンは、その先に姿を現した＝**写真**＝。そこで、辺りを見回しながら、チーウィンと一声鳴いた。

　オオジュリンは、スズメより少し大きい地味な鳥。背中側は、女の人がおしろいをつけるときに使うパフのような色に、茶色と黒色が混じって見える。この体色は、冬枯れのアシの色にまぎれて見つかりにくい。

　県内では、十月末ごろに北国から渡ってきて、川や池に生えているアシ原に住みつく。アシが多い太井池では、毎年のようにオオジュリンの姿を見ることができる。しかし、その数は多くない。

　オオジュリンが去る四月ごろになると、オスの頭が黒くなる。まるで、黒ずきんをかぶったように変身するからおもしろい。

　しばらく茎の先にとまっていたオオジュリンは、チッチッと鳴いて飛び立った。それを合図に、残りの三羽も飛び立ち、矢のような速さで別の場所に移った。

（平成一三・三・九）

クイナ

ザリガニもエサの一つ

三月一日の太井《たい》池（丸亀市）では、朝から小雨が降っていた。堤の上を、登校中の中学生が通り過ぎた。そのとき、冬枯れのアシの茂みから、クッ、クッ、クッと、ゆっくりしたテンポの鳴き声が聞こえた。

それから三分後、鳴き声の主のクイナが姿を現した。くちばしの赤色と、わきから腹にかけての黒白のしま模様が目立つ＝**写真**＝。

クイナは、十月ごろ北国から渡ってきて、県内の池や川で冬越しをし、四月ごろに去る冬鳥である。

姿を見せたクイナは、体を低めてアシの茂みのふちに沿って歩き始めた。ふと、立ち止まって浅い水中を激しくつついた。そして、やっと上げたくちばしにはザリガニ（アメリカザリガニ）が見えた。これもエサの一つだ。

そのとき、近くにいたバンが走り寄り、ザリガニを横取りしようとした。いち早く気付いたクイナは猛スピードで走ったので、バンはあきらめた。

それから、およそ五分ほどかけて、ザリガニをつつき、その肉を食べ終わった。満腹になったクイナは、アシの陰に入り、水浴びと羽づくろいを念入りにしていた。

クイナは、きわめて用心深い鳥である。外敵に見つかりやすい天気の良いときは、ほとんど現れない。常にアシなどの草陰に潜んで行動するほどだ。

クイナがエサを食べていたとき、そこから約十メートル離れた草陰から、一羽のヒクイナ＝**写真円内**＝が現れたので驚いた。普通、ヒクイナは、夏鳥とされているからだ。早々と南方から渡ってきたのか。それとも、ここで冬を越していたのか。

この日、太井池の片隅で、クイナのなかまの四種を同時に見た。クイナ、ヒクイナ、バンに加えて、オオバンも近くにいた。太井池は、それらが住む天国にちがいない。

（平成一三・三・一六）

ヒレンジャク

警戒しながら赤い実を食べる

三月十一日、高松市の石清尾《いわせお》八幡《はちまん》神社の参道に、冬鳥であるヒレンジャクが十一羽現れた。それが、五十羽あまりのツグミやヒヨドリとともに、クロガネモチの赤い実をむさぼるように食べていた＝**写真**＝。

ヒレンジャクは、スズメより大きく太めの体だが、頭の上に冠羽《かんう》を立てた異様なスタイルだから、いやが上にも目に付く。尾の先の赤色も目立つ。

ここの参道は、正式には市道「馬場《ばば》田町線《たまちせん》」であるが、一九八七年に高松市のシンボル道路に指定され「八幡通り」と呼ばれるようになった。車道の両側に、緑色にカラー舗装された歩道があり、そこに六十四本のクロガネモチが立ち並んでいる。

そのクロガネモチに、今年も真っ赤に熟れた実が、枝いっぱいについていた。これは、ヒレンジャクはもとより、ツグミやヒヨドリの大好物だからたまらない。

電線に並んで止まっていたヒレンジャクのうちの一羽がクロガネモチに飛び移ると、残りも次々に飛び移った。実がついた木が何本もあるのに、一本の木に集まるからおもしろい。「みんなで食べると、こわくない」の気持ちになるのか。そこへ、人や自転車が近づくと、一斉に舞い上がる。エンジン音の高い車が走っても同じ。信号で停車や発進する車にも驚く。

八幡通りは人や車が割合に多いから、警戒心の強いヒレンジャクは苦労する。人や車がひっきりなしに通るときは、近くの電線やテレビのアンテナに一列に並んで留まり、次の機会をうかがう。そして、少しでも人や車が減ると、クロガネモチに飛び移っていた。

三月二十一日、八幡通りのヒレンジャクはふえて二十五羽になった。そして、赤い実の大部分がなくなった。北国へ去る五月までは、赤い実を探して、あちこちを移動しなければならない。

（平成一三・三・二三）

ミシシッピアカミミガメ

ふえつづける帰化生物のカメ

三月十八日は朝から晴れていた。そのとき、土器川生物公園（丸亀市）の池で、冬眠から覚めたミシシッピアカミミガメが甲羅《こうら》干しをしていた＝写真＝。

前足で倒木の枝につかまり、後ろ足をだらりとのばして、気持ちよさそうにしていた。倒木の上に三匹いたが、どれも甲羅を南に向け、日光を浴びていたからおもしろい。

カメの甲羅干しは、体温を上げるほか、甲羅や骨をつくるカルシウムを吸収しやすくしたり、体についたばい菌を殺すためらしい。

もともと、このカメはアメリカ東北部が原産。その子が、ペットショップで売られているミドリガメである。小さいうちは甲羅が緑色であるが、成長するにつれて黒ずむ。その長さは三十センチ近くにもなる。

ミドリガメは、一九六〇年代より大量に輸入された。それを飼っているうちに、逃げたり、大きくなり過ぎて捨てたものが、野生化したと言われる。日本では天敵も少なく住みやすいのか、ふえつづけ帰化生物となった。

ミシシッピアカミミガメは、県内の池や川でも多くなった。高松市の栗林《りつりん》公園の池でさえ、野生化したものが住みついている。

四国霊場第七十五番札所の総本山善通寺（善通寺市）の境内に、廿日橋《はつかばし》がある。そこから堀の中をのぞくと、約五十匹のミシシッピアカミミガメがいる。以前は、クサガメが飼育されていたように思う。この橋を通るお遍路さんたちは、カメの種類にこだわらずに、親しみをこめて眺めたり、話題にしている。

県内には、昔からクサガメやイシガメなどが住んでいる。しかし、それよりも大きく食欲おう盛なミシシッピアカミミガメに、住み場所を追われているのが現状だ。

小さくてかわいいミドリガメを飼うのも勉強になるが、最後まで責任をもって育てなければ、香川県の自然が大変なことになる。

（平成一三・三・二〇）

うそかえ神事のモデル

今、屋島（高松市）の山上でも、サクラの花が美しく咲いている。三月六日には、その花は、まだ堅いつぼみであった。そのとき、七羽のウソが枝先にとまり、大好物のつぼみを上手についばんでいた。

　そのうちの二羽がオスだった。その頭は黒く、ほおとのどが赤く目立っていた＝**写真**＝。メスには、その赤色がない。

　ウソは、つぼみを食べながら、ときおり、フィー、フィーと口笛に似た声で鳴いていた。この鳴き声から、ウソという名になったと言う。古い言葉で、口をすぼめて吹く口笛を「うそ」と言われていたからである。

　ところで、綾南《りょうなん》町の滝宮《たきのみや》天満宮では、毎年四月二十四日に、「うそかえ神事」が行われ、大勢の参拝客でにぎわう。

　同天満宮ではこの日のために、ウソをモデルにして作った高さ十一センチ、直径三・五センチの木製の「木うそ」＝**写真円内**＝を、たくさん用意する。

　当日、神事のあと、参拝客はそれを買い求め「かえましょう、かえましょう」と言って、客同士で交換し合う。これによって、家の中の悪いことを良いことに取りかえてくれると言われている。

　この神事は、東京の亀戸《かめいど》天満宮や福岡県の太宰府《だざいふ》天満宮とともに全国的に有名である。滝宮天満宮の境内には、俳人合田丁字路《ごうだちょうじろ》（一九〇六―一九九二年）の句碑が建てられている。「うそかへし　人と再び出逢ひけり」

　県内でウソが見られるのは、十一月から明くる年の四月まで。冬の間は讃岐山脈などに生息するが、早春になると屋島や五色台などの低い山でも見られるようになる。しかし、いずれの場合もその数は少ない。

　ちょうど今頃、近くの山で口笛を吹くように鳴きながら、サクラやモモなどの木の芽をついばんでいるだろう。

（平成一三・四・六）

ハシボソガラス

雑食性と賢さで栄える

木木の新芽が吹き始めたいま、カラスたちは子育ての真っ最中だ。春日《かすが》川（高松市川島東町）の川岸に立つエノキにも、ハシボソガラスが巣をかけている。

十数メートルの高さにある巣を望遠鏡で見ると、少なくとも三羽のヒナがいた。

親鳥が巣に戻ると、ヒナは黒くて大きいくちばしを開けてエサをねだる。その口の中は赤い。親鳥はその色を見て、エサを捕りに行く気分が高まるようだ。

ハシボソガラスは、地面を歩いてエサを探す習性がある。この親鳥も近くの川原やたんぼに降り、のこのこ歩いて枯れ草や土くれをひっくり返して、昆虫やミミズなどを捕っていた＝**写真**＝。

それに対して、ハシブトガラス＝**写真円内**＝は、樹木や電柱などの高い所に留まって獲物を見付ける。

県内には、ハシボソガラスとハシブトガラスがいる。そのほかに、冬に渡ってくるミヤマガラスやコクマルガラスもいるが、その数は少ない。

最近、カラスがふえた。海岸から平野、讃岐山脈の尾根までいる。市街地にも多い。

その理由の一つは、何でも食べる雑食性にある。生きている動物はもちろん、死体も食べる。サクランボなど木の実も食べる。人間が食べ残したゴミもエサになる。カラスのことをスカベンジャー（遺体処理動物）と呼ぶほどだ。

もう一つの理由は、賢いことだ。大きな貝を捕ってきてコンクリートの上に落として割ったり、クルミの実を車道に置いて割れるのを待つこともする。六年前、ビルのベランダでふ化したハトのヒナが大きくなるのを待ってから捕って食べたハシボソガラスもいた。

カラスたちは、雑食性と賢さによって栄えつづけている。

（平成一三・四・一三）

カシラダカ

集団行動で危険を防ぐ

　雲一つもない晴れた四月四日の朝、琴《こと》南《なみ》町の大川山《だいせんざん》(一〇四三メートル)に登った。空気が澄んでいたせいか、南の方向に雪をかぶった剣山《つるぎさん》(一九五五メートル)が、おどろくほど近くに見えた。

　頂上に立つ大川神社辺りでは、ウグイスやヒガラがさえずり、ミソサザイの美しい音色が響いていた。

　そこから南へ少し下ると、草がまばらに生えた広場に出た。その草陰で、姿勢を低くしてエサをとっている二十羽のカシラダカがいた。そのうちのオスは、すでに頭が黒くなった夏姿になっていた＝**写真円内**＝。

　カシラダカは、十一月ごろにロシアから、県内全般に渡ってくる冬の鳥である。スズメくらいの大きさで、背中の色も茶褐色。冬の間はオスもメスも同じように見え＝**写真**＝、目の上、あごの線、のどなどが白く、胸から脇にかけて赤褐色が目につく程度。ところが春になると、オスの頭のほとんどが、真っ黒に変わる。

　この鳥は、何かにおどろいたり、なかまと争うときに、頭の羽毛を立てる習性がある。そんなことからカシラダカ(頭高)の名になった。

　広場のカシラダカ、何におどろいたのか七羽が飛び立ち、近くの雑木林に飛び込んだ。つづいて五羽。残りも同じ所に飛び込んだ。

　きわめて警戒心が強い。風が吹いて木の枝がゆれただけで、頭の羽毛を立てる。他の動物を攻撃することもなく、草の実を拾うだけの弱い生き物である。それだけに、群れのうちの誰かが危険を感じると、残りの者が行動を共にする。つまり、集団で身を守る。

　ほぼ一時間たち、二十羽のカシラダカは広場に戻った。そのうちのオス一羽が、ピチロピチロ……と複雑で明るい声でさえずった。カシラダカにも春がやってきた。

(平成一三・四・二〇)

ホウロクシギ

湾曲した長いくちばし

今の季節、南から北に向かういろいろな渡り鳥が、干潟に立ち寄っている。四月の初め、豊浜《とよはま》町の姫浜《ひめはま》に、ホウロクシギ＝写真＝もいた。

ちょうど引き潮の最中、広い干潟の波打ち際で、三羽のホウロクシギがエサを捕っていた。

ホウロクシギは、シギのなかまのうちで最も大きく、カラスほどもある。とくに、下に湾曲した長いくちばしが目に付く。

それを砂に差し込んで、獲物をつまみ出す。獲物は、カニ、ゴカイ、貝などさまざまだが、カニは大好物。

この特殊なくちばしは、カニの巣穴に差し込むのに都合よくできている。

カニを巣穴から引っ張り出すと、くわえたまま振り回したり、地面にたたき付けて、足をもぎ取って、飲み込む。カニに砂や泥がついていると、海水で洗ってから食べることも知っている。

ホウロクシギのホウロクは、漢字で焙烙《ほうろく》と書く。焙烙は、豆などをいるときに使う素焼きの平たい土鍋である。昔は、どこの家にもあったが、今は少ない。

ホウロクシギのくちばしの曲がり具合が、焙烙の底のカーブに似ていることから、名付けられたのだろうか。江戸時代の後期に命名されたというが、その理由は分かってない。

姫浜のホウロクシギは、引き潮で新たに現れた干潟に移動してエサを捕っていた。ときおり、ホホーヘーンと大きな声で鳴きながら飛び回っていた。姫浜のような広い干潟にしか立ち寄らないホウロクシギ。干潟を安易に埋め立てることをしてはならない。

（平成一三・四・二七）

イモリ

紫色の尾でプロポーズ

六月の中ごろ、塩江《しおのえ》町安原上東《やすはらかみひがし》で二ホンイモリ（以下、イモリ）の群れを見た。そこは山間の水田で、水底を歩き回ったり泳ぐイモリがよく見えた。

イモリたちは、てんでに動いているように見えたがそうではない。あちこちでオスがメスにプロポーズ（求愛）の最中であった。

しばらくの間、水底を歩き回っている一匹のオスに注目して行動を見ることにした。早速、そのオスがほかのイモリを見つけて泳ぎ寄った。そして、その体に鼻先をくっつけた。残念ながら相手は同じオスだったので、さっさと離れた。

つぎの相手はメスだった。オスはメスの前に行き進路をふさいだ。そして、紫色に色づいた尾を細かくふるわせた。これがオスのプロポーズである。ところが、メスにはその気がなく、オスをふり切るようにして泳ぎ去った。

何回目かの挑戦の末、やっとその気になったメスを見つけた。そのメスはプロポーズを受けて、鼻先でオスの体を軽くつついた。すると、オスは体の向きを変え、紫色の尾を横に折り曲げたまま前進を始めた。その後をメスが追うようにして歩いた。これが結婚の行動で、メスは卵を産めるようになる。

イモリはトカゲに似るがハチュウ類ではない。カエルと同じ両生類だから、愛きょうのある顔つきをしている。オス＝**写真の上側**＝、メス＝**写真の下側**＝ともに腹が赤い。この赤色が「毒をもっているぞ」と、天敵への警告になるらしい。事実、敵におそわれると皮ふから白い液を出す。これが人の眼に入ると、ひりひり痛むから単なるおどしではない。

イモリのプロポーズを見てから二か月たった今月、同じ水田に訪れた。そこに、体長三センチの幼生がいた。あのときの子である。かつては平野にもいたイモリ、今は水のきれいな山間でひっそりと生きつづけている。

（平成一四・八・二二）

コシアカツバメ

コンクリートに巣作る

この時期、ツバメの子育ては終わったが、コシアカツバメ＝**写真**＝は今も巣に出入りしていた。

　八月十六日の朝、コシアカツバメが集団で営巣している塩江《しおのえ》病院（塩江町）を訪れた。鉄筋コンクリート三階建てには、泥で出来た巣が三十六個あった。去年は二十九個だったから増えている。

　巣の多くは、各階に突き出た軒《のき》の天井の隅にくっつけていた＝**写真右上**＝。ツバメの巣のおわん型と違い、徳《とく》利《り》を縦に二つ割りにして天井に張りつけたような形で、細長い横穴から出入りすることが出来る。

　この日、大部分の巣はすでに巣立った後であったが、三個の巣ではヒナを育てていた。餌をくわえた親鳥が、しきりに横穴に飛びこんでいた。その間隔は、二羽の親鳥で平均三分間であったから、かなりいそがしい。

　巣から飛び出た親鳥は、病院北側の山林の上で、羽ばたいたり翼を止めての滑空をくり返して飛び回っていた。このとき、赤褐色の腰が朝日を受けて光っていた。

　親鳥は飛びながら急に方向を変えて宙返りをする。このときが空中に飛ぶ小さな虫をくわえた瞬間だろう。コシアカツバメの餌を調べた報告によると、カ、ハエ、ガ、ゾウムシ、カメムシなどが多いという。

　口の中に餌がたまると、ヒナが待つ巣にもどり、横穴に飛びこむ。このとき、片方の親が巣の中にいるときは、近くに留まったり周りを飛びながら順番を待つから行儀がよい。

　この夏、国道１９３号にかかる橋（三木町小蓑下所《こみのげしょ》）でもコシアカツバメが営巣していた。このように、コシアカツバメはコンクリートのビルや橋などに好んで営巣する。

　これは、大昔に自然の崖に営巣していた名残だろうか。人通りの多いビルや橋は、コシアカツバメの天敵が少ないので、自然の崖よりは安全なのだろう。

（平成一四・八・二九）

ヒキガエル①

強い毒液で敵をたおす

　十年前の夏、仲南《ちゅうなん》町の山奥（標高四五〇メートル）で出会ったヒキガエルは大きかった。体長（口の先から肛門までの長さ）が十五センチはあった。そこは谷間で、近くに二匹のマムシもいたが、ヒキガエルを襲う気配はなかった。

　国内には六種のヒキガエルがいるが、県内にいるのはニホンヒキガエルという。古くより「がま」「ひき」「おんびき」などと呼び親しまれてきた。

　ぼくはヒキガエルを見ると、五十数年前に高松市内の路上で見た「がまの油売り」を思い出す。頭に白鉢巻きをした着物姿の男が、「さあてお立合い。手前ここにとり出したが、それその陣《じん》中膏《ちゅうこう》はがまの油だ。がまといっても、そこにもいるここにもいるというものとは物がちがう。ハハァがまかい、なあんだがまならおれんとこの縁の下、流しもとにゾロゾロいるというお方があるかも知れないが、あれはがまとはいわない……（後略）」と、長々と調子のよい口上をのべながら、刀を抜いて自分の腕に傷をつけ、そこにがまの油を塗りつけて血止めをするなどの演技をして見物人を集めていた。もちろん後で、がまの油入りの膏薬《こうやく》を売りつけていた。

　ヒキガエルは敵に襲われると、眼の後ろにある耳腺《じせん》から乳白色の毒液を出して身を守る。この毒液の成分はわかっていて、敵の体に入ると、けいれんをおこして死んでしまう。

　ところが、この毒液は少量であれば薬になり、中国では古くから「せんそ」と呼び心臓障害の強心剤として使われ、日本では「がまの油」として傷薬になっていた。

　このように毒液をもつヒキガエルを食べる動物はめったにいないにもかかわらず、ヒキガエルは減ってしまった。約五十年前には人家の縁の下や庭の隅にもいたが、今は山や森の中にしかいない。一体ヒキガエルの周りに何があったのか。

（平成一四・九・五）

ヒキガエル②

産卵する池を目指し移動

ぼくは、毎年の二月末ごろに、屋島(高松市)の山にある小さな池へ行くことにしている。ここで、ニホンヒキガエルが周りから集まってきて産卵するからだ。

それまでのヒキガエルは林の中に分散していて、秋の終わりから落ち葉をかき分けた程度の浅い穴で冬眠をしている。

それが、春になり生暖かい雨が降ると、ヒキガエルは冬眠からさめて、産卵する池を目指して移動を始める。足が短くずんぐり体形のヒキガエルは、のそのそ歩きしか出来ないから大変である。

あるとき、山道の側溝《そっこう》に落ちこんで、クックックッ……と鳴いているヒキガエルを見つけた。ジャンプ出来ないのだ。側溝から出られず困っていたので、そのとき、ここにカエル用の階段をつけておくか、道の下に地下道を作っておくと、安全に横断することが出来るだろうと思ったほどだ。

ぶじ、池にたどり着いたメスは、オスに抱きつかれたまま産卵を始める。他のヒキガエルも同時に集まっての産卵だから、大さわぎになる。昔からこれを「かわず合戦」という。

このとき、一匹のメスが産む卵の数は約一万個。それが、直径一センチほどで、数メートルもの長い寒天質のひもに包まれて、池の底に沈んでいるから感動する=**写真円内**=。

それから十日余りたつと、ふ化して真っ黒なおたまじゃくしになって泳ぎ始める。この時期と変態して子ガエルになってからが大変である。毎年、池の周りにハシブトガラスがやってきて、それをねらっている。

秋の季節、親ガエル、子ガエルともに林の中で、別々に生活している。天敵にねらわれることも多いが、人による被害も大きい。

池や川、道路などのコンクリート化、農薬や生活排水で汚れた水などの問題を解消すれば、昔のように家の周りでもヒキガエルに出会えるだろう。

(平成一四・九・一二)

アカアシシギ

日差しに映える赤い足

九月四日の午後のこと。潮が引いた本津《ほんづ》川の河口（高松市）で、県内では数少ないアカアシシギが、一羽だけいた。

広い干潟の中で、全長二十八センチの小さい体だがすぐに見つかった。その名のように足が赤いからだ。赤い足は日差しに映えて、より美しく見えた。

これまでに県内で確認したシギ類三十五種のうち、足が赤いのはアカアシシギとほかに三種はいる。どうして、アカアシシギの足は赤いのか。

わたしたちの周りには赤い色が多い。郵便ポスト、消防自動車のほか看板にも赤い色をよく使う。赤い色は目立ち人の注意をひく。

もちろん、アカアシシギの赤い足は、人の注意をひくためではない。しかし、アカアシシギにとって何か重要な意味があるはずだ。

一般にシギ類は、くちばしと足が長い。これは砂浜や浅瀬で餌をとるのに適している。アカアシシギも、そのようになっている。

とにかく、赤い足のなぞに迫るためには、その行動を見ることが一番だ。アカアシシギは、干潟の水際を走り回りながら餌を探していた。そして、獲物を見つけると追いかけてついばむという具合だった。この行動は、ほかのシギ類よりもスピード感にあふれ激しく見えた。

その結果、多くの小動物をとったが、十センチほどのエビを見つけて、てこずりながら仕留めたのは見事だった＝**写真円内**＝。

そのとき思った。浅瀬にひそんでいたエビは、突然にバタバタと動く赤い足に驚いて飛び出したところをアカアシシギに見つけられたのではないかと。

つまり、浅瀬にひそむ獲物をより効果的に追い出すために、よく目立つ赤い足に進化してきたのではないか。しかし、この真相を解くには、より多くの観察と実験をくり返さなければならない。

（平成一四・九・一九）

ミゾゴイ

ひっそり山奥に生きる

今、絶滅が心配されているサギがいる。ミゾゴイというサギで、その数は極めて少なく、全国で千羽未満とも言われている。

この鳥は山奥の林でひっそりと繁殖し、昼間は開けた里には出ず、しかも夜間に活動するから人目につきにくい。

そのミゾゴイが、今年の六月に三木町の山奥にいた。そこは広葉樹が茂る薄暗い谷底で、そのうちのフサザクラという木の枝に巣をかけていた。

小枝を皿型に集めた巣には四羽のヒナがいた＝**写真**＝。ヒナたちは、首をまっすぐに伸ばしたまま不動の姿勢。警戒するときに、相手の目をはぐらかす擬態《ぎたい》という行動だ。ヒナの頭に白い幼綿羽が残るものの親鳥ほどの大きさになっていた。あと十日ほどで巣立つことが出来るようだった。

ミゾゴイは、漢字で溝五位と書く。五位はサギのことで、溝にすむサギの意味になる。江戸時代のある本に、溝五位は常に田や沼に流れる小川にいたと記している。

それほどいたものが、なぜ数少なくなり山奥だけにしか見られなくなったのか。その原因を知る手だての一つとして、三木町で巣をかけた場所の環境を見ることにした。

そこは、常に水が流れる渓流があり、それに沿って広葉樹が茂っていた。林の中は、湿気が多く、土も湿っていた。このような所は、ミゾゴイの餌になる小動物が多い。

試しに落ち葉をのけると、三十センチもあるシーボルドミミズが数匹いた。また、タゴガエルも飛び出てきた。今、山の谷間でも乾いた所が多くなり、ミゾゴイもすみにくくなった。

このとき、巣の近くで天敵のハシボソガラスがいた。この巣でも小さいヒナが一羽奪われたほどだった。昔よりも多くなったカラスもミゾゴイの生存を脅《おびや》かしている。

（平成一四・九・二六）

タマシギ

なぜ父親だけの子育て

残暑のきびしかった九月三日、財田《さいた》町のある水田で、タマシギの父親が一羽のヒナを連れて餌を探していた＝写真＝。

普通、タマシギの父親はヒナを四羽連れているはず。たった一羽はおかしい。ふと、隣の水田に二羽のハシボソガラスがいた。さては、これにヒナがやられたのかなぁ？

この親子にもう一つの不安があった。その水田のあぜは、土ではなくコンクリートだった。巣立ったばかりの飛べない小さなヒナは、コンクリートを越えてほかの安全な草むらへ行くことが出来ないからだ。

もうお気付きでしょう。タマシギは父親だけで子育てする。そのいきさつを要約すると、最初にメスがオスに求愛して結婚する。次にオスが主役で巣を作る。そこに母親が卵を産みこみ去ってしまう。後に残った父親が卵を抱いて温める。二十日ほどでふ化し、ヒナは半日のうちに巣を出て、父親に付いて歩きながら餌をもらい育てられるというもの。

一般の鳥の子育ては、主役が母親だから、タマシギの場合は全く逆である。

そのため、体の色も一般の鳥の逆になる。父親は全体に黄褐色で地味に見えるが、母親＝写真円内＝は赤褐色と暗緑色の派手な色合いという念の入れようである。

さて、タマシギはなぜ父親が子育てをするのか。もともと、タマシギは餌が多い水辺で繁殖をする習性がある。しかし、水辺は常に水かさが変化したり天敵も多い危険な所でもある。そのために春から秋までの繁殖期間中に、何回も産卵して子育てをする必要がある。実際に、母親は五回も産卵し、父親は日日《ひにち》がかかる子育てを三回ほどするという。

そんなわけだから、母親は産卵が終わるとすぐに新しい父親を見付けなければならない。また、父親だけで子育てしなければならない。この際立つ分業が、タマシギの生き残り作戦である。

（平成一四・一〇・六）

フクロウ

ペリットで分かる獲物

二年前の七月一日午後、高松地方で激しい夕立があった。そのとき、多肥《たひ》上町《かみまち》の溝渕昭七《みぞぶちしょうしち》さんから電話があった。三木町池戸《いけのべ》の八幡神社の社そうで、フクロウの幼鳥が巣立っているという内容だった。

駆け付けて見ると、確かにフクロウの親と二羽の幼鳥がクスノキの枝にいた。幼鳥は親ほどの大きさになっているが、体表には白い幼綿羽が少し残っていた＝**写真**＝。巣立ち後間もない幼鳥は、まだ自由に飛べず、あと数カ月は親がかりが必要だった。

そのクスノキの隣に、アラカシの大木が立っていた。この根元付近に、スズメの頭が転がり、ネズミの毛らしいものも散らばっていた。フクロウの仕業に違いない。長さ四センチほどで長円形のペリットも落ちていたからである。

フクロウは、小鳥や野ネズミなどの獲物を丸のみする。そのうち、消化されない骨や毛皮は、塊にして口から吐き出す。これをペリットという。このペリットの中身を調べると、フクロウの餌になった獲物の種類が分かるからおもしろい。

一九九四年六月、コウモリの研究で知られる森井隆三《もりいりゅうぞう》さんが、坂出《さかいで》高校の校庭で、九日間に三十六個のペリットを採集した。このとき、校庭にフクロウの幼鳥が二羽住みついていたという。

森井さんは、そのペリットをほぐし、バラバラになっている骨片などから、幼鳥が食べた獲物の種類を調べた。その結果、スズメ、ムクドリ、アカネズミ、クマネズミ、アブラコウモリ、昆虫であったと報告している。

今年の夏も溝渕さんから電話があった。六月に同じ神社で、フクロウが二羽巣立ったという。そこには、巣が作れるような大木が育ち、近くの野山には餌になる小鳥や小動物が生息する自然があるからだろう。

（平成一四・一〇・一二）

ナマズ

長い口ひげがセンサー

九月の末に、春日《かすが》川の中流（高松市川島東町《かわしまひがしまち》）で、エビをすくっていた。水草の根元を目がけて、たも網をサッと入れたら、ナマズが捕れた。

体長が十五センチほどだったから、去年生まれの幼魚である。ちなみに、ナマズは二年で三十センチの成魚になる。その後、五十センチ余りにも成長する魚である。

五十年くらい前だったら、ナマズが捕れても珍しいことではなかった。土と石垣で出来ていた農業用水路をせき止めてバケツで水をかい出して、フナやドジョウなどを捕っていたとき、ナマズも捕れていた。

久しぶりのナマズだから、じっくり見た。触ってみると、体表はすべすべしている。うろこがないからだ。それよりも、ナマズの特徴は何と言っても大きな口と長いひげだ。

大きな口は、カエル、ザリガニ、小魚、水生昆虫などを食べやすい。そして、大食漢を宣伝しているようなものだ。

口ひげは四本あるが、上あごの二本は長く、下あごの二本はそれよりも短い。もちろん、だてにひげを付けているのではない。水底にいるナマズは、水が濁ったときや暗い夜にも、ひげで獲物を感知するらしい。つまり、ひげがセンサー役を果たしているのだ。

ところで、今、ナマズが少なくなったのはどうしてだろう。

魚類学者の片野《かたの》修《おさむ》博士の観察によると、もともとナマズは、大きな川から農業用水路や水田に移動して、産卵し稚魚《ちぎょ》の時代を過ごしていたという。そこは、大きな川よりも天敵が少なく餌も多いからだと説明している。

ところが近年になり、土と石垣で出来ていた農業用水路はコンクリートに変わり、水田もコンクリートで整備されるようになった。

そのような所は、ナマズが産卵のために移動することや住み着くことも難しい。

（平成一四・一〇・二〇）

アカテガニ

大潮の夜、一斉に産卵

「アカテガニが庭に住みついている」という内容の手紙を、丸亀市中津町の大西寛《おおにしひろし》さんから受け取り、十月十日に訪問した。

ところが「十月八日までいたが、九日にはこつ然と姿を消していた」とのこと。大西さんによると、毎年春になると、庭にあるスイレンを植えた水槽に、俗に「アカツメ」と呼ぶカニがたくさん現れる。そして、秋には姿を消すという。その写真をみせてもらったが、確かにアカテガニであった。

アカテガニは、その名のように手（はさみ脚）が赤い。六月から九月までの繁殖期には、甲や足の一部まで赤くなる。海岸近くの林や土手などに巣穴を掘って生活する。昔、高松市の石《いわ》清尾山《せおやま》の中腹、標高一五〇メートルほどの山道でアカテガニを見たが、今はその数が極めて少ない。

大西さんの庭は万象園《ばんしょうえん》に隣接し、金《かな》倉《くら》川の河口から二〇〇メートルくらいの所。アカテガニが住みついても不思議でない。おまけにスイレンの水槽が役立っている。カニが呼吸するために必要な水を補給したり、水につからないと脱皮することができないからである。

さて、大西さんの庭のアカテガニ、どうして姿を消したか。繁殖期のアカテガニは、大潮の夜に一斉に移動して海水につかり放卵する習性がある。しかし、すでに繁殖期を過ぎていることや八日の夜は中潮であったので、どうやら放卵の可能性は少ない。

一方、アカテガニは、気温が二〇度を切ると、巣内に入り越冬することも分かっている。丸亀に近い多度津《たどつ》特別地域気象観測所のデータによると、今秋に入り平均気温が二〇度を初めて切ったのは十月八日であり、一八・八度であった。この情報だけから推理すると、大西さんの庭のアカテガニは、越冬のために巣穴に入り姿を消したことになる。

いずれにしろ、近ごろめっきり減ったアカテガニについて、もっと調べる必要がある。

（平成一四・一〇・二七）

アブラボテ

貝のえらに産卵する魚

県内の川に、二枚貝のえらに産卵するという変わった魚がいる。油をぬりつけたような体色の、アブラボテである。全長六―七センチと小さいが、その行動がおもしろい。

アブラボテは、繁殖シーズンの春になると、オスの全身が黄褐色になる。同時に、鼻先に追星《おいぼし》という白いこぶが出来る＝**写真中央**＝。追星は青春のシンボルである。

そのころ、メスの体も色づき、しりびれの前側に黒い産卵管が伸び始める＝**写真上**＝。

このようになったオスとメスのペア（つがい）の近くには、ドブガイ＝**写真下**＝などの大きな二枚貝が必ずいる。そして、ペアで二枚貝の水管をのぞく行動をするようになる。

メスの産卵管はさらに伸び、尾びれの先に達するように長くなると、産卵は間近い。

決定的瞬間は、オスがひれを細かく震わすことで始まる。すると、メスは産卵管を二枚貝の出水管に差し込み、卵を産みつける。その直後、今度はオスが二枚貝の入水管の入り口に精子をまき散らす。このようにして、二枚貝のえらで受精した卵はふ化し、しばらくはそこで成長することが知られている。

今、アブラボテはもとより二枚貝も、昔に比べると非常に少なくなっている。県内で淡水魚の分布調査を精力的に続けている大高裕幸《おおたかひろゆき》さんは、土器川、綾川、香東川、鴨部《かべ》川などの流域にアブラボテが生息しているものの、その数は極めて少ないと心配している。

本来、アブラボテは、河川のうちで、流れの速い本流よりも、流れのゆるやかな支流や出水《でずい》から流れる農業用水路に好んで生息していた。もちろん、そこでは常にきれいな水が流れている。

近年になり、そのような川の多くは、コンクリートで囲まれたり、流れる水も汚れが目立つようになった。そんな所では、アブラボテや二枚貝は住むことが出来ない。

（平成一四・一一・三）

コイ

なわばりと順位の社会

橋の上から観光客が、ふ（小麦粉で作った食品）を水面に投げると、コイが水しぶきをあげて集まった。水面上に身を乗り出すものもいて、すさまじい争奪戦となった。

十一月の栗林《りつりん》公園（高松市）は、カエデが紅葉し、観光客も多い。とくに、北湖《ほっこ》の梅林橋《ばいりんきょう》と南湖《なんこ》の偃月橋《えんげつきょう》付近はコイが多く、人々の足を止める。ここでは、人が立ち止まるだけでコイが寄ってくる。有名なパブロフの条件反射の実験と同じ理屈だ。

園内の池には、黒いマゴイもいるが、多くは色の美しいニシキゴイである。ニシキゴイは、野生のマゴイから突然変異によって生じたヒゴイを長年にわたって品種改良したものである。今では優れた品種も多く、世界に誇れる魚となっている。

しばらく、群がるコイに見とれていたが、ふと、以前に、冬の毎朝、偃月橋の上から、南湖のコイを見ていた人を思い出した。現在の香川大学名誉教授植松辰美《うえまつたつみ》先生である。

植松教授は、そのことを「科学朝日」（一九五四年）に、「池のコイの社会」という論文で発表している。

それによると、当時の南湖には、コイの群れが八つあり、それぞれになわばりのような占有場所があること。そして、群れをつくる主な要因は、温度であると分析している。

さらに、植松教授は、大型のコイ三十匹ほどの顔を覚え、それぞれにキーダ、ウスハゲ、セグロキ、シロなどと名前をつけて、その行動を追った。そして、それぞれの活動回数、行動範囲、食餌《しょくじ》活動、休息場所、属する群れなどから、大型コイに順位をつけた。それによると、順位のトップはキーダだった。例えば、そのキーダが泳ぐ方向にいるほかのコイは、キーダを避けたという。

栗林公園の池は、ため池や川よりもコイの行動が見やすい。それらをじっくり追うと、さらにコイの社会が見えてくるだろう。

（平成一四・一一・一〇）

タゴガエル

渓流でひっそり生きる

今年の六月二十六日、三木町小蓑《こみの》の人気のない山林で、アカガエル科のタゴガエルに出合った。漢字で田子蛙と書くから、たんぼにいるのかと思われるが、そうではない。

実は、一九二八年に、このカエルを新種として命名した動物学者の岡田彌《や》一郎《いちろう》氏が、両生類学者の田子勝彌《たごかつや》氏に敬意を表して、田子蛙と名付けたものである。ちなみに、世界に通用する学名も「*Rana tagoi tagoi*（ラナ・タゴイ・タゴイ）」と命名した。「*Rana*」はアカガエル、「*tagoi*」は田子氏のことで、「田子氏のアカガエル」という意味である。

話を前にもどし、ぼくがタゴガエルに出合った所は、雨のとき以外は水が流れない小さな渓流であった。そこを歩いていると、積み重なる岩のすきまから「グッグッグッ……」と、低い声が聞こえたので、立ち止まった。その瞬間、いきなり飛び出したので、最初はヤマアカガエルかと思った。しかし、ヤマアカガエルほど大きなジャンプをしなかったので、念のために捕まえた。

よく見ると、体長が四センチほどのタゴガエルだった。下あごから胸にかけて黒褐色の斑点が一様にあり、後ろ足の水かきが他のアカガエルよりも狭いので、それと分かった。

渓流を離れて林内に入ると、落ち葉が積もるくぼ地があった。そこからも二匹のタゴガエルが飛び出した。このカエルは、地上性の昆虫やクモ、カタツムリなどを食べるというから、ここで餌を探していたのだろう。

ほとんどのタゴガエルは、他のアカガエルのように水田や池で産卵しない。渓流の縁の岩のすきまで産卵するので、天敵に食べられることが少なく、卵の数も少なくてすむらしい。

最近、ほとんどのカエルが開発によって住み場所を奪われたり農薬の影響を受けて減っているが、タゴガエルはそんな心配もなく渓流でひっそり生きている。

（平成一四・一一・一七）

鵜飼の主役は冬に渡来

　今年の十一月五日、詫間《たくま》町大浜鴨《かもの》ノ越《こし》は西風が強く、燧灘《ひうちなだ》も荒れていた。このとき沖の海面で、激しく揺れる定置網のブイにとまり翼を広げているウミウを見つけた。この日、四十倍の望遠鏡に映ったのは、この一羽だけであった。

　約三十年前の昭和四十七年一月二十九日、同じ海面で、百羽余りのウミウが、群れになって魚を捕っていた。そして、夜は鴨ノ越の丸山島《まるやまじま》をねぐらにしていた。島の岸壁は、ふんで真っ白になるほどであった。

　ウミウは、県内の海岸に渡来する冬鳥。最近、数が多くなったカワウに似るが、翼がより黒く、顔の模様も違う。潜水してイワシやボラなどの海水魚を捕る。

　魚を捕るのが上手なウミウは、川で行われる鵜飼《うかい》の主役になっている。鵜飼は、かがり火をたいた船で、鵜匠《うしょう》が飼いならしたウミウに魚を捕らせる夜の漁である。

　昔は、全国の河川の百五十カ所で鵜飼が行われていたが、今は少なくなった。岐阜市の長良川《ながらがわ》では、それを見物する観光鵜飼が有名で、海外に知られるほどである。しかし、見物人が乗る観覧船が多いので、ウミウが魚を捕る様子をじかに見ることは難しい。

　去年の八月、福岡県杷木町《はきまち》の筑後川《ちくごがわ》で鵜飼を見物した。観覧船が少ないので、ウミウがアユを捕り、飲み込んだアユを吐き出させる様子をじっくり見た。また、休息するウミウ＝**写真**＝も間近に見せてもらった。

　近年、県内ではウミウの渡来数が減っている。丸山島の岸壁もねぐらに使わなくなった。このことで鴨ノ越の大坪政勝《おおつぼまさかつ》さんは、「以前の丸山島は、夕方になるとウミウが群がっていたが、今はいない。燧灘の魚が減ったためか」と、ポツリつぶやいた。

（平成一四・一一・二四）

モクズガニ

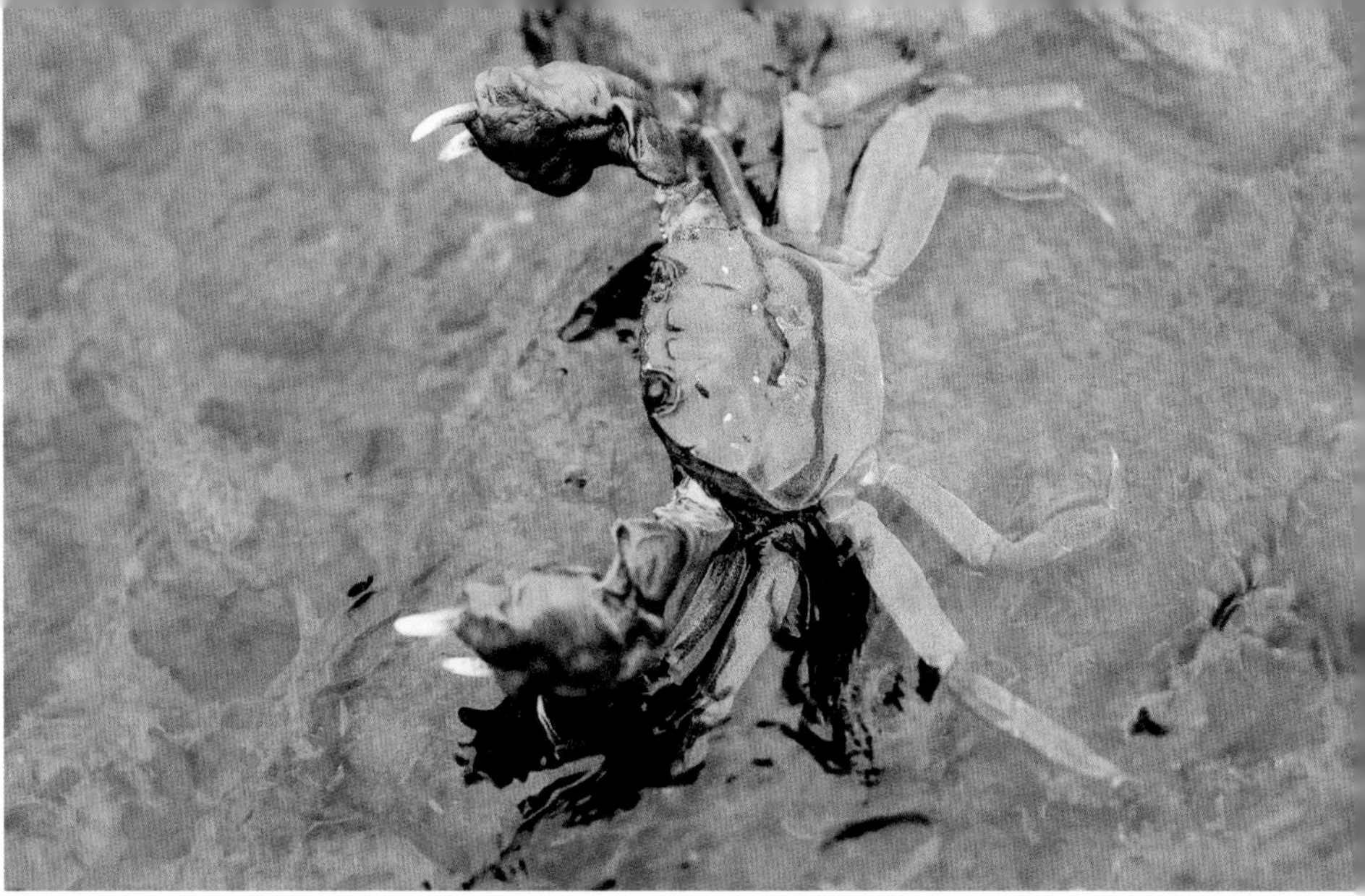

川を下り海までの長旅

十一月十六日の夕方、香東川の中流(高松市檀紙町《だんしちょう》)で、若いモクズガニを見つけた。

水辺で大きめの石を転がしたら現れた。その瞬間、思わず手を引っ込めた。子供のころ、自宅横を流れる用水路で、このカニにはさまれ、痛い目にあったからだ。

モクズガニは、甲幅が八センチにもなる大形の食用ガニ。そのはさみ脚に長い毛が密生し、マフ(円筒状の防寒具)をはめたように見える。毛はメスよりもオスに多く、体をひっくり返して腹の形を見なくても性別が分かる。

ところで、先ほどのモクズガニが、水流に入った。驚くほど速いスピードで、横歩きをしながら泳いで行った。

今の時期のモクズガニは、川を下り海に向かって移動している最中である。モクズガニにくわしい財田町の小野茂登武《もとむ》さんは、数年前より数が減ったが、九月から下り始め、十月ごろがピーク。年が明けて三月ごろまでは続くという。

モクズガニは、川の上流から下流まで広く生息する。秋になると、産卵のために海へ移動する。したがって、県内の上流に住むもののうち、四十キロの長旅をするものがいる。しかし、驚いてはいけない。北海道の石狩川のような長大な川では、百キロ以上も移動するモクズガニがいる。

河口に着いたメスは、オスと交尾し、卵を腹に抱えたまま海で暮らす。そして、翌年の春に河口に集まると、卵がふ化して幼生になる。それが成長して子ガニになり、川をさかのぼるようになる。

小野さんは、夏のころに財田川の中流をさかのぼる子ガニを見続けてきたが、最近はその数が減ったという。親ガニの川下りも大変だが、子ガニの川のぼりは障害が多く、さらに大変だ。モクズガニとしては、自然のままの川が良いに決まっているからだ。

(平成一四・一二・一)

スッポン

鼻がシュノーケルの役

今年の十月二日、栗林《りつりん》公園（高松市）の群鴨池《ぐんおうち》で、甲羅《こうら》が楕円形のカメが泳いでいた。まぎれもなくスッポンだった。ここでは、少しのクサガメと最近多くなったミシシッピアカミミガメがいるものの、スッポンを見ることはめったにない。

スッポンは、首を長く伸ばし、四本の足を軽々と動かして泳ぎ、岸にたどり着くと岩の上で甲羅干しを始めた。

望遠鏡で見ると、首を縮めて頭を少し出した表情がおもしろい＝**写真**＝。意外に小さな目が上向きに付く。そして、口の先に突き出た管状の鼻は、他のカメには見られない。

おもに、水中で生活するスッポンは、長い首を伸ばし、鼻を水面上に出して呼吸するので、このような形になったのだろう。まるで、シュノーケルを付けているようだ。

四本の足には、大きな水かきがある。他のカメより速く泳げるわけである。さらに、どの足にも三本の鋭いつめがあるが、獲物を押さえつけたり、水底を掘って潜り込むために役立つのだろう。

いずれにしても、伸び縮みする長い首、上向きに付いた目、管状の鼻、水かきと鋭いつめのある足などは、水中生活をするために進化した結果といえる。

少し前になるが、平成十二年八月二十六日、津田川の中流で魚の調査をしていたとき、甲長三センチ余りのスッポンが網にかかった。当年生まれの子ガメだが、赤みがかった体色で、かわいらしい姿だった。

十一月の末、再び群鴨池を訪れた。水面や水辺を望遠鏡で見たが、スッポンはもとよりミシシッピアカミミガメも姿を消していた。水底の泥の中に潜ったり、水辺の穴にかくれて、冬眠をしているのだろうか。

その代わりに、冬鳥のマガモたちが訪れ、にぎわうようになった。

（平成一四・一二・八）

マミチャジナイ

冬日和に光る橙色の胸

十一月二十九日の朝。冬日和《ふゆびより》の栗林《りつりん》公園（高松市）では、カエデの紅葉が終わり、園丁《えんてい》さんたちが大量の落ち葉を掃き集めていた。

そのとき、北庭で、葉をすっかり落としたサクラの枝に、橙色《だいだい》に光るものを見た。一瞬、散り残った葉かなと思ったが、双眼鏡に映ったのは、マミチャジナイであった。

めったに出会えない鳥だから、ぼくの体に熱い血が流れた。その間、数秒。マミチャジナイは飛び立って木立の茂みに消えた。

マミチャジナイは、ツグミやシロハラなどと同じツグミ科の鳥。胸と脇の橙色が目立つが、白い眉斑《びはん》（目の上側につく模様）が決め手になる。

秋に、シベリア東南部から東南アジアへ渡る途中、日本各地の明るい林に立ち寄る。そのうちの少数は西日本で冬越しするらしい。

栗林公園のマミチャジナイに話を戻そう。もう一度じっくりと会いたくなり、続けて二日間、同じ所に行ったが姿なし。三日目の十二月二日、今日も駄目かと帰り支度をしていると、マツの枝から芝生に降りた鳥がいた。三日前に見たマミチャジナイだった。ぼくの体に再び熱い血が流れた。

そのマミチャジナイは、芝生の上を足早に歩き始めた＝**写真**＝。数歩ずつ歩いては立ち止まるというツグミ科独特の歩き方である。止まった所で、芝生の地面をつつく。

突然、それよりもやや大きなシロハラが走り寄って、マミチャジナイを攻撃したが、二羽とも飛び去った。

待つこと五分。マミチャジナイだけが戻ってきた。そして、歩いては立ち止まる行動を二十分間も見せてくれた。

それから四日目の十二月六日、香川大学の野外実習で学生たちと同じ所を歩いたが、マミチャジナイの姿はなかった。茂みの中に隠れていたのか。それとも、南の国に渡って行ったのか。

（平成一四・一二・一五）

ニゴイ

コイに似るがキツネ顔

ことしの十月十二日、財田《さいた》川の中流（財田町財田中《なか》の林明《はいみょう》）で、ニゴイの群れがいた＝**写真**＝。

川に沿う道路から見ると、体長三十センチ余りのものが数匹、流れに向かい静止していた。その間を、当年生まれや生後一年の幼魚などが、うろこを輝かして活発に泳いでいた。

そこは、水深が一メートル前後の淵（流れのゆるやかな深い所）で、川底は砂れきで敷きつめられていた。ニゴイは、そのような環境が好きな魚である。

ニゴイは、漢字で似鯉と書く。コイに似ている意味である。しかし、一見似ているが、体はコイよりも細長い。さらに、吻《ふん》（目より前の部分）が長いために、キツネ顔に見える。背びれや尾びれの形も、コイとは違う。

また、ニゴイの幼魚＝**写真左下**＝には体側に黒い斑点が一列に並んでいるが、コイの幼魚にはそれがない。

現在、ニゴイは県内の大きな河川の中流や下流に生息している。しかし、ニゴイのことを知っている人は、案外少ない。

実は、日本の本州、四国、北九州で、昔からいた魚である。江戸時代、将軍に仕えながら動植物の図譜《ずふ》の制作を精力的に行った毛利梅園《もうりばいえん》という人がいた。その作品のうちの「梅園魚譜《ぎょふ》」に、ニゴイの精密な図と生態の説明文がある。そして、その肉の味はコイに似るとも書かれている。実際、ニゴイは小骨が多いが、肉質は良く、塩焼、天ぷら、空揚げなどの料理にして食べられる。

その説明文の最後に、「乙未《きのとひつじ》八月八日」に写生したと書いてある。「乙未」は、一八三五年にあたるから、ニゴイは昔からいた魚である。

最近の研究によると、ニゴイは水質の汚濁や富栄養化に強い魚という。近ごろ、ニゴイをよく見るようになった。もし、水質の変化が原因とすれば、心配になる。

（平成一四・一二・二二）

ミヤコドリ

器用に貝の殻をこじ開ける

「冬は寒いのが当たり前や。いや、その方がよい」と言うと、「えっ、どうして」の声が返ってくる。過去の例をみると、寒い冬は珍しい鳥が現れる率が高いからである。

　理由はともかく、そんな思いをしていた矢先、平成十四年十二月十五日の正午過ぎ、与田《よだ》川の河口（大内《おおち》町）で、一羽のミヤコドリに出会った＝**写真**＝。

　ミヤコドリまでの距離は三十メートル。白と黒のコントラストが鮮やかなニワトリ大の体に、真っ赤なくちばしが付くから、すがすがしい美しさである。しかも、めったに見られるものでないから、背中がぞくぞくする。

　ミヤコドリは、夏にカムチャツカ半島や東アジア北部で繁殖し、冬は南方へ渡る。日本では、ごく一部が立ち寄る。

　さて、くだんのミヤコドリは、潮の引いた波打ち際を歩きながら、くちばしを砂れきに差し込んで餌を探していた。

　そのうちに、獲物を探り当てた。立ち止まって何回かつついていたが、くちばしを上げた。なんと、アサリの殻のすき間に、くちばしを差し込んでいるではないか。次の瞬間、砂れきに押し付けた。細かいことは見えなかったが、このときアサリの身をつまみ出して飲み込んだようだ。

　器用な食べ方をするものだと感心しつつ、望遠鏡でくちばしを見た。その秘密は、くちばしの形にあった。全体に太目であるが、先端が鋭くとがっている。まるで、大工さんが使う太いきりのようだ。これを二枚貝の殻の間に差し込むと、わけなくこじ開けることができる。堅いカキの殻をこじ開けるという報告も多いほどだ。

　ミヤコドリは、二枚貝を捕るのが専門。しかし、与田川河口では、カニとゴカイも捕った。四十分後、餌探しをやめた。あと、羽づくろいをして、ピピッと数声鳴きながら、海岸に沿って飛び去った。

（平成一五・一・一二）

ルリビタキ②

色鮮やかな「動く宝石」

今年の「成人の日」は、春を思わせる陽気であった。この日、四国八十八札所第八十一番の白峯寺《しろみねじ》では、お遍路さんがひっきりなしに訪れていた。

駐車場から山門に向かう途中、ふと、右の方を見ると、岩盤に一羽の青い小鳥が留まっていた。

一目でルリビタキのオスと分かった。頭、背、尾は、るり青色で、脇がオレンジ色だったからである＝**写真**＝。

ルリビタキは、岩はだを小刻みに飛んで移動していた。留まったとき、尾羽をぴくりと下げては、ぴりぴりとゆさぶる。それらの動作は、まるで、「動く宝石」のようだった。

何分たったか、ルリビタキは岩盤上に達し、ヒッヒッと低く鳴いて一直線に飛び、境内の茂みに消えた。

山門をくぐり、頓証寺《とんしょうじ》に参拝し、勅《ちょく》額門《がくもん》右手から急な石段を登っていた。九十二段を半ば過ぎたとき、目の前に、ルリビタキのメスが現れた。メスは、尾の一部だけが青色で、頭と背はオリーブ褐色という地味なもの。脇はオスと同様にオレンジ色だから、他の鳥と区別しやすい。

メスは石段に落ちている草の実をついばんでいたが、大勢のお遍路さんが石段を登ってきたので、茂みに飛び込んでしまった。

ルリビタキは、冬の間だけ、平地や低山のよく茂った林で過ごす。そこには、餌になる昆虫やクモなどの小動物、草木の実が多いからである。

そして、春から夏にかけて、亜高山の針葉樹林で繁殖する。四国では、剣《つるぎ》山《さん》（徳島県）や石鎚山《いしづちさん》（愛媛県）が知られている。

とくに、石鎚山では頂上のすぐ下側にあるシコクシラベの林で繁殖し、そこでオスの「ヒョロヒュルルリッ」というテンポのよい明るいさえずりが聞こえる。そのさえずりは「ルリビタキだよ」とも聞こえるから楽しい。

（平成一五・一・一九）

ミヤマガラス

広い農耕地で集団生活

毎年、秋になると、観音寺市柞田町《くにた》から大野原町にまたがる三豊《みとよ》干拓地に、ミヤマガラスが群れで渡ってくる。そして、広大な農耕地で越冬し、三月には去って行く。

ミヤマガラスは、普通どこにでもいるハシボソガラスやハシブトガラスに似ているが、形態や習性は異なっている。しかし、よほど慣れていないと識別しにくいので、比較的分かりやすい特徴を挙げてみたい。

第一の特徴は、くちばしが細くとがり、白っぽいことである。とくに、若鳥以外は、そのつけ根の皮ふが露出しているので、さらに白っぽく見える。

第二の特徴は、カラスだから体全体が黒いが、ミヤマガラスは青みがかった黒色に見えることである。ただし、太陽の光がまともに当たらないと分かりにくい。

第三の特徴は、ミヤマガラスは常に大きな群れで行動することだ。他のカラスは、昼間は少数で行動しているので、見分ける目安になる。

去年の十二月二十二日、三豊干拓地のほぼ中央の畠で、百十羽のミヤマガラスが、一塊になって餌を捕っていた。

ゆっくりと歩いて五十メートルまで近づいたとき、一羽が舞い上がった。続いて、次々と舞い上がり、群れになって上空を旋回した後、二百メートルほど離れた畠に舞い降り、そこで餌を捕り始めた。数十分ほどして、次に移動するときも、やはり群れで行動していた。

ミヤマガラスは、夏の間、中国の北部やロシアで繁殖をし、主に朝鮮半島や九州で冬越しをするという。世界最大のツルの越冬地といわれる鹿児島県出水《いずみ》市では、ツルの群れに混じりミヤマガラスの大群が越冬している。

四国では、二十年前に愛媛県東予市で初めてミヤマガラスが現れ、その後、三豊干拓地にも毎年渡来するなど、四国各県の広い農耕地のある所に分布を広げている。

（平成一五・一・二六）

ミコアイサ

純白な体が巫女を連想

池の真ん中で、冬日を受けて白く光る粒が水面を滑って移動し、ぱっと消えた。しばらくたち、約百メートル向こうの水面に、粒の正体が現れた。ミコアイサのオスであった。

ミコアイサに気付かれないように、池の堤に身を伏せたまま見ていると、こちらに向かって泳ぎ、頭からすっぽり潜った。

一月二十一日の朝、丸亀市郡《ぐん》家《げ》町の宮池《みやいけ》に、ミコアイサが十五羽もいた。そのうち、体の白いオスが九羽、頭から首にかけて茶色のメスが六羽であった。この数は、県内では多い方である。

警戒心が強く、人影が見えると、泳いだり飛んだりして遠くに離れるのがミコアイサの習性。だから、堤の上で腹ばいになり、動かずに待つしかない。

こちらに向かっているオスは、何回か潜っては泳ぎ、三十メートル手前まで近付いた＝**写真**＝。まず、純白な体のうち、目の周りの黒色が目立つ。まるでパンダ顔だ。そのほかに、頭の後ろ、背の黒色も見える。胸の横に、二本の黒線もある。

そのとき、何かを飲み込むしぐさをした。おそらく、水中で小魚をくわえたまま浮き、飲みなおしていたのだろう。ミコアイサの主食は、小魚や水生昆虫だからである。

ミコアイサは、おもにユーラシア大陸の亜寒帯で繁殖し、秋に渡来してくるカモのなかま。ミコアイサを漢字で巫子秋沙と書く。全身が白いことから、神につかえる女性の巫女《みこ》（巫子）を連想したのだろう。秋沙《あいさ》は、秋に訪れるカモの意味である。

名の由来はともかく、ミコアイサは小魚が多い広い池や湖にやってくる。宮池のミコアイサは、近くの池を行き来している。これらの池は、ミコアイサにとっては、一つの広い池に見え、安全で餌も多い魅力ある越冬地になっているのだろう。

（平成一五・二・二）

オオハム

大型の海鳥が池に出現

いやはや、こんなことは滅多にない。一月二十一日の昼前、丸亀市郡家《ぐんげ》町の宮池の堤を歩いていた。そのとき、突然、目の前数メートルの水面に、大きなオオハムがぽっかりと浮き上がったからである＝写真＝。

一瞬、目を疑ったが、反射的に体が動いてカメラのシャッターを切っていた。

オオハムは、悠然と泳いでいる風に見えたが、数秒後に頭からすっぽりと潜った。待つこと約四十秒、今度は遠く離れた池の中央に浮いた。突然のことで、オオハムもよほど驚いたのだろう。

実は、その二日前の一月十九日、知人からの情報により、三木町の山大寺《やまだいじ》池で、別のオオハムを見たばかりだった。

そのときは、朝から小雨が降っていた。そのなか、カモよりも大きなオオハムが、百五十メートル先の浅瀬で水浴びをしていた。その後、念入りに羽づくろいをした。それが終わると、対岸に上がり、片足を投げ出し白い腹を見せたまま座り込んでしまった。

そのオオハムは一時間ほど休んだ後、水に入り泳ぎ始め、池を横断して、ゆるの近くで潜り始めた。何回も潜水していたが、一回の潜水時間は三十秒くらい。潜ったまま捕えた魚を飲み込んでしまうのか、その大きなくちばしに魚の姿はなかった。

オオハムは、シベリア北部やカムチャツカ半島などで繁殖して、冬はやや南下して日本などで過ごす数少ない渡り鳥。

おもに海上でイカナゴやイワシなどを食べるが、ときには湖や池に訪れてコイやフナなども捕るという。

翼を広げると百二十センチ、体重が一・五キロもある大型の鳥だから、よく目立つ。

オオハムが現れた宮池と山大寺池の共通点は何だろう。そこでは、餌になる魚類が多く住んでいるに違いない。

（平成一五・二・九）

ウミアイサ

パンク・ヘアで驚かす

一月末の晴れた日、仁尾《にお》町家《いえ》ノ浦《うら》の海面に、ウミアイサが三羽いた。それぞれは、しきりに水中へ潜って、魚を捕る最中だった。

水面に浮き上がると、頭の長い羽毛（冠羽《かんう》という）が、いやが応でも目に付く。イングランドのサッカー選手デビット・ベッカムの髪よりも長い。近ごろの若者に見られるパンク・ヘアと言ったところか。

三羽のうち、二羽がオス＝写真＝、一羽がメスだが、互いに近付いたり離れたりしていた。

オスの体は、黒と白のコントラストが鮮やか。その上、赤くて長いくちばしも目立つ。泳いでいるとき瞬間的に見せる足も赤い。

それに対してメスの体は、茶色と灰褐色の地味な色合いである。しかし、冠羽があることや、くちばしと足が赤いのは、オスと同じである。

ところで、なぜ、ウミアイサにパンク・ヘアみたいな冠羽があるのか。同じカモ類のカワアイサのメス、ミコアイサ、キンクロハジロなどにも冠羽がある。そのいずれも、潜水して魚を捕る習性の持ち主。

そんなことを思いながら、ウミアイサの行動を見ていた。ウミアイサは、頭からすっぽり潜ると、二十秒くらいで数メートル先の水面に浮く。そして、すぐに潜る。その繰り返しで、ほぼ同じコースを周回していた。その辺りには、餌になる魚が多いのだろう。

海の中は見えないが、ウミアイサが魚を捕る場面を推理してみた。ウミアイサは、赤いくちばしを突き出して、冠羽をなびかせながら、翼と赤い足を動かして、猛スピードで水中を進む。

その行く手で出くわした魚は、ウミアイサが恐ろしい怪物に見えた。あわてふためき逃げまどう内に、ウミアイサの鋭いくちばしにかかった。と、いった具合だが、果たして、冠羽に魚を驚かせる威力があるのか。

（平成一五・二・一六）

トラツグミ

落葉をはね飛ばして餌探し

風も吹いていないのに、落ち葉が動いた。「はて」と思い、目をこらして見ると、トラツグミ＝写真＝が、くちばしを左右に振り、落ち葉をはね飛ばしていた。

一月二十四日の朝、紫雲山《しうんざん》に隣接した栗林《りつりん》公園（高松市）は、時雨《しぐれ》もようだった。そこは、クスノキやアラカシなどが茂り、地面に落ち葉が積もっていた。

トラツグミが、落ち葉の下にある黒くて丸いものをくわえた。双眼鏡で確かめると、熟して落ちているクスノキの実であった。冬季のトラツグミは、植物質の餌も食べるようだ。

繁殖期にあたる春から夏のトラツグミは数百メートル以上の山地に住むが、冬は低山や平地の雑木林を漂行する。おもに、地上で行動するので、体の色が落ち葉に似た黄褐色のトラ模様でカムフラージュしている。

ぼくは、トラツグミで忘れられない思い出がある。一九七三年五月十一日、友人と大滝山《おおたきさん》（塩江《しおのえ》町）の山頂に近い道（標高八百メートル）を歩いていた。昼食をとるために、アセビの木陰で弁当を開いた。そのとき、何気なく見上げると、コケと枯れ葉などで出来た巣があった。その中に、四羽のヒナがいた。

急きょ、そこを離れて遠くから双眼鏡で見ていると、くちばしいっぱいにミミズをくわえたトラツグミの親がやってきた。

ヒナにミミズを与え終わった親は、近くで落ち葉をはね飛ばしてミミズを捕っていた。ミミズをくわえたまま、次々にミミズを捕ることが出来る器用な鳥である。

トラツグミは繁殖期になると、夜間や夜明けに、ヒーヒーと不気味な声で鳴くことで、昔から知られている。

あと一カ月もすると、その季節になる。栗林公園にいたトラツグミも山へ帰り、落ち葉をはね飛ばしながら子育てをするようになるだろう。

（平成一五・二・二三）

ズグロカモメ

世界的に数少なく貴重

　このところ雨の日が多い。二月二十三日午後も雨上がりのどんよりした天気だった。

　そのとき、春日《かすが》川河口（高松市木太《きた》町）の浅瀬では、七十羽余りのカモメ類が翼を休めていた。その多くは小型のユリカモメで、中型のカモメもいた。ところが、その間近に二羽のズグロカモメ＝**写真**＝がいたから、俄然《がぜん》楽しくなった。

　何せ、ズグロカモメは、世界的に数少なく、五千羽位しかいないと言われる貴重なカモメだからだ。したがって、環境省もこの鳥を絶滅危惧Ⅱ類（絶滅の危険が増している種という意味）に指定しているほどだ。

　ズグロカモメは秋に渡って来て、春に去る冬鳥。同じ冬鳥のユリカモメに似ているが、それよりも一回り小さい。また、ユリカモメの赤くて長目のくちばしと違い、ズグロカモメのそれは黒くて短い。

　しばらく見ているうちに、おもしろいことに気付いた。ズグロカモメは、ユリカモメの群れの中に混じることなく、その端か、少し離れた位置で休むことだ。つまり、ユリカモメとは「つかず離れず」という関係らしい。

　翌二十四日の午後、ズグロカモメはそこにいなく、五百メートル離れた新《しん》川《かわ》河口の干潟にいた。やはり二羽で、歩きながら好物のカニを捕り食べていた。そのときも、八十羽余りのユリカモメの群れと「つかず離れず」であった。

　それから四日後の二十八日、干潟よりやや上流で、同じと思われる二羽のズグロカモメが水面上を軽快に飛び回り、ダイビングをくり返しながら餌（小魚など）を捕っていた。そして、約十分後、二羽とも休息のために潮止《しおどめ》堰《せき》に降りたが、そこは先客のユリカモメ八羽の群れの端っこであった。

　県内には、豊浜《とよはま》町の姫浜《ひめはま》付近にもズグロカモメが渡来している。このように局地的に生息する理由は、一体何だろう。

（平成一五・三・九）

カモメ

頭や首に灰褐色の斑点

カモメを見ると、つい、口ずさむ歌がある。「かもめの水兵さん　ならんだ水兵さん　白い帽子　白いシャツ　白い服　波に　チャップ　チャップ　うかんでる」

もちろん、これは「かもめの水兵さん」の歌詞。昭和十二年、童謡歌手の河村順子さんが歌ったレコードが発売され、ヒットした。

この「かもめ」は、何という名のカモメか。歌詞だけからは分からない。おそらく、カモメ類の全体を指しているのだろう。

カモメ類は、日本では二十種。そのうち、県内に渡って来るものは七種である。

県内には、ユリカモメ、ウミネコが多く、次いでセグロカモメがまあまあ。そして、カモメ、オオセグロカモメは多くない。ズグロカモメ、ミツユビカモメは極めて少ない。このように、カモメ類の中には、カモメという名のものもいる。

そのカモメが、二月二十三日の午後、春日《かすが》川河口（高松市）で、二十二羽もの群れでいた＝**写真**＝。ここでは、カモメのほか、ユリカモメ五十羽、ズグロカモメ二羽とともに、浅瀬に立ったまま休んでいた。

カモメは、夏にユーラシア大陸の亜寒帯や寒帯で繁殖し、冬は暖かい日本などで過ごす。したがって、県内では十一月から五月上旬までに見ることが出来るが、探すのに少々ばかり苦労する。三月十四日豊浜《とよはま》町の姫浜《ひめはま》で、セグロカモメに混じって、たった一羽でいたほどであった。

この鳥は、くちばしと足が黄色で、体全体は白っぽいが頭や首に灰褐色の斑点がある。しかし、春になって北国へ渡るころには斑点が消えて白くなる。

カモメに限らずカモメ類は、それぞれに体の特徴はあるが、全体には白っぽく見える。そうだから、「かもめの水兵さん」では、帽子、シャツ、そして服も白くなったのだろう。

（平成一五・三・二三）

ベニマシコ

ヨモギの果実も大好物

このところ、春本番となり、三月十四日の土器川生物公園（丸亀市）では、すでにウグイスやヒバリが盛んにさえずっていた。

そのとき、雑木林のへりで、アキニレの枝に留まり、ちょこまかと動くベニマシコのメスを見付けた。その近くに、もう一羽のメスもいた。

数分後、二羽そろって飛び立ち、五十メートルほど離れた河川敷に降りた。そこは、ヨモギが一面に生え、枯れた茎が林立していた。

ベニマシコは、ヨモギの穂に留まったまま、その果実を食べ始めた＝**写真**＝。丸味のある短いくちばしで、一粒ずつついばんでは、もぐもぐという食事ぶりが続いた。

この時期のヨモギは、株から新しい葉が出ているものの、去年の秋に熟れた果実が穂にたっぷり残っている。冬の間のベニマシコは、イネ科やタデ科など草の果実、ノイバラなどの木の果実も好んで食べる。

ところで、ベニマシコという変な名前だが、漢字で紅猿子と書く。紅《べに》は赤色、猿子《ましこ》はサルの意味である。この鳥のオスの体色が、サルの顔のように赤いことから、この名前になった。しかし、メスの体には赤色はなく、別の鳥のように見える。

土器川生物公園で二羽のメスを見付けて以来、ここで三日間オスを探したが、残念ながら見ることは出来なかった。

ベニマシコは、夏の間おもに北海道で繁殖をする。そして、秋から翌年の春まで、本州、四国、九州などに渡って冬を過ごす。県内では、土器川や香《こう》東《とう》川などに沿う雑木林や、大滝山《おおたきさん》（塩《しお》江《のえ》町）大川山《だいせんざん》（琴南《ことなみ》町）などの山頂に近い雑木林に生息する。

したがって、今ごろのベニマシコは、サクラの開花前線と共に北上している最中であろう。そして、次の冬も土器川生物公園で再会したいし、そのときに赤いオスも訪れてほしいと願っている。

（平成一五・四・六）

サンショウウオ

氷河期からの生き残り

二月中ごろの寒い朝、財田《さいた》町の山間で、腹がへこんだサンショウウオと出会った＝**写真**＝。

近くの水たまりに、バナナの形をした卵のうが二つあった。卵のうは透明で、中に数十個の卵が見えた。腹のへこんだサンショウウオが産んだものらしい。

早速、親の体を調べた。全長十センチ、体重五グラム。長い尾のへりが黄色い特徴から、カスミサンショウウオという種類だった。

一口にサンショウウオと言っても、日本には二十種類もいて、世界的にみて多い。県内ではカスミサンショウウオのほかにオオダイガハラサンショウウオというのもいる。

サンショウウオは、寒い氷河期に栄え、地球が暖かくなるにつれて生息場所がせばめられた。だから、今でも涼しい山間や高山にすみついている。また、寒い冬に産卵するのも氷河期の名残だろう。

それにしても、なぜサンショウウオという名前になったのか。

まず、「サンショウ」は、植物の山《さん》椒《しょう》のようなにおいがするからという。四十四年前、広島大学理学部で、全長七十センチもあるオオサンショウウオを研究用に飼育していた。当時、ぼくは川村智次郎教授に餌やりを頼まれた。そのとき、体に触ると山椒のにおいがしたのを思い出す。しかし、カスミサンショウウオは、そのようなにおいはほとんどない。

また、「ウオ」は魚の意味。昔の人は、水辺にいたので魚にしたのだろうが、カエルと同じの両生類である。

県内のカスミサンショウウオは、山間に生息している。産卵後は林の中へ移動して、がれきや落ち葉の下で、ひっそりいるので、見付けにくい。

最近は山間まで開発されるようになり、カスミサンショウウオが少なくなっている。

（平成一五・四・二〇）

オオタカ

鋭い顔つきの森の王者

四月上旬、塩江《しおのえ》町の林道で腰を下ろして休んでいたときだった。突然、大きな鳥が、前方を横切り林の中に消えた。その方向に双眼鏡を向けると、なんとオオタカがコナラの枝にとまっていた＝写真＝。

その瞬間、ぼくの胸は躍った。鋭い顔つきは、さすがに森の王者。見つめられると、体がすくみそうだ。三十秒ぐらいたったか、音もなく林の奥へ去った。

オオタカは、カラスぐらいの大きさの猛禽類《もうきんるい》。背側は濃い灰色であるが、腹側は白色に黒褐色の細かい線が並んでいる。最初、飛んでいるときに、白っぽく見えたのは、腹側を見たからだ。

また、この鳥は幅の広い翼と長い尾をもつ。これは、林の中をすばやく飛び回り、獲物を急におそいかかれるように、うまくできている。

彼らは、森の中や山間の農地などで獲物を捕る。獲物は、主にキジ類から小鳥までの鳥類であるが、リスやノウサギなどの哺乳類も捕る。そのためには、鋭い眼、鋭いくちばし、頑丈な足などを武器にすることは言うまでもない。

狩りが上手なオオタカは、昔から「鷹《たか》狩り」の主役でもあった。鷹狩りは紀元前一二〇〇年ごろからアジアで行われていた。日本では三五五年にキジを捕らせて仁徳《にんとく》天皇に献上したのが初めという。その後、平安、室町、安土桃山の各時代にも盛んであったが、江戸時代の八代将軍吉宗のころが最盛期であった。このような鷹狩りも現在は廃止されている。

今、日本の自然環境は、昔ほどよくない。森にすむ動物が減っている。それらを餌にするオオタカも減っている。森の王者もピンチに立っている。

そのために環境省は、オオタカを絶滅危惧Ⅱ類（絶滅の危険が増大している種）に指定した。

（平成一五・五・四）

ヤマトオサガニ

ゴールデンウイークの五月四日午前九時、新川《しんかわ》河口（高松市）の干潟では、潮が満ちかけていた。

そのとき、干潟のあちこちで、ヤマトオサガニのオスが、左右のはさみを前から上げて輪をつくり、サッと下ろすしぐさを始めた＝**写真**＝。

このしぐさは、盆踊りでおなじみの「月が〜出た出た〜……」の炭坑節を踊っているように見えることから、カニ学者たちは「炭坑節型はさみ振り」と名付けた。

ヤマトオサガニは、甲が著しく横長の小さいカニである。茶褐色の体色は、お世辞にも美しいとは言えない。ただ、オスのはさみは淡い黄褐色で、日光が当たると白く光って目立つ。一方、メスのはさみは黄褐色で、著しく小さい＝**写真円内**＝。

新川の干潟では、ヤマトオサガニがいくつかの場所に分かれ、集団ですんでいる。それらは水辺にあり、長靴で踏み込むと抜けなくなるような軟泥地である。その泥の中を直径一センチ余りの巣穴を斜めに掘って生活している。ふだんは、穴の出入り口の近くに出て餌を捕っている。

双眼鏡で見ていると、オスの巣穴に、同じなかまが近付くと、炭坑節を踊っていた。どうやら、はさみ振りで威かくし、なわばりを守っているようにみえた。メスよりもオスが近付くと、はさみ振りが激しくなり、ときには取っ組み合いにもなった。別の研究では、オスのはさみ振りで、メスに求愛することも分かっている。

一九七八年、ヤマトオサガニの炭坑節型はさみ振りのほかに、はさみを上に伸ばしきるバンザイ型のものがいることも分かり、これを一九八九年に別種にしている。

新川干潟では十二時三分に満潮となり、巣穴は水底になった。それでもヤマトオサガニのなかには水中で炭坑節を踊るものがいた。

（平成一五・五・一二）

♪月が〜出た出た〜月が……

ドンコ

ダッシュし大口でぱくり

今、ぼくのうちの水槽に、一匹のドンコがいる。三年前、天満《てんま》川（香川町東谷）で採集したときは全長五センチであったが、十五センチにもなった。

黄褐色と黒色の体は、ずんぐり型で、大きな口と大きなひれが目立つ。普段は水底でじっとしていて、ほとんど動かない。

ところが、小魚やエビなどの小動物が近付くと、あっと言う間にダッシュし、大口でぱくりと飲み込んでしまう。同じハゼ科のカワヨシノボリでさえ、一口で食べる。鈍重にみえるドンコだが、獲物を襲う早業《はやわざ》には舌を巻く。

その秘密は胸びれにある。左右にある胸びれは幅が広く頑丈にできている。これで水をかくとダッシュできるわけだ。

ドンコは砂に潜るときも胸びれを使う。そのときは、胸びれを激しく動かして砂を掘り、大きな体を砂の中に埋めてしまう。ともかく、胸びれにはすごいパワーが潜んでいる。

ぼくは少年時代に、ドンコを「どばぜ」とか「どんばぜ」と呼んでいた。家の横に幅九十センチの農業用水路があった。そこには、メダカはもちろん、ドジョウやフナ、シジミもいた。用水路をせき止めて水をくみ出し、それらを捕っていた。そのなかに、多くはないがドンコも捕れた。ときには、ドンコが塩焼きになり夕食のおかずになった。白身のおいしい味は忘れられない。

もともと、ドンコは砂やれきの多い水底を好んで生息する魚である。昼間は岩かげや石垣のすき間にかくれ潜んでいる。夜になると、外に出て活動し、小動物を手当たり次第に食べる。

ところが、三十年余り前からほとんどの用水路がコンクリートで囲まれ、ドンコがすめなくなった。県内でドンコがすんでいるのは大きな川のうち、コンクリートのない所だけになってしまった。

（平成一五・五・一八）

ダイシャクシギ

下に曲がった長いくちばしと長い足

五月十三日の昼前、新川《しんかわ》の河口（高松市）では、潮が引き始めていたが、まだ干潟は現れていなかった。

川をまたぐ屋島新橋の上から川面を見渡すと、一羽の大きなシギが見えた。望遠鏡で拡大して見ると、ダイシャクシギと分かった。

ダイシャクシギは、日本のシギ類中、大きさでは横綱級。全身が褐色で地味だが、下に曲がった長いくちばしと長い足が特徴。よく似たなかまにホウロクシギというのがいるが、ダイシャクシギは腹が白いので区別できる。

長旅で腹ぺこなのか、干潟が現れるのを待ちかねて浅瀬を歩きながら餌探しをしていた。両足を交互に出し、ゆうゆうと歩く様は、いかにも横綱らしい。

歩きながら長いくちばしを水中に差し込んで、小魚やゴカイを捕っているようだが、遠くてよく見えない。

そのうちに、一匹のカニをつまみ出した。それをくわえたまま振り回して、足をもぎ取ってしまい、一口で飲み込んだ。

大好物のカニにありつけたためか、歩くのを止めてポツンと立ったままいた。このとき、ホーインと大きな声で鳴いた。その意味は分からないが、満足そうな声に聞こえた。

ダイシャクシギは、春と秋の渡りの時期に広い干潟や大きな池などに立ち寄る旅鳥《たびどり》である。県内での数は極めて少なく、一～二羽見る程度である。

千葉県の新浜《しんはま》干潟や福岡県の和白《わじろ》干潟などのようにとてつもなく広い干潟でも二十羽前後の群れで渡ってくるほどだ。ダイシャクシギにとっては、広い干潟が必要であることがよく分かる。

正午を過ぎたが、新川河口の水面上に現れた干潟はまだ狭い。このとき、ダイシャクシギよりも一回り小さいチュウシャクシギ五十一羽が、堤防の上に立ち、餌になる小動物が多くいる干潟が現れるのを待っていた。

（平成一五・五・二五）

ナガレホトケドジョウ

川の源流でひっそり生きる

五月十四日、さぬき市南部の山地（標高三百メートル）で、ナガレホトケドジョウに再会した。というのは、二〇〇〇年十一月十二日にも、ここで見たことがあるからだ。

そこは川の源流に近い谷で、岩の間を冷たい清水が細く流れていた。辺りは常緑樹や落葉樹がうっそうと茂り昼間でも薄暗く、こんな所で魚がすめるのかと思われるくらいである。ちなみに水温は十度であった。

その水底には花コウ土がたい積し、そこにナガレホトケドジョウが、身を潜めるようにじっとしていた。黄褐色の体色は、花コウ土の色によく似ていて、見付けるのに時間がかかった。

たも網を入れると素早く逃げ、なかなか手ごわい。やっとの思いで二匹だけ採集した。

どちらも全長六センチ、体重四グラムだから、ドジョウに比べるとはるかに小さい。一番に目立つのは八本の口ひげ、ドジョウには十本あるから二本少ない。

実は、ナガレホトケドジョウは、一九九四年に発行された「日本産魚類検索図鑑」の中で、初めてこの名で登場した淡水魚である。それまでは、ホトケドジョウとされていたが、目の位置が高いこと、背びれや尾びれに黒い模様がないことなどから新しく亜種として扱われるようになった。

このナガレホトケドジョウは、香川県をはじめ徳島県、岡山県、和歌山県、兵庫県、京都府、福井県、東海地方などに分布するといわれる。

しかも、そのうちの極く限られた山地に生息するので、全体として数は少ない。そのため環境省は、ナガレホトケドジョウを絶滅危惧ⅠＢ（近い将来における野生での絶滅の危険性が高い）に指定した。

今、この魚の産卵期にあたる。秋には、その幼魚が見られることを願い、二匹のナガレホトケドジョウをもとの流れに放した。

（平成一五・六・一）

センダイムシクイ

「焼酎いっぱいグィー」

五月十六日、前日までの雨が上がり、さわやかな天気になった。讃岐山脈を走る林道（塩江《しおのえ》町安原上《やすはらかみ》）では、新緑の中にホオノキの白い花が目立ち、峰々ではホトトギスやツドリが鳴いていた。

ふと、前方の小高いがけに立つコナラ（どんぐりの木）から「チョチョ、ビイー」というさえずりが聞こえた。センダイムシクイのオスである。

ぼくは足を止め「焼酎《しょうちゅう》いっぱいグィー」とつぶやいた。別に焼酎が欲しいわけではなく、そのようにも聞こえる。バードウオッチャーならみんな、この言葉を連想する。

昔から鳥のさえずりを、意味のある短い言葉にあてて言い表してきた。これを「聞きなし」と呼ぶ。例えば、ウグイスの「法々華経《ほうほうけきょう》」、ホトトギスの「天辺《てっぺん》かけたか」、ホオジロの「一筆啓《いっぴつけい》上仕《じょうつかまつ》り候《そうろう》」などは代表的。このような「聞きなし」は、さえずりを早く覚える方法でもあり親しまれてきた。

センダイムシクイはウグイスのなかま。それよりもやや小さく、体の上面がオリーブ色で、目の上に白線がある美しい小鳥である。

春になり落葉樹の若葉が芽生えるころ、インドシナ半島あたりから、県内の低山に渡って来る。そして、ほとんどの場合、傾斜の急な林でさえずる。それは、がけ地に巣を作る習性と関係があるからだろう。

この日も、若葉に包まれたコナラの枝から枝へ移動しながらさえずるが、一向に全身を見せてくれない。枝先に出ても、すぐに茂みに入ってしまう。

やっと、コナラの根元にあるサルトリイバラの枝に留まり、全身を見せた＝**写真**＝。そのとき、開いたくちばしの中が鮮やかなオレンジ色に見え、その美しさに感動した。

六月に入り、センダイムシクイのさえずりが少なくなった。繁殖の時期が終わりに近づいたからだろう。

（平成一五・六・八）

サンコウチョウ

「月・日・星」と鳴き三光鳥の名に

日差しが強くなった六月八日の朝、高松市西植田町《にしうえた》を流れる葛谷川《かずらたに》に沿ってさかのぼった。

その途中の神ノ村《こうのむら》（標高二四〇メートル）という所にたどり着き、木陰で汗を入れていると、すぐ近くの大原神社の森でサンコウチョウがさえずり始めた。

笛のような明るい調子で「フィチィーヒーチィー、ホイホイホイ」を何回も繰り返していた。

このさえずりは、聞きようによっては「月《つき》・日《ひ》・星《ほし》ホイホイホイ」とも聞こえる。月と日と星の三つの天体はともに光ることから、この鳥の名が三光鳥になったという。

しばらく心地よく聞き入っていたが、突然さえずりがやんだ。その直後、近くに立つサクラの枝で、何か動く気配がした。そこには、さえずっていたサンコウチョウのオスが止まっていた＝**写真**＝。

くちばしと目の周りのコバルト色は、何となく南方的なふんい気である。三十センチ以上もあろうか長い尾も目立つ。

さえずりを聞き姿まで見せてくれてラッキーと思ったとき、枝からパッと離れ、飛んでいたトンボをくわえ、身をひるがえして元の枝に止まった。サンコウチョウが空中で餌を捕る典型的な行動であり、またラッキーな気分になった。

サンコウチョウは、春になると東南アジアや中国南部から渡ってきて、県内各地で繁殖をし、秋に去る夏鳥である。大木が茂って、やや薄暗くなった森に好んで生息する。

大原神社の森も、アラカシ、シイノキ、カエデ類などが茂り、サンコウチョウがすむのに適した環境である。社そうには、「香川の保存木」に指定されたヒノキの大木もある。

最近、サンコウチョウが数十年前に比べると減っている。その原因は何か、興味ある課題が残されている。

（平成一五・六・一五）

ニホンカナヘビ

一日の始まりは日光浴

　四月以来、毎朝うちの庭で一匹のニホンカナヘビが日光浴をしている。どこからともなく現れ、ジャノヒゲ（ユリ科の草）の細長い葉の上で朝日を浴びている＝**写真**＝。

　ぼくは、これに「カナちゃん」と名付けた。カナちゃんの和名が、ニホンカナヘビというからである。

　和名の最後がヘビとなっているが、長いヘビではなく、ちゃんと四本の足があるからカナヘビ科の一種である。全長が二十センチ余り、体表がザラザラした感じで、見栄えは悪い。同じ位の大きさで、太めの体につやがあるニホントカゲ（トカゲ科）の方が見栄えもよい。

　カナちゃんは、七時ごろほぼ同じ場所で日光浴をしている。そこは、決まって直射日光の当たる場所である。そっと近付くと、一メートル手前でも逃げようとしない。二時間くらいたつと、草陰の中へ消えてしまう。

　ここで、カナちゃんが日光浴をするわけを考えた。哺乳類や鳥類のような定温動物は、餌を食べて体内で燃焼し、そのエネルギーで体温を保っているので、いつでも活動できる。ところがニホンカナヘビのようなハチュウ類は変温動物だから、夜間に体温が下がり活動できなくなる。手っ取り早いのが日光浴である。太陽熱によって体温が上がると活発に活動でき、獲物を捕ったり危険から素早く逃げることもできる。

　子供のとき、夏になるとニホンカナヘビ数匹が庭にいた。草陰や石の下のくぼみに、数個の卵もあった。小さくて白い卵を落としても跳ね返り割れないのがおもしろかった。

　秋には、モズに捕られ木の小枝に突き刺されたあわれな姿もよく見た。

　今、ぼくの庭ではカナちゃん一匹だけ。まだ結婚相手が現れずやきもきさせられる。高松市の郊外では、ニホンカナヘビがめっきり減っているからである。

（平成一五・六・二二）

カマツカ

讃岐山脈の下をくぐった魚

六月五日、春日《かすが》川の中流（高松市川《かわ》島東町《しまひがしまち》）で、たも網に一匹のカマツカがかかった。

全長十センチ余りだから、生後二年の幼魚である。体形が海水魚のコチに似て、腹側が平たい。砂れきの多い川底にすむからであろう。

カマツカの体のうち、口の周りがおもしろい＝**写真**＝。長めの口ひげのほか、下向きに開く大きなくちびるには多数の突起がある。

水槽に川砂を入れて飼うと、そのわけが分かる。砂の上を少しずつ前進しながら、下くちびるを前に広げて砂を吸い込む。そして、砂をえら穴から出す食事ぶりである。つまり、くちびるの突起で、砂の中に混じる餌をより分けているのである。

もともとカマツカは県内にいなかったという。一九七八年六月十日の四国新聞に、豊中《とよなか》町の西山英男・堅造君の兄弟が、同年五月十二日に財田《さいた》川下流で採集した記事がある。

さらに一九八〇年に魚類研究者の川田英則氏が春日川で採集している。

その後、魚類研究者たちにより、一九八〇年代には県内の八河川で、一九九〇年代以降は十一河川で生息が確認されている。

このことについて、一九七九年に魚類研究者の植松辰美・須永哲雄・川田英則各氏は、一九七四年六月に通水を開始した香川用水の影響によるものと推論している。

それを証明したのが、魚類研究者の安芸昌彦氏である。安芸氏は、一九八六年から二〇〇二年までに、香川用水の幹線水路の魚類を調査した。その結果、すべての幹線水路でカマツカを確認したと報告している。

これらの事実を整理してみると、徳島県の吉野川にすむカマツカは、池田ダム取水工から讃岐山脈の下をくぐる延長八キロの導水トンネルをへて、県内の幹線水路を通り、そこから各河川に移入したものと考えられる。長年にわたる研究者の努力により、カマツカの歴史が明らかになろうとしている。

（平成一五・六・二九）

カブトエビ

今の観音寺市内で日本初の発見

　ぼくの家の隣に水田（高松市多肥下《たひしも》町《まち》）がある。そこで、カブトエビが多数発生している。六月二十七日、その数匹を採集した。

　大きいもので体長三センチ（二本の尾は除く）。背側に背甲《はいこう》という大きな殻が目立つ。腹側には四十数対もの足があり、水底の泥の表面をはうように泳いでいた。

　翌日、カブトエビの研究で知られる四国学院大学の谷本智昭先生を訪ねた。谷本先生は、県内にはアメリカカブトエビとアジアカブトエビの二種が生息し、その分布のようすを一九七二年に発表されている。

　そして、ぼくが採集したものは、アメリカカブトエビだと教えていただいた。

　さらに、カブトエビが日本で初めて発見されたのは一九一六年、香川県観音寺市だと聞かされ、思わずエエッと声を上げた。

　早速、香川大学付属図書館に駆け付け、当時の論文を捜した。やっとのことで、「動物学雑誌」大正五年四月号に、東京大学谷津直秀博士著の「日本のエーパス」という短い文章を見付けた。そのなかで、送られてきたカブトエビの標本に、香川県三豊郡一ノ谷小学校と書いた付せんが付けられていたとある。この標本は学校の近くで採集されたものだろう。

　この発見について、日本で初めての学術論文として発表されたのは、京都大学の上野益三博士で、一九二五年のことである。

　カブトエビは昔から「田の草取り虫」といわれてきた。このことについて秋田正人氏（長野県）は、著書「カブトエビのすべて」で、水田の雑草を直接食べるのではなく、泥の表面をはい回ったり掘り返して雑草の幼芽《ようが》を浮き上がらせるからだと述べている。

　今ごろ、水田でカブトエビをすくう子供たちをよく見る。その奇妙な姿に興味をそそるからだろう。発生してから一カ月余りの短い命だから、見るなら今がチャンスだ。

（平成一五・七・六）

キジ②

休耕田の草原が住み家の鳥たち

今年の梅雨は雨がよく降る。七月四日は、その中休みで、三豊干拓地（観音寺市）では薄日がさしていた。

そこを歩いていると、前方でキジのメスが背を低くして、足早に道を横切った。

数秒たち、今度はオスが胸を張り、ゆっくりとした足取りでメスの後を追った。

キジが現れた道の両側には休耕田《きゅうこうでん》があり、そこは雑草が生えた草原になっている。草丈が一メートル以上になるオギ（ススキのなかま）、湿地に多いイヌビエ（ヒエのなかま）、帰化植物のアメリカタカサブロウ（キクのなかま）など種類も多い。

しばらくキジのようすをうかがっていたが、メスは草むらに潜り込んだまま姿を現さなかった。

ところが、オスは草むらから姿を現し、平然と草の芽や実をついばみ始めた。何かに飛び付く動作もするので、昆虫でも捕ったのだろう。

時折、首を伸ばして辺りを警戒していた＝写真＝。赤い顔が緑の中に映え、一際目立って美しい。

突然、キジの近くがにぎやかになった。キリリコロロと鳴きながら数羽のカワラヒワが飛んできて、イヌビエに群がった。そして、その穂に付いている実を、せっせとついばみ始めた＝写真㊨＝。

一方、五十メートルほど離れた所にあるオギの草むらで、オオヨシキリが、ギョギョシ、ギョギョシ、ケケシ、ケケシとにぎやかにさえずり、なわばり宣言をしていた＝写真㊧＝。おそらく、その近くに巣がありメスが卵を抱いているだろう。

近年になり、野生動物が多く生息していた自然の草原が開発によりめっきり減った。ところが、米の生産過剰を制限するための休耕田が現れるようになり、一時的な草原となっている。そして、そこが動物たちの新しい住み家にもなっている。

（平成一五・七・一三）

ヒメアマツバメ

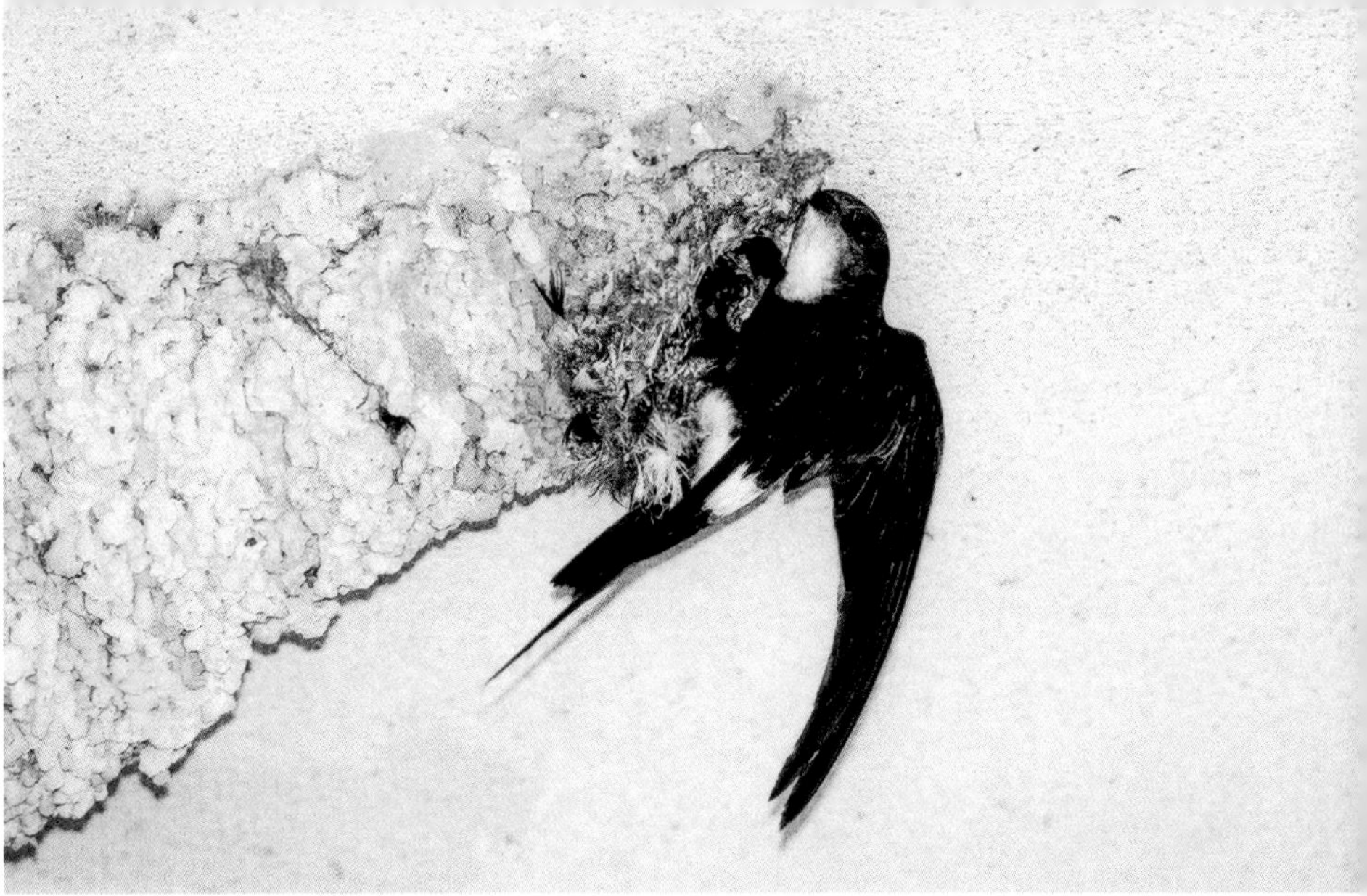

巣の入り口に羽毛を付ける習性

六月十二日、三本松港《さんぼんまつ》（東かがわ市）では夕方から雨になった。その一角に東讃漁業協同組合の競場《せりば》（市場）がある。そこは朝のようなにぎわいもなく静かであった。

しかし、吹き抜きになっている競場では、コシアカツバメとヒメアマツバメが飛び交い、天井の至る所にかけた巣に出入りしていた。

この二種類の鳥は、その名前や姿から同じなかまのようにもみえるが、そうではない。

腰が赤褐色のコシアカツバメはツバメ科、腰の白いヒメアマツバメはアマツバメ科だから、親せきどころか縁が薄い。

ところが、競場にかけた巣は、土を材料にして、とっくりを縦に二つ割りにしたような形で天井に張り付けたものばかりである。

しかし、よく見ると、ヒメアマツバメが出入りする巣は、その出入り口に羽毛をいっぱい付けていることが分かった＝**写真**＝。

それに対してコシアカツバメが出入りする巣には羽毛が付いていなかった。

これを目印にし、競場にかけている巣を数えると、ヒメアマツバメが六十七個、コシアカツバメが七十五個であった。

もともとヒメアマツバメは、熱帯や亜熱帯だけに住んでいたが、一九六七年に静岡県で見付かって以来、日本各地で繁殖するようになった。しかし、その数は多くない。

日中のほとんどは、上空を速いスピードで飛び回って、上昇気流で吹き上げられた昆虫を捕り、夜は巣の中をねぐらにする。

自分で巣を作ることもあるが、コシアカツバメの古巣を改造して利用することが多い。このとき、空中に漂う鳥の羽毛を拾い集めて、巣の入り口や内部に付ける習性がある。

この日は、雨のために十八時を過ぎると競場の中は薄暗くなり、ほとんどのヒメアマツバメは巣の中に入ってしまった。そして、そこからチュリリリ、チュリリリという鳴き声だけが競場に響いていた。

（平成一五・七・二〇）

ヨシゴイ

ヨシ原に隠れ住む忍者

【クイズ】写真はヨシ原（アシ原）の一部です。この中にある動物が隠れています。それは何でしょう。

【こたえ】ヨシゴイというサギ科の鳥です。写真のやや右寄りで、ヨシの茎をつかみ止まっています。体が小さく、黄褐色ですから、ヨシ原に溶けこみ見付けにくいでしょう。

七月十五日の朝、ヨシゴイを探すために、観音寺市池之尻《いけのしり》町の仁池《にいけ》を訪れた。仁池は三年前の夏にヨシゴイが渡来したことがあるからだ。

ほぼ十万平方メートルもある仁池は、その南西側にヨシ、ヒメガマ、ハスなどの水草が茂っている。そこでは、数羽のゴイサギが餌を探し、カイツブリが浮き巣の上に座って卵を抱いていた。また、水面ではヒナを連れたカイツブリやカルガモが泳ぎ、その上をツバメが飛び回って虫を捕っていた。

この日は、早朝から三時間余り粘ったが、ヨシゴイは姿を見せなかった。

ヨシゴイは、南方から渡ってくる夏鳥である。その名前のとおり、驚くほどヨシ原に頼った生活をする。

ヨシの茎を足指でつかみ、茎から茎へと伝い歩くのは何でもない。また、茎につかまったままの姿勢で待ち伏せし、水中の魚やカエルを捕ることも出来る。さらに、ヨシの茎や葉を材料にして巣を造る。

もし、外敵が現れると、茎につかまり首を伸ばしたまま動かないから、ヨシに溶け込んで見付かりにくい。まさに、ヨシ原の忍者である。

県内のヨシ原のあった湿地は、三十年余り前から埋め立てなどにより減ってしまった。したがって、ヨシ原に頼って生活するヨシゴイも減ってしまった。ヨシゴイのほかに、ヨシ原に生息する動物は多く心配なこの頃である。

（平成一五・七・二七）

ムギック

麦をつく動作で餌捕り

七月二十六日、四国地方の梅雨明けが発表された。しかし、今年は例年より涼しい夏になりそうだ。

ここ綾川上流の長柄《ながら》湖（綾上《あやかみ》町）辺りの山々はすっかり夏の装いになり、ウグイスやホトトギスのさえずりも少なくなった。

湖より上流の支流で、清流がゆるやかになったふちがある。そこで、数匹のムギックが泳いでいた。

近付くと、岩陰にサッと隠れた。しばらく待つと、ゆっくりと姿を現して泳ぎ始めた。水が澄んでいたのと、偏光サングラスをかけていたので、水中の様子がよく見えた。

全長が七―八センチだろうか、体側に黒い帯が一本走っているので、すぐにムギックと分かった。

そのうちに泳ぎ回っていた一匹が川底で逆立ちした。そして、そのままの姿勢で川底から離れた。この動作を何回も繰り返して上下しながら石をつついていた。

後ほど図鑑で調べると、石に付いているトビケラやユスリカなどの水生昆虫を捕っていることが分かった。

この動作が、昔、うすで麦をつくときに、きねが上下するのに似ているので、この魚がムギックという名前になったという。

また、この魚は托卵する習性があるという。托卵というのは、ホトトギスがウグイスの巣に産卵し、ヒナを育ててもらうような習性である。ムギックの場合は、ドンコ（ハゼのなかま）に卵を守ってもらうそうである。おもしろそうなので、一度見たいものだ。

淡水魚の研究をしている大高裕幸《おおたかひろゆき》先生（香川県自然科学館）によると、県内ではムギックの生息する川は少ないという。

ムギックは、岩が多くて流れのある水の澄んだ川に好んで生息するようである。そのような条件がそろった綾川の環境を大切にしなければならない。

（平成一五・八・三）

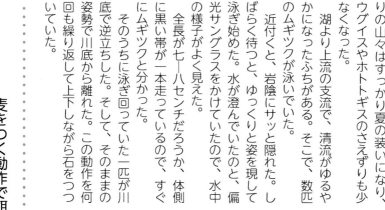

シジミ貝

県内に国内産と外国産が生息

八月四日、待ちかねた宅配便が届いた。その一週間前に、高松市栗林《りつりん》公園と琴南《ことなみ》町造田で採集したシジミ貝の標本を送っていた姫路市立水族館の増田《ますだ》修《おさむ》先生からである。

分厚い封筒の中に、標本を同定《どうてい》（生物の属《ぞく》・種《しゅ》を決定すること）した結果や多くの論文が入っていた。

それによると、栗林公園のシジミ貝はマシジミであり、造田のシジミ貝はカネツケシジミ（タイワンシジミの黄色型）であると、記されていた。

マシジミは、ぼくが子どものころからいた国内産。最近少なくなり、栗林公園に生息すると聞いていた。公園内では動植物の採集は禁止されているが、七月二十八日に特別の許可をもらい採集した。

池と池をつなぐ水路の砂を手でかくと、大小のマシジミが現れた＝**写真右**＝。殻の表面が黄緑色の幼貝は、成長するにつれて黒褐色から黒色となる。なかに死んだ殻もあり、その内面は青みがかり、とくに縁に近い部分は紺色になっていた。

一方、カネツケシジミは七月二十五日に造田の水田地帯を流れる用水路で採集した。用水路の分岐点《ぶんきてん》に升《ます》があり、底にたまった砂の中にいた＝**写真左**＝。

カネツケシジミの殻の表面はマシジミに似るが、黄緑色の強いものが多いようである。しかし、殻の内面はマシジミと異なり、白色のものが多かった。

近年、中国、韓国、ロシアなどから大量のシジミ貝が輸入されるようになった。カネツケシジミもその一つで、各地で野生化するようになったらしい。

このようなシジミ貝は、県内ではほとんど食用にされていない。魚屋さんで売っているシジミ貝は、有名な宍道《しんじ》湖《こ》（島根県）産のヤマトシジミで、たいへんにおいしいみそ汁ができる。

（平成一五・八・一〇）

コヨシキリ

草原にこだわる渡り鳥

七夕の日の午後、三豊干拓地（観音寺市）の草原で聞きなれない小鳥のさえずりを聞いた。

丈《たけ》の高いオギ（ススキのなかま）が茂った中で、スズメよりも小さいのが二羽、見え隠れしていた。

強い日差しで汗が吹き出るのを我慢すること約十分。一羽がオギよりも高い枯れ草に姿を現した。何とコヨシキリだった。

そして、キリキリピッ、ギョシ、キョリリピリリリ……とさえずり始めた。非常に複雑な声で、文字に書き表わすのが難しい。聞く人によって、まちまちになるのも無理はない。

同じなかまのオオヨシキリよりも金属的な高い声であり、美声である。

コヨシキリは全体に地味であるが、上面がオリーブ色がかった灰褐色、下面は白っぽいので、清潔な感じがする。

そして、この鳥の決め手は、目の上にあるクリーム色の線（眉《び》はん）の上側に黒褐色の線があることだ。この模様はオオヨシキリにはないので、はっきりと区別できる。また、オオヨシキリのように尾の先が白くないのもこの鳥の特徴である。

枯れ草のコヨシキリは、しばらくさえずった後、草原の上を低く飛んで姿を消した。そして、別の草原でさえずっていた。草原にこだわり、実に気ぜわしく動く鳥である。

コヨシキリは夏鳥として北海道、本州の中部以北、九州などに局地的に渡来するとされている。したがって、県内では五月～七月ごろ渡りの途中に立ち寄るが、その数は極めて少ない。

ところが、最近は四国での繁殖例もあり、もしかすると、県内で繁殖するかも知れない。そのためには、ため池、河川、海岸などで彼等がこだわる草原がなくてはならない。

（平成一五・八・一七）

ニホンイシガメ

今は数少ない日本固有種のカメ

近ごろほとんど見ることができなくなったニホンイシガメを保護しているという情報をもらった。

八月十五日、期待に胸をふくらませて高松自動車道を走り、大野原町の茨《ばら》木《き》孝治《こうじ》さん宅にたどり着いた。そこでは日当たりのよい軒先に大きな水槽が据《す》えられ、その中に紛れもなく一匹のニホンイシガメがいた。

茨木さんは、「二年前に大野原小学校の校庭の隅にいた」と言う。周りには細い用水路があるものの人家が並び、カメの生息環境ではないので保護したらしい。

茶褐色の背甲《はいこう》（上側の甲ら）の長さは十二センチ、その後部の縁《ふち》がギザギザになっている。さらに、背甲の中央に一本の断続的な隆起があるのも、このカメの成体の特徴である。

裏返しにしてみると、腹甲《ふっこう》（下側の甲ら）は真っ黒。やや長めの尾の付け根にある排出腔の位置から、このニホンイシガメはオスであることが分かった。

カメは、のろい動物の代表のように思われ勝ちだが、そうではない。地面に置くと、強じんな足ですたこらと走るように歩く。また、足指のみずかきは泳ぎ達者であることを証明する。

ぼくが子どものころ、祭りの夜店で売っていた「ぜにがめ」は、大部分がニホンイシガメの子であった。同じなかまのクサガメは、臭いので喜ばれなかった。

ところが、一九五〇年代後半よりアメリカから輸入されるようになったミシシッピアカミミガメの子が「みどりがめ」として売られるようになった。それが野生化し県内各地で増えている。

ニホンイシガメは日本の固有種《こゆうしゅ》である。今、それが極めて少なくなっている。その原因は、池や川のコンクリート化や水質汚染と言われている。何とかしなければ、やがて、このカメは消えてしまう。

（平成一五・八・二四）

シマヘビ

見るチャンスが減った

八月三日のこと、直島の直島ダムに沿った町道鎧《よろい》山《やま》広《ひろ》木《き》池《いけ》線の側溝で、一匹のシマヘビに出会った。

　逃げるシマヘビの正面に立ちはだかると、頸《くび》を縮めて頭をふくらませた＝**写真**＝。尾もふるわせている。攻撃の姿勢である。ヘビのなかでも気性が荒い方なので、これ以上の深追いをするとかみ付かれる。

　全長四十センチばかり。全体に赤っぽいので、最初は別のヘビかと思ったが、シマヘビの幼蛇《ようだ》（子ども）だった。頸から胴にかけて四本、尾（総排出口から後ろ）に二本ある黒褐色の縦じまは、シマヘビの特徴である。

　成体《せいたい》（親）は、全長が八十センチ以上で、長いものは百五十センチにもなる。体色の赤っぽさもなくなり、緑色がかった黄褐色になる。

　ところで、平成十三年十月八日に財《さい》田《た》町の山間部の畑で、全身が真っ黒な大きなヘビを見た。これは、シマヘビの黒色型であり、俗にカラスヘビと呼ばれていた。すごいスピードではい、石垣の透き間に入ってしまったので、じっくり見られなかった。このような黒色型はめったに出会えるものではない。

　ところが、平成十四年十二月五日に財田中で、財田町自然観察同好会の秋山健一《けんいち》さんが黒色型の幼蛇を保護した知らせを受けた。見せてもらったところ、全長三十センチばかりの小さいものだが、全身が真っ黒。上唇部《じょうしんぶ》や頸《くび》に白い点がいくつかある。

　写真を撮ろうとすると、頭をふくらませてかみ付こうとする。黒色型の幼蛇も気性が荒い。

　かつて、シマヘビは平地や山地のどこにでもいた。人家の庭にさえいた。ところが、最近は見るチャンスが著しく減った。餌になるカエルをはじめトカゲ、ネズミなどが減ったためである。シマヘビは、自然のバロメーター（指標）でもある。

（平成一五・八・三一）

スクミリンゴガイ

毒々しさを覚える朱色の卵塊

朱色の卵塊《らんかい》（卵のかたまり）が、農業用水路のコンクリート壁にぎっしりと付いていた＝写真円内＝。スクミリンゴガイ＝写真＝が産み付けたものである。それを見た人々は一様に、毒々しさを覚えるという。

八月二十五日、高松大学オープンカレッジ「讃岐の自然を探る」講座で、受講生の皆さんと高松市春日《かすが》町の水田地帯を歩いたときのことである。

スクミリンゴガイというと聞きなれない名前だが、ジャンボタニシと言うと知っている人が多い。

春日町では、昔なつかしいメダカや川底に潜むシジミ貝は決まった所にしかいなかったが、スクミリンゴガイの卵塊はいたる所にあった。

そして、用水路の中をよく見ると、大小のスクミリンゴガイが水底をはい回っていた。殻の高さが四センチを超える大きいものもいた。昔、水田に多くいたタニシよりも大きいので、ジャンボの名が付いたのだろう。

動くときには、殻のふたを開けて、二本の長い触角を出すと同時に大きな足も出して、水底を滑るようにはう。浅い所では、頭の後ろにある呼吸管を伸ばして水面に出す。貝であるから、えら呼吸をするが、呼吸管で空気呼吸もするタフな生き物である。

この貝は、もともと日本にはいなかった。南アメリカ原産である。一九八一年ごろ、食用として台湾などを経由して九州で養殖を始めたという。その後、日本各地で養殖されたが、需要が減って養殖をしなくなった。その養殖池から逃げ出して野生化するようになった。

今、スクミリンゴガイは、高松平野、丸亀平野、三豊平野そのほかなどで見られるが、分布を広げる勢いである。半面、昔からいたタニシが激減している。なにか、寂しい気持ちになるこのごろである。

（平成一五・九・七）

マルドブガイ

なぜ琵琶湖から栗林公園の池に

残暑が厳しかった八月の末、栗林《りつりん》公園（高松市）の池で、イシガイ科の貝を二個見た。この貝を、讃岐の人は昔から「からす貝」と呼んでいる。ちょっと興味がわいたので、栗林公園の許可をもらって観察した。

二個のうち、一個は黒褐色で大きい＝**写真左**＝。殻長《かくちょう》（殻の前から後ろまでの長さ）が十一センチであった。

もう一個は緑がかった黄褐色で小さい＝**写真右**＝。殻長が五・五センチの若い貝である。

初めは二個ともドブガイと思った。ところが、大きい貝は今まで見てきたドブガイとは違う。殻の幅が大きく、丸くふくらんでいたからである。とにかくおかしい。

早速、淡水の貝類を長年にわたって研究されている矢野重文《やのしげふみ》先生（日本貝類学会会員）を訪ねた。

矢野先生は、黒褐色の大きい貝を一目見るなり「これはマルドブガイです」と答えられた。ぼくは「ええっ」と驚いた。なぜなら、マルドブガイは琵琶湖の固有種であるからだ。つまり、琵琶湖だけに生息していた貝である。それがなぜ栗林公園の池にいるのか。

栗林公園観光事務所によると、近年は栗林公園の池では貝類はもとより魚類などを一切移入していないという。しかし、昔はコイなどの魚類を入れたこともあったらしい。

この話を聞いて、ぼくはマルドブガイが栗林公園に生息するわけを推理してみた。

もともとこの貝のなかまは、親貝から産まれた幼生が水中に出ると、約十日間は魚の体に寄生する習性がある。かつて、そのような状態の魚が琵琶湖から栗林公園へ移入されたことがあり、マルドブガイが生息するようになったのではないかと。

いずれにしろ、マルドブガイは環境省が絶滅危惧種に指定するほどの貴重な貝である。また、小さい方のドブガイも、県内では少なくなっている大切な貝である。

（平成一五・九・一四）

タカブシギ

湿地が大のお気に入り

九月十六日、春日《かすが》川河口（高松市）に近いヨシ原で、突然、ピッピピ……と澄んだ声とともに、三羽の鳥が舞い上がった。そのとき、鳥の腰が残暑の強い日差しを受けて真っ白に光った。

ぼくは「あっ、タカブシギや。そうか、もうシギが渡って来たんか」と、秋を実感した。

三羽のタカブシギは、ヨシ原の上空を数回旋回して、ふたたびヨシ原に降り立った＝**写真**＝。そこは、浅い水たまりで、餌になる昆虫、エビやカニ類、ミミズなどが多くいそうな環境である。タカブシギは、そのような湿地が大のお気に入りである。

早速、タカブシギは長い足で歩き始めた。そして、しきりに長めのくちばしを水中に入れて獲物を探っていた。また、水のない所では、くちばしを泥に差し込んで獲物を探していた。その様子は、もう無我夢中の境地にみえた。

それもそのはずである。タカブシギは、夏の間ユーラシア大陸の北部で繁殖し、東南アジアやオーストラリアなどで冬越しをする。したがって、北上するときは春に、南下するときには秋に日本を通過する。このとき、中継地の日本でしっかりと栄養を補給しないと行き倒れになってしまう。

そのような場所が、県内では河川、ため池、水田、ハス田などの湿地である。タカブシギの場合、他のシギ類のように干潟などの海辺に現れることは少ない。

ほぼ三十年前に比べると、タカブシギを見るチャンスが減った。そのころ、海岸地域に塩田跡が多くあり、河川には水たまりなどの湿地が多かった。その後、塩田跡は開発され、河川敷はグラウンドなどに利用されるようになった。

つまり、タカブシギの旅の中断地となる湿地が減ったのである。

（平成一五・九・二一）

イシダタミ

地方に伝わる貝の方言

「日本貝類方言集」というおもしろい本がある。地方だけに限って使われている貝の名前を集めている。例えば、丸亀市ではアサリを「しおふき」という方言で呼ぶと書いている。そう言えば、アサリの砂ぬきをしているときに盛んに塩水を吹き飛ばす。

八月三十日、直島で「なおしま自然探検隊」というイベントがあった。小学生から大人まで三十人余りが島内を歩いた。最後に、倉浦《くらうら》という大変にきれいな海岸で自然観察をした。

その岩場でイシダタミという殻高が二センチ余りの巻貝がいた。潮が引いた岩にある幅五センチ、長さ三十センチの裂け目で、五十個が殻を寄せ合っていた＝**写真**＝。

さらに、その近くに幅五センチ、長さ八十センチの裂け目があり、やや長めで小さいイボニシという巻貝が九十二個集まっていた＝**写真円内**＝。それはイシダタミと同様に殻のふたを閉じて、じっと満ち潮を待っていた。

ぼくは、この二種類を採り、直島で何と呼ぶか大人たちに聞いた。即座に、イシダタミは「だめ」、イボニシを「たばこにし」という答えが返った。「だめ」は大きさを表すという。また、「たばこにし」は食べると苦味があることによるらしい。

「日本貝類方言集」によると、イシダタミの方言は全国で百九十四ある。香川県だけでも四十五もあるから驚く。例えば、「だめ」のほかに「おつぶきさん」「おなごだめ」「ごな」「きんきんだめ」「つぶんこ」など、一々挙げていたら切りがない。

一方、イボニシの方言も全国で百八、県内で二十八と多い。食べると苦いため「からにし」「たばこ」「にがにし」などもある。

イベントに参加した子供たちは、大人たちが話す貝の方言に目を輝かせていた。それは、長く伝えられてきた直島の文化を引き継ぐ瞬間でもあった。

（平成一五・九・二八）

マルタニシ

「タニシの串刺し」は讃岐の味

獅子舞《ししまい》の鐘の音を聞くと、昔、石清《いわせ》尾《お》八幡神社（高松市）の秋祭りで、タニシの串刺しを買ったことを思い出す。先を三つに裂いた竹串に、ゆでたタニシを並べて刺し、酢味噌を付けていた。その味は忘れられない。

タニシは、淡水にすむ巻貝である。巻貝のことをニシと呼ぶが、「田にすむ巻貝」の意味である。田だけでなく、ため池や農業用水路にもたくさんいた。

香川県に昔からいるタニシは、おもに平野部にいるマルタニシ、山の近くにいるオオタニシ、県内全体にいるヒメタニシである。そのうち、一番おいしいのがマルタニシと言われ、タニシの串刺しの材料になっていた。

ところが、近年になり水質汚染の影響で、マルタニシが急激に減った。貝類研究者の善通寺一高矢野《やの》重文《しげふみ》教頭先生の調査によると、おもな生息地が丸亀平野で、小豆島《しょうどしま》、木田郡、高松市などのごく一部のみという。

九月二十五日、丸亀市垂水《たるみ》町の上池で、メス五個体とオス五個体を採集した。そのうちの最大は殻高（殻の縦の長さ）が五・五センチもあった。生育状態がよいので安心した。

マルタニシの名前のように、貝殻のふくらみが強くて丸味があり、うずまき部分がよくくびれている。

そのうちのメス一個体を水の中に入れた。しばらくすると、ふたを少し開け二本の触角を長く出して辺りを探り始めた。次に、足の一部を出して、どっこいしょという感じでふたを裏返しにした＝**写真**＝。その後、足を全部出して、カタツムリみたいに滑るようにしてはっていた。足の筋肉は驚くほど発達している。この足がタニシの串刺しのうま味になっている。

このマルタニシは、全国的にも減少傾向にあり、環境省は準絶滅危惧種に指定しているほどである。その生息環境を守り、讃岐のタニシ文化を残したいものだ。

（平成一五・一〇・五）

アメリカザリガニ

昭和初期にアメリカから輸入

十月五日、本津《ほんづ》川中流（高松市）の水辺で、たも網を入れるとアメリカザリガニがかかった。体長（目の後ろから尾の先まで）が十一センチもあったのでびっくり。

つかもうとしたら、後ずさりしながら巨大なはさみを広げたので、思わず手を引っ込めた。

甲殻類《こうかくるい》（エビやカニのなかま）だから、頭胸部《とうきょうぶ》には歩く足がはさみも含めて五対ある。巨大なはさみは、魚や蛙などかなり大きな餌も捕れる。よく見ると、二対目と三対目にも小さいはさみがある。腹部の裏側にも遊泳肢《ゆうえいし》という短い足が五対あるが、泳ぐときに役立つのか。

ところで、このアメリカザリガニは、数十年前までは県内にいなかった。いろいろな説はあるが最新の情報によると、昭和二（一九二七）年五月二十七日に、アメリカのニューオーリンズから横浜港に約二十匹が輸入されたとある。そして、神奈川県大船《おおふな》のウシガエル（食用蛙ともいう）の養殖池に放された。当時の日本は食糧難で、食用にするウシガエルを増殖するために、その餌としてアメリカザリガニが使われるはずだった。

その後、台風などによって逃げ出し、十年後（一九四〇）に関東一円、二十年後（一九五〇）には北海道を除く全国に広まり野生化した歴史がある。

香川県でのアメリカザリガニは一九六〇年代から水田や用水路、ため池などで姿を見せ始め、以降爆発的に増えた。反面、昔からすんでいたタモロコやドジョウなどの小魚、カエル類、トンボ類やゲンゴロウなどの水生昆虫が急速にへってきた。つまり、アメリカザリガニのエサになったためであろうと云われている。

このように日本の生態系に被害をおよぼすような「外来生物」のアメリカザリガニは、積極的に防除しなければならないようになっている。

（平成一五・一〇・一二）

キョウジョシギ①

石をひっくり返す習性

やや反り上がった頑丈そうなくちばしで、こぶし大の石を片っ端からひっくり返す荒っぽい鳥がいた。くちばしの先から尾の先までが二十二センチしかないキョウジョシギ＝写真＝であった。

十月十日十時、大野原町の花稲《はないな》海岸は、あと一時間で満潮になる。そのとき、わずかに残った干潟の波打ち際にこの鳥がいた。

数分後、キョウジョシギは石の下にいた小ガニをくわえた。そのまま数回振り回すと、カニの足は全部取れ、残った部分を一気に飲み込んだ。

しばらく見ていると、波で打ち上げられた海藻、木片、プラスチック類などもひっくり返したり、はね飛ばして、その下に潜む貝やトビムシなどを捕っていた。

キョウジョシギを英語で「ターン・ストーン」と言うが、「石をひっくり返す」という意味で、習性が名前になった一例である。

一方、和名であるキョウジョシギの「キョウジョ」は、漢字で「京女」と書く。この鳥は群れになったときにキョジョ、キョジョと騒がしく鳴き合う。この鳴き声が「京女シギ」と呼ぶしゃれた和名になったのだろうと言われている。

今ごろのキョウジョシギは、ユーラシア大陸の北の端での繁殖が終わり、オーストラリアなどの南方に向かって渡る途中である。長旅だから、日本各地の干潟に立ち寄り、餌を捕って休息する必要がある。

南へ渡るときは、体色が冬羽（繁殖期以外のときの羽衣《うい》）になる。しかし、この鳥は羽色からどうやら幼鳥のようである。

それにしても、花稲海岸のキョウジョシギは、たった一羽の旅だろうか。途中で仲間と合流するのか。十一時に満潮となり、キョウジョシギは飛んだ。あと、数千キロもある旅の無事を祈りたい。

（平成一五・一〇・一九）

オオクチバス

ため池の生態系をかく乱

一瞬、水面が揺らぎ黒い影が走った。思わず網を上げるとオオクチバスが入っていた。全長が十六センチの若魚であった＝**写真**＝。

まだ暑さが残る九月二十八日、坂出市王越町のある用水路でのことだった。そこは流れがゆるやかで、メダカやフナもいた。このとき、オオクチバスがここまで来たかとさえ思った。

オオクチバスはブラックバスの別名もあり、ルアー（擬餌針）釣りの人気者でもある。大きいものは五十センチもあるのでヒットしたときの手ごたえもあるが、条件によってプラグ、ワーム、ベイトなどのルアーを変えて釣る楽しみがあると言われる。

この魚は北米原産で、日本へは一九二五年に神奈川県の芦ノ湖《あしのこ》に移入されたのが最初らしい。主に他の魚を食べるので、芦ノ湖から外部への持ち出しが禁止されていたにもかかわらず、近年になって各地で移殖され、日本全国で野生化するようになった。

淡水魚の宝庫で有名な琵琶湖《びわこ》では、オオクチバスが発見された一九七四年以来、ヤリタナゴ、イチモンジタナゴ、モツゴなどの貴重な魚が消え、テナガエビやスジエビなど多くの水生動物がピンチになっているという。つまり、オオクチバスによって湖の生態系（エコシステム）がかく乱されているというのである。

ぼくは機会あるごとに県内のため池をのぞくが、オオクチバスが泳いでいる所が多くなっている。もともと止水《しすい》域《いき》（流れのゆるやかな所）を好む性質だから、ため池の多い香川県は爆発的に増える可能性がある。

一方、オオクチバスの肉は白身で味がよいから料理に使われる。芦ノ湖で高級魚と扱われたり、滋賀県で学校給食に使われていたほどである。生態系のかく乱を防ぐために、ルアー釣りをしてもため池や川に放流しない気持ちが大切である。

（平成一五・一〇・二六）

ボラ①

汽水で餌をとって成長する出世魚

十月二十日の昼過ぎ、三豊干拓地（観音寺市・大野原町）内にある幅が四メートルくらいの浅い鳴川で、水面上に頭を出して口をパクパク開きながら、上流に向かう魚の群れがいた＝**写真**＝。全長が二十センチ前後はあろうか、ボラの若魚のイナである。

二十メートルほどさかのぼったところで群れは止まり、今度は旋回しながら一層激しくパクパクをやり始めた。

初めは呼吸のための鼻上《はなあげ》かと思ったが、よく見ると上流から流れてくる藻などの浮遊物を食べているのだった。ものすごい食欲である。

三豊干拓地の海側に防潮堤がある。その内側に、幅が十数メートルの水路が接している。そこは汽水《きすい》（淡水と海水が混じっている）になっていて、イナが泳いでいる。とくに、鳴川排水機場辺りには多く、水面上を勢いよくジャンプするものも見られる。口をパクパクして餌をとっていた鳴川は、この水路に続いている。

ボラは黒潮が流れる外海で産卵し、ふ化した稚魚は瀬戸内海などに入り、河川の下流で成長する。

そして、成長するたびに呼び名が変わることで知られている。外海から河川に入ってきた二・三―三・一センチを「ハク」、三―十八センチのものを「オボコ」、さらに三十センチまでに成長したものを「イナ」、三十センチ以上を「ボラ」と呼ぶ。そして、もうこれ以上大きくならない八十センチくらいの大型のものを「トド」と言う。

成長につれて呼び名が変わるので出世魚《しゅっせうお》として親しまれ、古くから神事や祝いごとに用いられてきた。その成長のために多くの栄養分が必要である。水底にたい積した有機物やこまかい藻類を泥とともに吸い込むようにして食べる。もちろん、三豊干拓地のイナのように、水面に浮いているものまで食べるほど食欲おう盛である。

（平成一五・一一・二）

ボラ②

十月二十日、三豊干拓地の水路で泳ぐイナ（ボラの若魚）の群れを見ていた。突然、激しい水音がして水面が揺れ、イナの群れが散った。

　そのとき、十数メートル上空を二羽のカワウが通過していた。水中からカワウを見付けたのだから、イナの視力はすごい。もし、カワウが降りて潜ると、たちまち多くのイナが犠牲になったことだろう。

　ボラは、イナ以上の大きさに成長すると、眼の表面に脂瞼《しけん》という膜ができ、視界（見る範囲）をよくしたり、流水の抵抗も小さくなるらしい。

　ぼくは脂瞼を見たことがないので、知り合いの魚屋さんで、高松市の沖で獲れたボラを買った。脂瞼は半透明の膜で、眼とその周りをおおっていた。その中央に紡錘形の穴が空いている。これがどのようにはたらき、視界がよくなるのかは分からない。

　それはさておき、ボラは野鳥によくねらわれる。同じ日、三豊干拓地に近い花稲《はないな》海岸で、一羽のアオサギが水中に立つ杭に止まっていた。それが舞い降り、一瞬のうちにイナをくわえた。そして、近くの干潟に降り、イナをくわえ直して頭から飲み込んでしまった＝**写真**＝。

　このようにボラをねらう天敵（ある生物にとって害敵となる生物）は水中や水面にいるが、空中から直接ねらうものもいる。

　タカのなかまにミサゴ＝**写真円内**＝という鳥がいる。飛びながら魚を見付け、ダイビングして足でつかみ捕る。海や河口では、ボラがミサゴの犠牲になることが多い。

　ボラは、発達した眼のほか、全身の鱗《うろこ》で音や振動を感じたり、すごいスピードで泳げるので、身を守ることができる。

　しかし、ボラはカワウ、アオサギ、ミサゴをはじめ多くの天敵から常にねらわれている魚でもある。

（平成一五・一一・九）

常に天敵にねらわれる魚

ブルーギル

県内のいたる所で殖える外来魚

十月の末、坂出市《さかいで》大屋富《おおやぶ》町の農業用水路で、一匹のブルーギルを捕まえた。全長が十二センチであったから生後三年くらいだろう。

体高（背から腹までの長さ）が高く、体側に黒褐色の横帯があるので、一見、海水魚のクロダイ（チヌ）に似る。

しかし、なんと言ってもこの魚の特徴は、えらぶたの後ろにある青黒い模様である。これがこの魚の名前になっている。つまり、ブルー（青い）ギル（えら）である。

ブルーギルは、もともと日本にいなかったから外来魚である。原産地は北アメリカのミシシッピ川で、一九六〇年に日本に持ち込まれ、その後全国的に広がり殖《ふ》えている。

ぼくがこの魚を初めて見たのは、一九八三年に高松市鹿角町《かのつのちょう》の農業用水路であった。そのとき、五センチくらい（生後一年）の幼魚が群れになっていた。「なんやチヌみたいや」と言ったことを思い出す。

それから二十年たった今、ブルーギルは県内いたる所のため池や川に生息している。ため池の水面近くで、ほとんど動かずに浮かんでいるのを見掛けたら、大抵はこの魚である。この魚がこれほどまでに殖えてきた理由はいくつかある。

その一つは殖え方である。オスは水底をすりばち状に掘って巣をつくって、メスを呼び込んで産卵させる。その後もオスは巣の周りで泳ぎ卵や仔魚《しぎょ》を守る習性がある。もっとも外敵に襲われやすい時期を親が守るから生存率も高くなるだろう。

もう一つは、この魚は肉食性であることだ。ため池や川に多い小魚はもとよりエビ類、水生昆虫など何でも食べることができる。そのために、ため池や川に昔からいた水中動物の生息が心配されるほどになっている。

最後に、人によるむやみな放流や移植が原因と言われる。むしろ、これが広範囲に殖える大きな原因だろう。

（平成一五・一一・一六）

ニュウナイスズメ

群れは変化自在の大きな魔物のよう

雨が三日降り続き、四日目の十一月十二日の朝もしぐれた。そのとき、小田池（香南《こうなん》町）の西側にあたる北原地区で、五十羽のニュウナイスズメが電線に並び留まっていた。

　辺りを見回すと、別の電線にも約二百羽と七十羽の群れがいた。また、近くの民家のサクラとウメの木に約百二十羽が群れていた。ほぼ二百メートルの範囲に、全部で四百羽余りのニュウナイスズメがいるから少々驚いた。

　そのうちのサクラの木に留まっている群れに、そっと近付いた。じっとしているものもいるが、その冬芽《とうが》をついばむというように食事に専念しているものもいた。

　群れの中にいるオス＝**写真**＝は、頭から腰までが明るい栗色で、ほおが白くスズメ＝**写真右円内**＝のような黒い模様はない。

　また、全体にオリーブ色がかったメス＝**写真左円内**＝もいる。スズメは雌雄同色だが、ニュウナイスズメは雌雄がはっきり区別できる。

　見始めてから三十分たったか。四カ所に分かれていた群れが次々に飛び立ち、一カ所の電線に集まった。その瞬間、四百羽余りが一斉に舞い上がった。空中を舞う様は壮観で、急旋回するたびに群れの形が変わり、まるで変《へん》化自在《げじざい》の大きな魔物のようにみえる。

　そう思った途端、一羽のオオタカが現れてニュウナイスズメを襲ったが、うまくかわして被害なし。群れのおかげで助かった。

　ニュウナイスズメは、春から夏にかけて本州中部より北方で繁殖し、冬は西日本で越冬する渡り鳥である。しかし、その越冬地は限られた所だけであるから不思議だ。

　小田池の周辺では毎年ニュウナイスズメが訪れている。この地域は、農耕地、林、ため池などの多様な環境である。そのために、ニュウナイスズメが冬越しをするための植物質の餌も豊富なのだろう。あなたの近くにニュウナイスズメが来ていますか。

（平成一五・一一・二三）

チョウゲンボウ②

讃岐の冬空を舞う狩人

三年前、このシリーズで片目を失ったチョウゲンボウのことを書いたが、今回は健康なチョウゲンボウにゆっくりと出会うことができたのでご紹介したい。

十一月十七日、依頼されていた高知県土佐町の杉林の調査を終えて帰り道のことだった。早朝から山道を歩き、疲れていたので大野原町の海岸で休憩していた。

ふと、農道の脇に立つ電柱に、ハトより大きい茶色の鳥が留まった。「あっ、チョウゲンボウ」と気付き、念のために双眼鏡で見ると、そのメスだった。

電柱までの距離は約三十メートル。しかし、チョウゲンボウは、ぼくには無関心の様子で、しきりに頭を動かし、大きな目玉で田んぼを見ていた。何分たったか。突然ひらひらと舞い降りて、バタバタと羽ばたき何かをつかみ、もとの電柱に戻った。急いで双眼鏡のピントを合わすと、ハツカネズミらしい。チョウゲンボウは、鋭いくちばしで肉を引き裂きながら、ゆっくりと食べていた。

その後、二十メートルほど離れた松の枯れ木に移った。依然として、ぼくを無視し、今度は草地の方を見ていた。数分たち、一直線に飛んで地面に降り、ふたたび枯れ木に戻った。獲物はバッタの類であった。

このようにして、チョウゲンボウは電柱や木に移りながら、五十分間は狩りをした。

チョウゲンボウはタカのなかまである。その中でもハヤブサ科の一種。おもに本州の中部や北部で繁殖し、冬は暖地で過ごす。

したがって、県内では冬に観察することが多い。ぼくは去年の冬だけで五回も出会った。そのほとんどは電柱や電線に留まっていた。ときには交通の激しい交差点の電柱に留まっていることさえあった。

その目的は、地上にいるネズミや昆虫、飛んでいる小鳥を捕るためである。まさに、チョウゲンボウは讃岐平野の冬空を舞う狩人である。

（平成一五・一一・二〇）

マツカサガイ

澄んだ水の流れに生息

海岸にほど近いある小川で、川底の砂れきを手でかき分けた。何回やっても何も引っ掛からない。少し不安になった。

そのとき、丸味のある硬いものに触れた。てのひらに乗ったものは、探していたマツカサガイである。感激で胸がどきどきした。

一転、元気になりその辺りの砂れきをかき分けると、マツカサガイの親貝が三個と幼貝一個が見付かった。

親貝の殻長（殻の前後の長さ）は六センチほどで、全体に黒褐色。殻の幅はせまく、平たい二枚貝である。同じイシガイ科のドブガイのような膨らみはない。そして、何と言ってもこの貝の特徴は、殻の表面の顆粒《かりゅう》（小さい粒）である。このような貝殻の形が松かさに似るので、この貝の名前になった。

一方、幼貝の殻長は三・五センチで、全体に茶褐色で美しい。親貝とは異なり、顆粒は殻全体に広がりはっきりしている。

試しに、親貝＝**写真の右側**＝と幼貝＝**左側**＝を川底に戻した。すると、殻の間から白い足を出し、砂れきの中に差し込んだ。そして、みるみるうちに殻ごと潜りこんでしまった。そう深くは潜らず、殻が隠れる程度である。この貝は移動するときのほかは、砂れきに潜むのが常らしい。

ところで、このマツカサガイの観察場所であるが、保護のために公開を控えることにした。

貝類研究者の矢野《やの》重文《しげふみ》先生による調査では、マツカサガイが県内で生息している所はここ一カ所だけだからである。本来は、本州、四国、九州の河川や池沼に生息していたが、現在は限られた所だけである。そのため、環境省では準絶滅危惧種（生息条件が変わると絶滅の危機にひんする）に指定したほどだ。

ここのように川底に砂れきがたまり、常に澄んだ水が流れる川が増えると、マツカサガイの生息場所はもっと多くなるだろう。

（平成一五・一二・七）

ノスリ②

高い位置から獲物を探す

師走に入り木の葉が舞い落ちるようになった。この季節は、北国から渡ってきた冬鳥たちが目立つようになる。

なかでもタカのなかまは格別で、普段出会うのが難しいものでも、目にかかりやすい。

十二月二日の朝、屋島（高松市）の中腹で、茶色っぽくて大きな鳥が、すっかり葉を落とした高い木に留まっていた。

うっかりすると「あ、トビか」と見過ごすところだったが、ずんぐり体形で、体の下面が白っぽい。「ノスリだ」と心の中で叫んだ。望遠レンズの視野には、黒くて大きな目、あごに付くひげのような模様など、ノスリの特徴がはっきり見えた＝**写真**＝。

タカ科に属すノスリは、四国でも繁殖するが大部分は本州の中部以北で繁殖し、秋になると中部以南に渡って冬を過ごす。十月ごろ、鳴門山（徳島県鳴門市）の展望台で空を見ていると、淡路島（兵庫県）側からノスリが一羽ずつ現れ、四国側に渡ってくるのが観察できる。

そのようなノスリの一部は、県内にとどまって冬越しをする。最近、ぼくが屋島以外で観察したのは、県道観音寺池田線（財田町）の道路沿い、大川《だいせん》山《ざん》の中腹（琴南《ことなみ》町）、五色台の中腹（高松市）、さぬき市小田の山の中を走る道路沿いなどであった。

そのいずれの場所も山間であり、斜面に立つ高い樹木のこずえか電柱のてっぺんに留まっていた。そして、辺りに広がる草地や低木の林を眺められるような所であった。

高い位置からだと、辺りに現れるネズミ類や昆虫、小鳥などの獲物が手に取るように見えるに違いない。

話を元に戻そう。屋島のノスリは、獲物が見付からなかったのか、しばらくして舞い上がった。そのとき、幅が広くて大きな翼、扇子を広げたような尾に、冬の森の頂点に立つ王者の風格がみえた。

（平成一五・一二・一四）

ウナギ

海と川を回遊する一生

まだ暑さが残る九月下旬、坂出《さかいで》市王《おう》越《ごし》町の用水路で、たも網にウナギの幼魚が入った＝**写真**＝。体長が十センチ、耳かきほどの太さ。つかもうとしても、するりと抜けて手にかかりにくく往生した。

でも、久し振りに出会ったものだから、胸が躍った。子どものころ、ぼくの近所ではウナギの幼魚を「かんちょろ」と呼んでいた。そのころの子どもたちは、泥まみれになって用水路をせき止め、魚をとるのも遊びの一つだった。そのとき、ウナギの幼魚は普通に生息し、よく見たものである。

寒い北風が吹く十二月ごろ、内水面漁業者が近くの溜池を干し上げて、「うなぎかき」という道具で泥の中を引っかくと、一メートルにもおよぶ親ウナギが次々とかかっていたことも思い出す。そのような漁業は昭和三十年ごろまで続いた。

ところで、日本のウナギはどこで産まれるのか。産卵場を見付けるための研究は長年にわたって行われていたが、一九九一年七月、東京大学海洋研究所の研究船白鳳丸《はくほうまる》が、フィリピン海で、卵から産まれたばかりのレプトケファルスを多く採集したことで、やっと産卵場を特定することができた。

柳の葉のような形の幼生レプトケファルスは北赤道海流や黒潮に乗って数千キロの長旅をする。そして、日本の沿岸にたどり着くころには変態して透明なシラスになる。シラスは河口や川で過ごすうちに黒っぽいクロコに変わり、さらに王越町で採集したようなウナギの幼魚までに成長する。

その幼魚も川や溜池で成長して数年たつと親ウナギになる＝**写真円内**＝。親ウナギは川を下り海に出て、産卵場のフィリピン海に向かうことが分かっている。

今、このように回遊《かいゆう》して一生を過ごす天然ウナギが少なくなったという。ウナギが成長する川や溜池の環境が、昔と比べて変わったためだろうか。

（平成一五・一二・一二）

マナヅル

国境がないツルの渡り

昔からお正月や長寿を祝うとき、ツルを描いた掛け軸を床の間に飾る習わしがある。その場合のツルは、頭のてっぺんが赤いタンチョウである。そのタンチョウの野生は、日本では北海道だけである。

しかし、県内にも現れるツルがいる。マナヅル、ナベヅル、クロヅルなどである。例えば、マナヅルは一九八六年に観音寺市の三豊干拓地で、ナベヅルは一九九七年に同じ三豊干拓地で、クロヅルは一九七四年に丸亀市に渡来した。いずれの場合も単独か数羽と少ない。

ところがそれらが毎年の冬、しかも大群で渡ってくる所がある。鹿児島県出水《いずみ》市荒崎《あらさき》である。今、ここにナベヅル八千九百四十羽、マナヅル三千六十九羽、クロヅル七羽、カナダヅル三羽、ソデグロヅル一羽などが水田跡で翼を休めている。これは二〇〇三年十二月二十三日に出水市荘《しょう》中学校ツルクラブの生徒たちが数えた結果である。ツルの越冬地では世界最大級だ。

このうち、大きくて目立つのがマナヅルで目の周りが赤い＝**写真左**＝。小さくて首から下が鍋の底のように黒いのがナベヅルである＝**写真右**＝。

これらのツルは、二月中旬から北帰行を始めるが、どこへ渡って行くのか。それを解明したのが、一九九一年から三年間にわたって日本野鳥の会などによる「人工衛星によるツルの渡りルート調査」であった。ツルの体に送信機を付け、人工衛星ノアが受信したデータから、ツルの位置を知る方法である。

その結果、マナヅルは出水市から飛び立ち、朝鮮半島の非武装地帯の板門店（パンムンジョム）と鉄原（チョルウォン）、北朝鮮の金野（クミャ）などを中継して、中国とロシアの国境沿いの三江《さんこう》平原や中国のザーロンなどの湿地まで渡って繁殖することが分かった。

もちろん、各国の研究者たちは協力してマナヅルの生態を調査し多くのことが分かった。ツルには国境がない。

（平成一六・一一・一二）

アカツクシガモ

ひつじ田で狐色に輝く

ひつじ生え《ば》（秋に刈り取った稲の株から生えるひこばえ）で緑色になっている水田に、一羽のアカツクシガモがやってきた＝**写真**＝。

ときは二〇〇三年十二月二十一日、ところは三豊干拓地（観音寺市）。折からの朝日を受けて、アカツクシガモは狐《きつね》色に輝いていた。頭がやけに白っぽいので、どうやらメスらしい。

ぼくが初めてアカツクシガモを見たのは、今から三十一年前である。やはり寒くなり始めた十二月で、小田池（高松市）の水辺に坐りこんでいた。このとき、一緒にいた友人のMさんは「あっ、狐がいる」と叫んだほどだった。

アカツクシガモは、カモ類のなかでも大形で、美しいから野外ではよく目立つ。本来はユーラシア大陸の中部で繁殖し、その南部（例えば中国の南部やインド）で越冬する鳥であるが、まれに日本にも渡ってくる。したがって県内でもめずらしい鳥の一つで、野間池（さぬき市）、平田池（高松市）、国《くに》市《ち》池（高瀬町）などにも訪れたことがある。

さて、三豊干拓地のアカツクシガモは、ひつじ田をゆっくり歩きながら餌を取っていたが、九時過ぎに飛び立った。このとき、翼のうちの風切羽《かざきりばね》は黒く、雨覆《あまおおい》が白く見えた。

ぼくは、餌になるものが知りたくて、ひつじ田を探した。そこで見つけたものは、稲の穂、タマガヤツリやスズメノカタビラという草であるが、これを食べていたかどうかは確かめようがなかった。

アカツクシガモがひつじ田を飛び立ってから一時間後、隣接の杵田《くにた》川河口（観音寺市）へ行ってみると、水面に浮いていた。

そこでは、カルガモ、オナガガモ、ヒドリガモなどが二百羽くらい群れていたが、それらに混じることなく単独でいた。文献《ぶんけん》（ものを調べる資料となる書物や文章）によると、アカツクシガモは朝や夕方に餌を取り、日中は安全な水面に浮かんで休息するとあった。

（平成一六・一・一八）

カワアイサ

水中泳ぐのに適した体

去年の十二月二十一日、柞田《くにた》川河口（観音寺市）でアカツクシガモを観察していたとき、同じところでカワアイサのメスが泳いでいた。

近くにいたカルガモやヒドリガモのように腰や尾を水上に浮かしているのとは異なり、腰や尾を深く沈めるようにして浮いていた。

このときは、水中に潜って餌を捕っている最中だったので、そのようすを見ることにした。まず、水上に浮いた姿勢から、水面上へはね上がるようにして、頭から水中に潜り込んだ。潜水時間はまちまちだが、一分間前後。そして、進行方向の十数メートル先の水面上に浮き上がっていた。

これを何回か繰り返して、やっと餌にありつける。このときは三十分間見ているうちに、一回だけ魚をくわえて浮き上がってきた。そして、水面で魚をくわえ直して、頭から飲み込んだ。魚はボラの若魚イナのように見えたが、瞬間的であったので確認することはできなかった。

このカワアイサ、餌を食べたので満足したのか河口の中州に上がり全身を見せた＝写真＝。

赤っぽいくちばしは、細くとがり先端がかぎ状に曲がり、魚を捕まえやすいようにできている。

赤い足は太くて水かきも大きく頑丈そうである。まったく水中を泳ぎ回るのに適している。しかも、その足は体の後方に付いているが、船のスクリューと同じ理屈で、水中を速く泳ぐのに都合がよい。

中州に上がったカワアイサは、くちばしで羽づくろいを念入りに始めた。くちばしを尾の付け根にあてては全身の羽毛を整えていた。おそらく脂肪質のものを羽毛に塗っているのだろう。羽毛は体温を保つ大切なものである。とくに、水中に潜る鳥にとって、羽づくろいは大切な行動である。

（平成一六・一・二五）

ウソ②

今年の一月二十二日の朝は厳しい冷え込みであった。高松での最低気温はマイナス二・四度と発表された。ぼくは土器川（飯山《はんざん》町）にいたが、耳たぶが痛くなるほど寒かった。

　このとき西の方を見ると、大麻山《おおさやま》（善通寺市・標高六一六メートル）は、うっすらと雪をかぶっていた。それを見て、ちょうど一年前に雪が残る大麻山に登り、ウソという鳥をたっぷり見たことを思い出した。

　大麻山の頂上にはテレビや無線中継用の鉄塔が立ち並ぶ。その横に幅広い遊歩道があり、両側に桜並木が数百メートル続く。

　ここで、フィーフィーと笛を吹くような鳴き声の六羽のウソを見付けた。ウソは桜の冬芽をむさぼるように食べていた。

　そのうちの一羽だけがオス＝**写真**＝で、あとはメス＝**写真円内**＝であった。

　オスのほおとのどは、胸がどきどきするほどの強烈な赤い色である。赤色の付いたオオマシコやベニマシコとともに野鳥好きな人々が観察したい鳥の一つでもある。

　ウソは人の動きに対してすぐに飛び去るほど警戒心が強い。感付かれないように、そっと近付いた。

　ウソは桜の枝先に止まり、太くて短いくちばしで冬芽《とうが》を巧みにかみ分けていた。冬芽をおおう鱗片《りんぺん》は捨て、栄養豊富な花芽《かが》のみを食べていた。桜の下の地面いっぱいに鱗片が散らばるほどであった。

　ちなみに、このとき冬芽はあまりふくらんでなく、重さは平均で〇・〇四グラムと小さかったが、ウソにとっては大好物の食べ物だ。

　善通寺市街地のはずれから山頂近くまでの林道は、約十三キロメートル。それに沿って桜を植栽しているので、ここはチェリーラインと名付けられている。

　山頂でウソを見ての帰りに、チェリーラインの標高四〇〇メートルと二〇〇メートルでも冬芽をついばむウソの群れに出会った。

（平成一六・二・一）

桜の芽が好物の赤い鳥

各地で異なる「木うそ」

　二月一日付のこのシリーズで大麻山のウソのことを書いた。とくに、オスのほおとのどが赤いことを紹介した。ところが、これが天満宮の「うそ替《か》え神事《しんじ》」という祭りにかかわっているからおもしろい。

　平成十五年一月七日、九州の太宰府《だざいふ》天満宮のうそ替え神事を見た。夕方、すっかり暗くなった境内に八つの提灯がともり、その真ん中にウソをかたどった大きな「うそ鳥」が置かれていた。その周りを大勢の参けい者が取り巻いて待つ。

　午後七時、神職の合図で神事が始まった。参けい者はあらかじめ拝受された「木うそ」＝**写真右端**＝を持ち、「替えましょう」と言って何回も交換していた。木うそは、ウソをかたどった木製のものである。見ず知らずの人が、お互いに笑顔で声をかけ合ううちに温かい気持ちになるから不思議だ。

　この神事は、去年の凶《きょう》（わざわい）をうそにして今年の吉《きち》（よいこと）に取り替えるという。太宰府天満宮によると、大昔（九八六年以前）に松葉をいぶして鬼を追い出す神事をしていたとき、熊蜂が現れ参けい者に襲いかかった。そのとき、どこからかウソが飛んできてたちまちに退治してしまった。これは天神さん（菅原道真）のおかげだということでうそ替え神事が始まったらしい。

　香川県では滝宮《たきのみや》天満宮（綾南《りょうなん》町）のうそ替え神事が有名であり、そのようすについてはこのシリーズ（平成十三年四月六日付）に書いた。滝宮天満宮の木うそは、太宰府のものとは多少異なる＝**写真右から二番目**＝。

　また、大阪府藤井寺市の道明寺《どうみょうじ》天満宮の木うそは、本物のウソによく似る＝**写真右から三番目**＝。さらに、東京の湯島天神の木うそは、きわめて素朴である＝**写真左端**＝。

　今、ぼくの手元にある情報では、全国で二十カ所の天満宮でうそ替え神事が行われていて、木うそも異なる。しかし、のどを赤くしていることは共通である。

（平成一六・二・八）

ヒシクイ

仲良く一列に並び泳ぐ

去年の十二月十日から高瀬町の国市《くにち》池に、ヒシクイが渡来している情報があった。なにしろ国の天然記念物に指定されている大物で、ぼくの知る限りでは県内で初めて。

「押っ取り刀で駆け付ける」とはいかなかったが、十二月二十三日に国市池へ行った。朝から広い水面を探したが、五百羽ほどのカモ類が浮かんでいるだけであった。

十時五十五分、突然にヒシクイ六羽が現れ、池の中央に着水した。そして、ガン類中最大級の体を腰高に浮かせ長い首を鉛直にのばして、仲よく一列に並び泳ぎ始めた＝**写真中央**＝。

ヒシクイは、ロシア北部のツンドラ地帯で繁殖し、中国、朝鮮半島、日本などで冬を越すという。日本では中部以北に渡来するが、四国のように暖かい地方にはめったに来ない。

二十年ほど前、日本に渡って来るヒシクイには、体の大きい亜種《あしゅ》オオヒシクイと体の小さい亜種ヒシクイがいることが分かった。亜種というのは、同じ種であるが、形態や繁殖地が異なる生物集団である。

ぼくは、石川県の片野鴨池《かたのかもいけ》で亜種オオヒシクイを何回か見たことはあり、国市池の場合も亜種オオヒシクイでないかと思った。

念のため、日本鳥類保護連盟の柳澤《やなぎさわ》紀夫《のりお》さんに写真を送った。折り返し、亜種オオヒシクイであるとの返事をもらった。そして、その区別はくちばしの形であると書き添えてあった。

それはともかく、翌日も十二時十分に、同じヒシクイが六羽そろって国市池に現れた。今度は水辺に上がって座り込み、頭を背に乗せて休んでいた。

ヒシクイは朝の内に休耕田や池で餌をとり、午後は安全な水面で休むという。その名前のようにヒシの実が好物らしいが、イネ科植物の葉や種子も餌になる。県内にはヒシクイが渡来する自然が残っているのかと思うとうれしくなる。

（平成一六・二・一五）

ホシムクドリ

渡りのなぞ解きに一役

冬日和の二月十日、三豊《みとよ》干拓地（観音寺市）で、ホシムクドリと出会った。農道沿いの電線にムクドリが五羽、少し離れてホシムクドリが一羽だけ留まっていた＝**写真**＝。

紫色がかった黒っぽい体。翼と尾のほかは、白い点が星のように散らばっている。

日本ではホシムクドリは極めて少ない。ユーラシア大陸の中部で繁殖したものの一部が冬越しのために渡って来るからである。県内では、今のところ三豊干拓地だけ。

電線に留まること約十分間。この鳥が渡りのなぞを解く有名な実験に使われていたかと思うと、親しみも増す。

一九四九年、ドイツのマクス・プランク研究所のクラマーは、渡りの季節を迎えたホシムクドリを鳥かごに入れて野外に置いたところ、ある方向に向いて動き回ることに気付いた。そして、太陽光線をいろいろな方向から当てる実験を繰り返した結果、ホシムクドリは太陽を目安にして渡りの時期を知ることを突き止めた。

ほぼ同じころ、オランダの生態学研究所のバーデックは、この鳥で渡りのコースを調べた。彼は、繁殖地のバルチック地方から越冬地のフランスやイギリスに向かうホシムクドリを、途中のオランダで捕まえてスイスに運び放したところ、フランスの西部やスペインで発見されたという。つまり、ホシムクドリは、生まれながらにして決まった方向に飛ぶ能力があることが分かった。

二年前、友人の高橋久博さん（高松市）がカナダのバンクーバーで撮ったホシムクドリの写真を見せてもらった。ここでは町中で普通に見られるらしい。文献で調べると、北アメリカのホシムクドリは、ヨーロッパから人手によって持ち込まれたものが増えたらしい。

ホシムクドリは、ヨーロッパや北アメリカでは普通の鳥であるが、日本ではまれに見る鳥である。

（平成一六・二・二二）

マガン

親子で安心して池でうたた寝

雁と書いて「がん」と読む。カモ科のうち、マガン・ハイイロガン・ヒシクイなどの大型のなかまの総称である。また、雁は「かり」や「かりがね」とも読むが、ともに鳴き声から生まれた呼び名である。

その雁のうちのマガンが、去年の十二月二十四日、多度津《たどつ》町の千代池で泳いでいた。

もともとマガンは、はるかユーラシア大陸の北の端から、冬越しのために訪れる鳥である。その大部分が宮城県の伊豆沼《いずぬま》に集まる。近いところでは、鳥取県の中海《なかうみ》にも定期的にやってくるがそう多くはない。

冬の暖かい香川県でマガンがやってくるのはまれで、小田池（高松市）、田村池（丸亀市）、柞田《くにた》川河口（観音寺市）などに少数が渡来した記録がある。

そのマガンが千代池に現れたということは、今年の東北地方は雪が多く、餌を求めてその一部が南下してきたのだろう。

満水面積が約五万平方メートルの千代池のほぼ中央に浮いていたマガンは二羽。ともにくちばしはピンク色。そのうちの一羽はくちばしの付け根が白いので親鳥だが＝**写真の右側**＝、もう一方は白くないので幼鳥である＝**写真の左側**＝。

越冬地でのマガンは、雌雄と数羽の幼鳥でいるのが普通である。それなのに、片方の親と幼鳥一羽だけとはどうしたことか。

繁殖地の北国から千代池までの長旅の間に、マガンの家族に事故か何かの間違いがあったのだろう。

そんな事を考えながら堤に座っていると、二羽のマガンは四十メートル前まで近付いた。よく見ると、まぶたが閉じたり開いたりしている。うたた寝をしているらしい。

千代池の堤は整備され、地元の人々がウオーキングを楽しんでいる。それにもかかわらず、マガンとともに、多くのカモ類も泳いでいたからうれしくなる。

（平成一六・二・二九）

ツグミ②

群れで動き食欲は盛ん

二月二十九日の午後、朝からの小雨は上がり、日差しがまぶしいほどになった。

このとき、高松市の石清尾《いわせお》八幡神社の参道にあたる市道馬場《ばば》田町《たまち》線（八幡通り）で、十数羽のツグミがクロガネモチの実を食べていた＝**写真**＝。

この歩道には、六十四本のクロガネモチが街路樹として立っている。今、それぞれに熟れた赤い実がたくさんついている。ツグミは、直径三～五ミリの実を一個ずつついばみ丸のみしていた。木の下を人が通ると一斉に舞い上がり電線に留まる。そして、人通りが途絶えるのを待つ。

ツグミだけでなくヒヨドリも来ている。メジロもいた。この時期のクロガネモチは、鳥たちのレストランになる。

ツグミは、秋のころロシア極東北部から渡って来る。初めごろは主に山地のクスノキやヒサカキなどの実を食べて過ごすが、年が明けると平地にも姿を見せるようになる。

そして、公園や民家にあるクロガネモチやピラカンサの赤い実を食べるようになる。ツグミが群れで訪れると、たちどころに赤い実がなくなってしまうほど食欲おう盛である。

高松市の市道でクロガネモチを街路樹にしているのは八幡通りのほか、浜《はま》ノ町《のちょう》宮脇《みやわき》線（大学通り）、兵庫町西通《ひょうごまちにしとおり》町《まち》線、兵庫町丸の内線、三番丁築地線、今里上福岡《いまさとかみふくおか》線、区画二十四号街道などがある。全部で五百二十本のクロガネモチがあるという。

この日、一通り歩いたが、八幡通り以外は赤い実は非常に少ない。実のつき具合が悪かったのか、それとも鳥たちが食べてしまったのか。

赤い実がなくなるころになると、ツグミは田畑や芝生地で虫やミミズなど食べる。それは四月下旬から五月上旬にかけて北国へと旅をするのに必要なエネルギーを貯えるためである。

（平成一六・三・七）

ウグイス②

二月十四日の朝、高松市の石清尾山《いわせお》（標高二三二・六メートル）の竹やぶでウグイスがさえずっていた。

この日は例年になく暖かく、高松地方気象台では最高気温一九・三度を記録していた。

ホーホケキョ、ちょっと間をおいてホーホケキョを繰り返す。このさえずりは、聞く人には心地よいが、ウグイスにとっては生活場所を確保するための「なわばり宣言」である。

さえずりを聞いたついでに、その姿も見たいと欲張り、竹やぶの縁《ふち》で座り込んで待った。

ウグイスは竹やぶなどの薄暗いブッシュを生活場所にしているので、明るい所には容易に姿を見せない。

半分あきらめかけていたところ、三十分後にブッシュの枝先に姿を見せた＝**写真**＝。

ウグイスの姿を見るとき、お菓子屋さんに並んでいる黄緑色の和菓子を思い出してはいけない。その色を「うぐいす色」ともいうが、ウグイスの体の色とは全く違う。

ウグイスの体は、頭や背、翼などが茶褐色である。胸や腹は汚れたような白色である。美しい声に似合わず、体は目立つ色もなく地味である。

ところで、ウグイスの鳴き声は、ホーホケキョだけではない。ケケケ……ケキョケキョケキョとけたたましく鳴くときがある。これを俗に「谷渡り」と呼ぶが、このように鳴いているときは外敵を警戒しているときという。

また、チャツ、チャツという舌打《したう》ちでもしているような声でも鳴く。これをさえずりに対して「地鳴《じな》き」という。この地鳴きを、昔から「笹鳴《ささな》き」とも呼んでいる。

石清尾山では、その後も暖かい日が続き、ウグイスはよくさえずった。ところが、三月三日から急に寒くなり、ウグイスのさえずりは少なくなった。しかし、暖かい春はそこまで来ている。

（平成一六・三・一四）

声に似合わず地味な姿

トラフズク

冬枯れの林に溶けこむ姿

写真は、冬枯れの林の中にいるトラフズクである。ところが、そこから十メートルも離れると、トラフズクの姿が林に溶けこみ、見つけることはきわめて難しくなる＝写真中央＝。

今年の一月、土器川沿いの林でトラフズクを探した。三日目の二十七日、やっと見つけた。昼間だのに、アキニレ（落葉樹）の枝に留まり眠っていた。三羽もいたから、ここを「ねぐら」にしているのだろう。

トラフズクは中型のフクロウ。本州の中部地方以北より、冬越しのために渡ってくる。全身に黒褐色の縦縞模様があることから、その名前にトラフ（虎斑《とらふ》）がつく。また、ズク（木菟）はフクロウのことである。この鳥には、耳のような長い羽角《うかく》もある。

もし、外敵が近づくと、全身の羽毛をぴったりと押しつけて縦に伸び上がり、羽角を立ててじっとしている。

こうすると、虎斑模様の地味な体色と相まって、枯れ木のように見え、目立たなくなる。一種の擬態《ぎたい》（動物の形、色、斑紋が他の物に似ること）である。

昼間のトラフズクは、このようにして身を守りながら休んでいるが、夜間は飛び回って獲物を捕る。

香川大学出身の野口和恵さん（徳島県麻植《おえ》郡鴨島《かもじま》町）は、一九九八年から翌年にかけて大阪市の南港《なんこ》野鳥園に生息するトラフズクのペリット（餌を食べたあと吐き出した不消化物）を調べた。その結果、ペリットの九六・五パーセントがネズミ類で、ほかに鳥類や昆虫もあったことが分かった。

国内外の研究者たちの調査でも、トラフズクの餌はネズミ類が多いと報告している。

県内でトラフズクが観察できるのは二月過ぎまで。暖かくなった今頃は、北に向けて渡りをしているか、あるいは北国で子育ての準備をしている最中だろうか。

（平成一六・三・二二）

ヒバリ②

草むらが減り巣造りに苦労

三月十八日付の四国新聞で「最速夏日二五・五度」の見出しがあった。確かに、その前日はよく晴れ、南寄りの暖かい風で汗ばんだ。

このようなときは、ヒバリがよくさえずる。この日、新川《しんかわ》の中流（高松市新田《しんでん》町）でも盛んにさえずっていた。

ぼくは、それを聞きながら堤防に腰を下ろした。すると、突然にヒバリが目の前に舞い降りた。なんと、頭の上の羽毛が総立ちである＝**写真**＝。

一瞬、ぼくは辺りを見回した。すぐ近くにヨモギが生え、その根元に造りかけの巣があった。

くだんのヒバリは、「ここはおれの縄張りだ」と怒っているのだ。ぼくは慌《あわ》てて、その場から離れた。

ヒバリの頭の長い羽毛を冠羽《かんう》という。外敵を警戒したり、縄張りを宣言するときに冠羽を立てる習性がある。

ところで、最近、我が家に近い休耕田で異変がある。そこでは、毎年ヒバリがさえずっていた。しかし、今年はさえずりが聞こえない。その姿もない。

思い当たることはある。その休耕田では、春になると草がまばらに生え始める。そこにヒバリの雌雄が現れて巣造りを始める。もちろん、その上空に舞い上がり盛んにさえずっていた。

ところが、農家は草が大きくなると困るので耕運機で耕してしまった。しかし、しばらくすると再び草が生え、再び巣造りを始める。この繰り返しが田植えまで続いた。結局、そのヒバリは巣造りができずに終わった。

それが原因で、その休耕田にヒバリが現れなくなったかどうかは分からない。

しかし、最近は休耕田だけではなく、ヒバリが巣造りするようなまばらな草原が減った。川の堤防や河川敷でも、そのようなところは少なくなっている。

（平成一六・三・二八）

ヌマムツ

新しい名前ですっきり

平成十五年に新しい和名《わめい》（日本での標準的な生物名）がついた魚がいる。ヌマムツである。それは、二〇〇三年二月、細谷和海《ほそやかずみ》博士らによって発表された。

また、そのヌマムツに、ザコ・シーボルディという国際的に通用するラテン語でつづられた学名も命名された。ザコとは、雑魚《ざこ》の意味。シーボルディは、江戸時代の終わりごろ日本の動植物をヨーロッパに紹介したドイツ人の医師シーボルト（一七九六〜一八六六）にちなんでいる。

それまでヌマムツは、カワムツA型と呼ばれていた。そして、よく似るカワムツとともに、川釣りの対象になったり、小学校の水槽で飼育されるなど子どもたちに親しまれていた。

写真はヌマムツのメスである。三年前、津田《つだ》川の中流（さぬき市）で、魚類調査をしていた大高裕幸《おおたかひろゆき》先生（魚類研究者）らが採集したものである。大高先生によると、県内でヌマムツが生息しているのは、津田川と大東《だいそく》川（宇《う》多津《たづ》町・坂出《さかいで》市）間の平野部という。その環境は、おもに河川の中・下流の流れがゆるやかな沼のようなところらしい。

ヌマムツは、ひれに赤みがあり、頭先がカワムツのような丸みがない。決定的なのはしりびれに、先がとがる棘《きょく》が三本、先がとがらない軟条《なんじょう》が九本ある。しかし、カワムツは、棘が三本だが軟条は十本である。

ともかく、一年前までのヌマムツは、カワムツA型という仮の和名で、学名もなかった。

いま、ヌマムツは研究者たちの努力によって、ほかの魚のように名前がつき、さぞすっきりしているに違いない。

（平成一六・四・一二）

（注）ヌマムツの学名は、二〇〇三年に *Zacco sieboldii* と命名されたが、二〇〇八年に *Nipponocypris sieboldii* に改められた。

ニホンマムシ

太く短く銭形紋がある毒ヘビ

　四月上旬、桜が咲く塩江《しおのえ》町安原のあぜ道で、ニホンマムシ（以下マムシ）が日なたぼっこをしていた。近付くと、ゆっくり草むらに消えた。

　マムシの正しい和名は「ニホンマムシ」。方言では「はみ」と呼び、小豆《しょうど》島《しま》などの一部では「はめ」とも言う。

　マムシは毒ヘビとして恐れられるが、おとなしく、よほどのことがない限り攻撃はしてこない。ぼくは、山道を歩いていて踏みそうになったことが数回ある。また、沢登りをしていて手でつかみそうになったこともある。しかし、かみ付かれたことはない。

　沖縄のハブほどの猛毒はないが、死亡するケースもある。もし、かまれると病院で血清治療を受ける必要がある。

　マムシの全長は五十センチ前後。全体的に太短《ふとみじか》で、尾の部分が急に細くなっている。そして、首から尾にかけて、だ円形の斑紋が並んでいる。そのだ円形の真ん中に黒っぽい紋がある（銭形紋という）。

　ぼくは、マムシが子ヘビを産むのを見たことがある。一九七九年十月六日、五色台の山道で一匹のメスを捕まえた。そして、ガラス箱に入れておいた。

　数日後、子ヘビを産みかけたので外に出すと、七匹の子ヘビが産まれた＝**写真**＝。子ヘビは二十センチ近くもあり、体の模様も一人前になっていた。ただ、子ヘビの尾の先は黄色であった。

　アオダイショウやシマヘビなどは卵で産まれる卵生である。しかし、マムシは親の体内で卵だけの栄養で子ヘビになってから産まれる。このような産まれ方を卵胎生《らんたいせい》と呼んでいる。

　近ごろ、平地ではマムシを見る機会が減った。餌になるカエル類などの小動物が少なくなったからであろう。

　しかし、山地では普通にいる。そこには、餌のネズミ類も多いからである。

（平成一六・四・一八）

メダイチドリ②

春は美しい夏羽の装いで旅

春の干潟は、渡り鳥のラッシュになる。四月七日に、花稲海岸《はないな》（大野原町）でホウロクシギ（シギ科）を見た。

また、十四日には、新川《しんかわ》河口（高松市）でハマシギ（シギ科）百五十羽が舞っていた。

さらに、十六日には、花稲海岸にメダイチドリ（チドリ科）、ムナグロ（同）、キョウジョシギ（シギ科）、オオソリハシシギ（同）、チュウシャクシギ（同）などが翼を休めていた。

そのうちのメダイチドリは、八羽が一つの群れになって現れた。海面すれすれに旋回した後、満潮のために残り少なくなった干潟に降りた。

一年ぶりに見る美しい装い《よそお》である＝写真＝。頭の上、くびから胸の上部にかけてがオレンジ色がかった赤褐色。それが目の周りの黒色と白いのどとのコントラストとなり、地味な干潟の中では目立つ。

このような装いを一般に夏羽という。夏羽は、繁殖期になった鳥の体の羽毛全体を指し、鮮やかな彩り《いろど》の場合が多い。

このメダイチドリも今は恋の最中で、さらに北上して、ロシア東部のカムチャツカ半島やチュコト半島などで繁殖をする。

そして、九月になると繁殖が終わったメダイチドリが幼鳥と共に再び姿を現す。そのときは、地味な色の羽毛で覆われている。このように繁殖期でないときの羽毛全体を冬羽という。この冬羽については、四国新聞（一九九八年十一月一日付）で紹介した。

さて、花稲海岸のメダイチドリは、二十分間ほど水際で餌を捕っていたが、その後は休息していた。じっと立ったままのもの、くぼみで座り込んでいるものなどまちまちである。なかには、水たまりに座り込むものもいた。

このような餌の補給と休息が、あと三千キロあまりの旅のエネルギーとなるのだろう。

（平成一六・四・二五）

ヒバカリ

首に黄白色の帯状模様

四月二十六日の朝。「ひぇーっ」という悲鳴で、思わず自転車を止めた。

そこは高松市郊外の道路工事現場。屈強な男がブルドーザーの横に立っていた。男は照れながら「ヘビがいた」と言う。ぼくはアオダイショウぐらいだろうと思い、再び自転車を走らせた。しかし、何か気になり元の所へ引き返した。

「まだ、いますか」の問いに、男は草むらを棒でつついてくれた。すると、茶褐色の姿が地面に現れた。ぼくは驚いた。めったに見ることができないヒバカリだった＝**写真**＝。

ヒバカリは、全長六十センチばかりの体をくねらして逃げようとしたので、棒で行く手をさえぎると止まった。

そして、首を曲げて体の前部を立ち上げた。威嚇《いかく》の姿勢だ。さらに真っ赤で長い舌をチョロチョロと出し入れする。おまけに、その先が二またに分かれているから一層気味悪く感じる。

このような行動から、かつてヒバカリは毒ヘビだとぬれ衣《ぎぬ》を着せられていた。そして、かまれると命はその「日ばかり」といわれたことからヒバカリの名になったようである。しかし、ヒバカリは毒を持っていない。

地面に立ち上がったヒバカリを見ていると、小さい頭に、黒くて丸い目はかわいい。ヒバカリの特徴である口の後ろから首にかけての黄白色の帯状模様もはっきり見える。別に攻撃してくる様子もなく、実に温和な性質のヘビである。

ぼくはヒバカリを見るのは数十年ぶりである。人目に触れない所にいるためか、それとも数が少ないためかは分からない。

それがなぜ、開発の進んだ住宅地にいるのか。ここでは餌になるアマガエルやヌマガエル、ミミズ類もいるので当分は心配ない。そんなことを考えながら、くだんのヒバカリを草むらへ逃がした。

（平成一六・五・九）

キョウジョシギ②

歌舞伎役者のような顔で食事

　五月の海岸は、南から北へ向かう渡り鳥でにぎわう。二日の朝、ちょうど満潮の花稲《はないな》海岸（大野原町）には、キョウジョシギやチュウシャクシギなどのシギのなかま、メダイチドリやムナグロというチドリのなかまがいた。

　このうち、派手な姿のキョウジョシギは、いやが上にも目立つ＝写真＝。

　その頭から胸にかけての白地に黒いしま模様がおもしろい。とくに、顔は荒事《あらごと》（荒々しい演技）をする歌舞伎役者のくまどりに似る。

　また、背から翼の上面は、赤褐色の地に太い黒線が走っていて、これもかなり派手な色合いである。

　このとき、キョウジョシギは十羽ほどいたが、せっせと餌を捕っていた。太くて頑丈なくちばしで、小石や貝殻はもとより浜に打ち上げられたゴミを片っ端からひっくり返していた。もちろん、それらの下に潜むカニなどの小動物を捕るためである。

　そのうちの一羽が、浜に打ち上げられたホンダワラ（海藻の一種）を見つけ、くちばしでほぐし、中に潜むトビムシをあさり始めた。すると、他のキョウジョシギも集まり、にぎやかな食事となった。

　四日後の五月六日、この海岸では、先のキョウジョシギは姿を消し、新たに三羽のキョウジョシギが現れた。

　このようにして、小群で現れては姿を消しながら、北に向かって旅をするのが、今の季節のキョウジョシギである。

　そして、夏の間、シベリアやアラスカの北の端で繁殖する。

　半年後の秋になると、幼鳥とともに南のオーストラリアやニュージーランドなどに向かって行く途中に立ち寄ってくれる。

　しかし、そのときは地味な羽毛になり目立たなくなっている。

（平成一六・五・一六）

ウズラシギ

恐れを知らない渡り鳥

五メートル。四メートル。三メートルまで近づいたが逃げる気配はない。全く人を恐れない。

四月二十二日、三豊干拓地（観音寺市）にウズラシギが来ていると、知人が教えてくれた。

そこは、田植え前の水を張った水田で、三羽のウズラシギがせっせと餌を捕っていた＝**写真**＝。水面にいるブユやカなど小さな昆虫をねらっているらしい。

お陰で体の特徴を間近に見ることができた。くちばしから尾の端までが約二十センチの小さい鳥である。

頭と体の上面の赤褐色が目立つ。この色合いが、小さい卵を産むウズラに似ているのでウズラシギと名付けられたのか。もちろん、ウズラシギはシギ科で、ウズラはキジ科だから同じなかまではない。

シギ科にしては短目のくちばしで、やや下に湾曲している。まっすぐなくちばしよりか、餌を捕りやすいのだろう。黄緑色の足も、他のシギ類と区別するのに役立つ。

三十分ほどたったか。突然、一羽のコチドリが舞い降りた。そして、ピピピピと叫びながら、ウズラシギを攻撃した。その瞬間、三羽のウズラシギは、プリリと鋭く鳴いて舞い上がり、そのまま飛び去った。餌場を確保するための争いだろう。

四月下旬から五月にかけてのウズラシギは、南から北へと旅の途中である。

冬の間は暖かいオーストラリアの周辺で過ごし、夏はシベリア東部の北の端で繁殖する渡り鳥である。おそらく、そのような所は人気のない大自然そのものだろう。だから、警戒心が少ないのだろう。

四月二十四日、再び水田を訪れた。そのときは、一羽だけで餌を捕っていた。前の三羽と同じものかどうか分からないが、やはり人を恐れないので楽しくなった。

（平成一六・五・二三）

アカエリヒレアシシギ

水たまりの餌ついばむ

アカエリヒレアシシギ。長い名前の鳥である。えり首が赤褐色で、足指にひれのような水かきがあることで、このような名前がついた。

それが、五月二十一日午後、新川《しんかわ》河口（高松市）の河川敷にいた。前日まで降り続いた雨で出来た水たまりの中を歩き回っていた。数えると九羽。

よく見ると、スズメ位の小さな体であるが、長めのくちばしと大きめの足で、なかなかスマート。その足で泥をかき回して、餌を探していた。

近づいても平気でいるから、かなり鈍感な鳥である。しかし、せわしくジグザグに歩き回るから写真になりにくい。

ぼくがこの鳥に出合ったのは、これで三回目。

最初は、昭和五十七（一九八二）年七月。高松市朝日新町《あさひしんまち》の埋め立て地で、やはり雨上がりの水たまりで餌を捕っていた。このときは十数羽の群れであった。

次は、平成八（一九九六）年八月。高知県大方町《おおがた》入野《いりの》漁港からホエール・ウオッチングの船に乗り、足摺岬《あしずりみさき》沖の海上に出たときであった。

大海原を泳ぎ回る五百頭余りのイルカの群れも壮観だったが、ぼくは海面上を低く飛び回るアカエリヒレアシシギに興味がわいた。

その辺りで二百羽はいただろうか。それらが次々と海面に降り、ぽっかりと浮かんで、くるくる回り始めた。どうやら、水かきで水流を起こし、浮かび上がってくるプランクトンを食べているらしい。海面には流れ藻が浮き、プランクトンも多かったのだろう。

今の季節のアカエリヒレアシシギは、東南アジアからカムチャツカ半島以北へ渡る旅の途中である。

太平洋はもとより瀬戸内海の海面はアカエリヒレアシシギでにぎわうが、海辺の地面も休息地になる。

（平成一六・五・三〇）

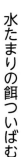

ハッカチョウ

翼の白斑が目立ち歌をうたう鳥

五月二十五日の朝。高松市香西北町《こうざいきたまち》の東條義弘《とうじょうよしひろ》さんから電話があった。近くの石油スタンドにいた鳥の名を知りたいという。

「カラスより小さくて黒い。くちばしは黄色。足がオレンジ色。額にもじゃもじゃの羽毛がある。キョン、キョン、キュル、キュルと鳴く」と、ていねいに説明された。

これだけ多くの情報をもらうと分かりやすい。ハッカチョウと答えた。

しかし、これによく似たものもいるので、念のために、その日の午後現地へ行った。

石油スタンドの職員に聞くと、十日くらい前から、そのような鳥が来ているという。

待つこと三十分。翼に白斑のある黒い鳥が二羽、ファファという感じで飛んで来た。そして、大きな看板を支えている鉄骨にとまった。紛れもなくハッカチョウである。

どうやら二羽は雌雄らしい。突然、そのうちの一羽がさえずり始めた。姿に似合わず美しい鳴き声である。高くて澄み、リズムがあり音楽的である。

ハッカチョウは、漢字で「八哥鳥」と書く。このうちの「八」は、翼を広げたときに両側にある白斑が、漢数字の「八」に見えることに由来することらしい。

また、漢和辞典で「哥」をひいてみると、歌、または歌をうたうとある。

つまり、ハッカチョウは、翼に白斑があり歌をうたう鳥ということになる。

この鳥は、中国の東南部や台湾に生息し、昔から飼い鳥として愛玩《あいがん》され、江戸時代から日本に輸入されている。現在、日本各地のハッカチョウは、それが籠脱《かごぬ》けしたものらしい。

県内では、高松市のほか丸亀市、坂《さか》出《いで》市、綾南《りょうなん》町、綾歌《あやうた》町、飯山《はんざん》町、高瀬町、仲南《ちゅうなん》町などにも生息し、増える傾向である。

今、ハッカチョウの繁殖シーズンにあたる。そして、美しい鳴き声が聞ける時期でもある。

（平成一六・六・六）

アマゴ

体に赤色と黒色の斑点

数少ないが、山地の渓流にアマゴという美しい魚がいる。県内では、これをアメゴと呼ぶ人が多い。

成長すると体長が二十五センチ余りになるが、十数センチの若魚には体の側面に黒っぽいパーマークがある＝写真＝。パーマークとは、サケ科の若魚の体側に並ぶ小判形の斑紋のことである。

さらに、体側に赤い斑点、背側に黒い斑点が散らばるのもこの魚の特徴である。

アマゴはサケ科の一種。そのまま渓流にすみつくものが多く、これをアマゴという。

しかし、その一部に川を下って海に入るものがいる。それをサツキマスという。

サツキマスは、体が一層大きくなり、体側のパーマークが消え、全体に銀白色になる。とくにオスは、あごがしゃくれ、鼻が曲がるというようにサケ独特の顔つきになる。

ところが、最近の河川は途中でダムや堰堤《えんてい》でせき止められているので海に達することができなくなっている。ただ一つ、岐阜県の長良《ながら》川のみになっているが、ここも河口にせきが建設されている。

ところで、アマゴが生息できる渓流は、年間とおして水温が二十度以下の清流でなければならないという。山の浅い香川県では、そのような所は少ない。

ほぼ二十年前、県内の動植物の生息調査をした結果をまとめた「香川県自然環境保全指標策定調査報告書」というのがある。その中に、アマゴが土器川の上流（琴南《ことなみ》町）、香東《こうとう》川の上流（塩江《しおのえ》町）、鴨部《かべ》川の上流（さぬき市）などで確認されている。

しかし、それらは天然に生息しているものではなく県外から移入されたものらしい。

アマゴは淡水魚のうちでも格別においしい。また、釣りも楽しめるので愛好家が多い。アマゴがすめる冷たくて、きれいな水が流れる渓流を大切にしたいものである。

（平成一六・六・一三）

オヤニラミ

大きな眼と二色の斑紋で親をにらむのか

オヤニラミ。親をにらむという名前だからさぞかし恐ろしい魚に聞こえる。

ところが、実際は体長十センチほどのおとなしい川魚だ。ただ、体に似合わず大きな眼があり、ときおりギョロリと動かし、にらむような顔つきになる。

もうひとつ目立つものがある。えらぶたの後ろ端に、青色と赤色の斑紋がある。これが、呼吸するたびに怪しく光る＝**写真**＝。もちろん、これは眼ではない。

この斑紋が眼のようにも見え、本当の眼と合わせて、オヤニラミをヨツメと呼ぶ地方がある。この魚が生息していた土器川沿いでもそう呼ばれてきた。

香川県でオヤニラミが生息していると初めて発表したのは、昭和十一（一九三六）年、坂田勲《いさお》氏（高松和洋高等女学校）である。当時、坂田氏は香川県博物学会誌第一号に、「オヤニラミは財田《さいた》川、土器川の中流に生息し、ヨツメ、カハガレイの方言で呼ばれる」と記している。

もともと、オヤニラミは京都より西の本州、四国の香川県と徳島県、九州の北部に分布していたらしい。

その後、一九七〇年代以降の県内では、土器川中流域と金倉《かなくら》川上流の限られた所に生息しているとの記録もあるが、現在でもそれらの地域に少数が生息している。

そのために、今年三月に発行された香川県レッドデータブックでは、絶滅危惧I類（絶滅の危機にひんしている種）に指定された。

オヤニラミは美しい川にしか住めない。美しい川とは、水が清らかであることはもちろん、ヨシやクロモなどの水草が茂り、石垣などのすき間がある環境を指す。

生活廃水が流れたり、コンクリートで囲まれた川では、オヤニラミは住めない。もちろん、ブラックバスのような肉食魚がいても、住むことは難しい。

（平成一六・六・二〇）

アカザ

渓流だけに住む赤い魚

四十年前ごろ、中学生たちと大滝山《おおたきさん》(塩江町《しおのえ》)によく登った。今のような車社会でない時代だから、バス停からは徒歩になる。

したがって、途中、小出川《こで》(香東川《こうとう》の支流)の渓流で昼食になる。弁当を食べ終わった生徒たちは、決まって渓流に入り、石をひっくり返して遊んでいた。そこでは、サワガニが潜み、おもしろいように捕れるからだ。

あるとき、「あ、痛い」という叫び声が聞こえたので、駆け付けた。その生徒は、石の下にいた赤い魚を捕まえようとして、指を刺されたと言う。

すぐに川底を探すと、岩かげに一匹のアカザが身を潜めていた。ぼくは、アカザに刺されたことがないので、その痛さは知らない。その生徒の痛みは、しばらくして治り大事にはならなかった。

アカザは、全長十センチほどで小さく、形がナマズに似るがナマズ科ではない。全身が赤褐色。口の周りに八本のひげがある。

背びれと胸びれのとげに毒がある。とげを不用意につかむと刺されて痛む。

普段は、渓流の石の下や間にすみ、石の間をくぐるようにして泳いで、水生昆虫などを食べている。

今年の三月に発表された香川県レッドデータブックによると、一九七〇年代には香東川、綾川、土器川の三河川で生息していたが、今は土器川と綾川の二河川のみになっていたという。もともと個体数が少ない上に、生息地が減少している。

その原因を、上流域に砂防堰堤《えんてい》が出来たり、流水量の減少などとしているが、残念なことである。

小出川で釣りをしていた地元の人に聞くと、「昔はアカザをよく見たが、今は見ない」さらに「昔は石に緑色のコケが付いていたが、今は赤っぽくなった。これも原因かな」とつけ加えたのが印象に残る。

(平成一六・六・二七)

ヒメタニシ

県内のほぼ全域に生息

六月二十八日午後は、梅雨の中休みで天気がよく、高松の最高気温は二九・七度にもなった。

　このとき、ぼくは香川県立図書館（高松市林町）近くの農業用水路で、ヒメタニシを見ていた。

　殻高（殻の長さ）が三センチ。タニシの仲間のうちでは小さめで、やや細長い。そのようなことから、名前にヒメ（姫）という字があてられたのだろう。

　試しに、一個を石の上に置いた。数分後、殻の口にぴたりとくっつけていた蓋を少し開けた。そして、二本の触覚と足の一部を出し始めた＝**写真**＝。

　続けて見ていると、足の全部を出し、石の上をはい始めた。このとき、蓋は一八〇度反転し足の上側になっているので、はう邪魔《じゃま》にはならない。蓋は身を守るためにあるのだが、うまく出来ているのに感心した。

　去年の夏、栗林《りつりん》公園（高松市）内の池で、ヒメタニシを見た。このときは、殻全体が泥をかぶっていた。ヒメタニシは、流れの少ない泥底を好むので、殻にアオミドロのような藻類が付いたり、その上に泥をかぶることが多い。したがって、ヒメタニシを探すには、水がよどんだ池や川がよい。

　ところで、県内のどこにヒメタニシが生息しているのか、気になった。

　やはり去年の夏、長年にわたり淡水貝類の研究を続けている矢野《やの》重文《しげふみ》先生を訪ねた。矢野先生のパソコンには、県内の貝類の生息データがぎっしり入力されている。

　矢野先生がキーをたたくと、ヒメタニシの分布図が現れた。ヒメタニシは、ほぼ県内全域に分布していた。

　大きなオオタニシは限られた地域のみに生息するほどに減少しているが、ヒメタニシは大丈夫である。ヒメタニシは、水質が少々悪い所でも生息できるからだろうか。

（平成一六・七・四）

ツチガエル

灰色の背にいぼ状の突起

念願のカエルに出会った。ここ数年間探していたツチガエルだ＝写真＝。七月二日の午後、五色台のふもと（坂《さか》出《いで》市王越《おうごし》町）の水田にいた。

　前足であぜにつかまり、後ろ足を広げて浮いていた。同じスタイルで二匹いた。

　そっと近づいても逃げない。手を差し出すと、一匹は泥底に潜り、もう一匹はあぜ道までジャンプした。どちらも、ほかのカエルのように逃げ回らない。ツチガエルは、おっとりしたカエルである。

　あぜ道のツチガエルを手でつかんだ。灰褐色の背側には、いぼ状の突起が多くザラザラした感触である。

　ひっくり返して腹側をみると、全体に灰色で、小さな斑点が網目のようにつながり、あごの下には細かいいぼ状の突起が並んでいた。やはり、ザラザラの感じである。

　捕まえたツチガエルを水槽に入れて夜を待った。辺りが暗くなると、あごの下をふくらませてギューギューと鳴いた。あまり大きな声ではない。

　ツチガエルは、いぼ状の突起が多いことから「いぼがえる」とも呼ばれている。しかし、高松平野で育ったぼくは、「どろがえる」と呼んでいた。体の色が泥の色だからである。

　その「どろがえる」に、ザラザラしたものと、ヌルヌルしたものがいることは知っていた。後になって、ザラザラがツチガエル、ヌルヌルがヌマガエルであることを知った。

　今、高松平野では、ヌマガエルは普通にいる。夜の水田では鳴き声でやかましいほどだ。しかし、ツチガエルは減り、出会うことは難しい。山のふもとか、山間部にでも行かなければ見ることはできない。

　どうして、ツチガエルは平野部から姿を消したのか。住んでいる所の土や水が変わったからか。残された疑問は多い。

（平成一六・七・一一）

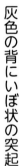

イタチ①

二種類が激しい勢力争い

とても気になる動物がいる。イタチである。二種類のイタチが勢力争いをしているからである。

今年の三月、国道32号（財田《さいた》町）で、イタチのれき死体があった。それを近《ちか》井重美《いしげみ》さん（財田町自然観察同好会長）が香川大学金子《かねこ》之史《ゆきふみ》教授の研究室に持ちこんだ。

哺乳類専門の金子教授は、それをチョウセンイタチと同定（生物の分類上の所属を決めること）した。

その決め手になったのは、尾の長いことである。もう少しくわしくいうと、尾の長さが、頭と胴の長さの五十パーセントを超えると、チョウセンイタチである。

一方、一九九七年三月、土庄町《とのしょう》黒岩の県道26号でイタチのれき死体があった。発見者の頃末敏秀《ころすえとしひで》さん（当時香川大学学生）は、それをくわしく調べた。そのとき、尾の長さが、頭と胴の長さの三四・四パーセントであったので、ニホンイタチと同定している。

このように、県内には尾の長いチョウセンイタチと、尾の短いニホンイタチが生息している。

もともと日本全土にはニホンイタチが生息していた。そして、チョウセンイタチは対馬《つしま》のみに生息していた。ところが、一九二〇年ごろ、阪神地方に毛皮養殖のために持ちこまれていたチョウセンイタチが逃げだして、今では西日本一帯に分布を広げているという。

県内で、時たま見るイタチもチョウセンイタチが多い。ぼくは、一九九六年四月、塩江《しおのえ》町上西《かみにし》の畠で、イタチと出会った＝**写真**＝。

素早い動きだったが二コマ撮れた。少々荒っぽいが、写真を拡大して測定すると、チョウセンイタチの可能性が高い。

今、チョウセンイタチは、平野から山地にまで侵入している。ニホンイタチよりやや大きいチョウセンイタチが勢力が強いらしい。人の知らない所で、激しい戦いの国盗り物語が進んでいる。

（平成一六・七・一八）

イタチ②

餌の幅が広い「殺し屋」

先週につづいて、塩江《しおのえ》町で出会ったチョウセンイタチの話をしよう。

ぼくが、十メートルほどの高い所から見ているとは知らずに、奴《やっこ》さんは畠をトコトコと一直線に歩いた。長い胴に短い足だから、シャクトリムシが歩くスタイル。一度見たら忘れられない。

何のために歩いているのか。鼻を地面に擦りつけるようにしていたので、獲物のにおいをかいでいたのだろう。早朝だから、ミミズ、カエル、モグラなどが見つかる可能性が高い。

ところがどっこい。この畠の畝《うね》には、雑草よけの黒ビニールが張られていた＝**写真**＝。「これじゃ獲物はおらん」と思ったかどうか。後ろ足で跳ね、ギャロップで走り去った。

ニホンイタチをふくめイタチの餌は、ネズミや昆虫が多い。木に登って小鳥も捕る。川沿いにすむものは、泳いで潜り魚まで捕る。しかし、チョウセンイタチは、魚を捕らないという報告もある。

その代わり、チョウセンイタチは、スーパーマーケットで肉を盗んだり、民家の台所から揚げ物やパンを失敬したという事例もある。温室のイチゴまで食べるというから餌の幅が広い。

約四十年前までは、多くの農家でニワトリを飼っていた。そのニワトリが、一夜にして数羽もイタチにやられた話は多い。

小屋に忍びこんだイタチは、ニワトリに騒がれ興奮して大量殺りくをするらしい。その鋭い犬歯で、首にかみ付いて太い血管を破る技を持つ。そのイタチが、ニホンイタチかチョウセンイタチであったかは定かでない。

そんな殺し屋のイタチだが、香川県ではトマコの方言で親しまれてきた。一度でも見たら分かるのだが、愛きょうのある姿や動作によるのだろう。

（平成一六・七・二五）

ルリヨシノボリ

ほおと体側に「るり色」の斑点

腰まで水につかり、ゴーグル（水中眼鏡）で水中をのぞいた。そして、川底に転がっている頭大の岩をひっくり返した。

その瞬間、そこから黒っぽくて大きなハゼが飛び出し、少し離れた所で止まった。ルリヨシノボリである＝**写真**＝。

ほおには、るり色の小さな斑点が散らばっていた。ほおほど鮮やかではないが、体側にもるり色の斑点がある。これがルリヨシノボリの特徴である。

そのルリヨシノボリに、直径二十センチの小さな網を、そっとかぶせた。なんと、あっけなく捕まった。

さっそく物差しで測ると、全長（体の先端から後端までの長さ）が八・五センチであった。なんでも、この種では十センチのものもいるらしい。

七月二十二日、財田《さいた》川の上流（仲南《ちゅうなん》町）で観察したときのことである。この辺りは水量が多く、上流から下流へと、瀬と淵が交互に連なっている。瀬は大小の岩が転がり、その間を水が流れて全体に浅い。淵は水量が多く全体に深い。

ほぼ三時間かけて、瀬と淵の岩をひっくり返してみたが、ルリヨシノボリは淵にしかいなく、捕れたのはたった一匹だった。

それに反して、瀬にはカワヨシノボリ、シマヨシノボリ、オオヨシノボリなどがいて、その数も多かった。

これらはすべてハゼ科の魚で、かつてはこの四種もまとめてヨシノボリの名で呼んでいた。また、これらはゴリとかジンゾクの方言で呼ばれ食用にされていた。

香川県レッドデータブック（二〇〇四年三月発行）によると、ルリヨシノボリは財田川上流のみに生息し、絶滅危惧Ⅱ類に指定したとある。

くだんのルリヨシノボリ。もとの淵に放すと、すばやく泳いで岩陰に消えた。

（平成一六・八・一）

シマヨシノボリ

「ごり押し」の語源になる

「ごり押し」という言葉がある。国語大辞典では、物事を強引に押し進めることとある。さらに、ごりを捕まえる方法のことで、小石を乗せた筵《むしろ》を川底に敷き、ごりを追い込み、小石にかくれたところを筵ごと引き上げるとも書かれている。

つまり、「ごり押し」は、ごり（ヨシノボリ類の方言）を捕まえる方法が語源になったらしい。

七月末、財田《さいた》川の上流（仲南《ちゅうなん》町）で、ヨシノボリ類を採集した。これらの多くは川の瀬に生息している。瀬は全体に浅く、大小の石が転がり、その間を水が流れているような所である。

今時、筵を川底に敷くわけにはいかないので、直径三十センチのたも網を川底に沈め、一方から長靴を履いた足でバタバタと踏み鳴らした。たも網を上げると、数匹のヨシノボリ類がかかっていた。

かんたんな「ごり押し」だが、シマヨシノボリ三匹、カワヨシノボリ二匹、オオヨシノボリ一匹を採集した。

そのうち、シマヨシノボリ＝写真＝は、全長が七センチで、体側に黒っぽい大きな斑紋が並んでいる。しかし、この魚を決定づけるのは、ほおに赤くて細長いひも状の斑紋が散らばっていることである。

淡水魚にくわしい大高裕幸《おおたかひろゆき》先生（香川県自然科学館）によると、シマヨシノボリは、カワヨシノボリと同様に、県内の河川に普通に生息しているという。

先週、この連載でルリヨシノボリを小さい網で一匹ずつ捕る話を書いた。しかし、この方法でシマヨシノボリを採集しようとしたが大変に難しかった。

シマヨシノボリは、ヨシノボリ類中で、最も神経質で、人が近づくと敏感に反応して逃げるからである。

シマヨシノボリの採集は「ごり押し」に限る。

（平成一六・八・八）

石につく藻類をけずり取り食べる

五月十八日付の四国新聞に、若アユを放流した記事が二つ載っていた。一つは十五日に湊《みなと》川（東かがわ市）で二万三千匹を放流。もう一つは、十七日に財田《さいた》川（観音寺市・山本町・財田町）で三万匹を放流したというものである。いずれも徳島県の養殖場でふ化した若アユという。

それから三カ月たった今、若アユは成魚になり、美しい姿で泳いでいることだろう。

アユは、背側が青みがかったオリーブ色で、腹側が銀白色という清そな姿であり＝**写真**＝、日本の代表的な淡水魚である。

しかし、アユの特徴はなんと言っても大きくて白い口である。その上あごと下あごの縁は厚くなっていて、歯が櫛《くし》状に並んでいる。また、口を開けてみると、ひだの多い舌がある。このような口は、石の表面に付いている藻類（ケイ藻など）をけずり取って食べるのに都合がよくできている。

ところで、今、どうして若アユを川の中流や上流で放流するのか。もともと、アユは秋に川で産卵し、ふ化した幼魚は川を下って海で過ごし、翌年の春に川を上って成魚になるという習性がある。

実際、昔は県内の川にもそのようなアユが多くいた。その一例が「松平頼重伝」という本に記されている。

年若くして初代高松藩主となった松《まつ》平頼重《だいらよりしげ》（一六二二―一六九五年）は、海や川、山などでよく狩りをしていたらしい。一六四二年七月に香東《こうとう》川の上流（塩江《しおのえ》町）でアユを七百匹、一六四七年八月には御坊《ごぼう》川（高松市）でアユを一千六百匹も捕らえたとある。

近代になって、河川は整備され、せきやダムが建設された。水量も少なくなった。そのためにアユが上ったり下ったりすることができにくくなった。このようにして、人がアユを養殖し放流するという技術が生まれた。

（平成一六・八・一五）

アユ②

「なわばり」をもつ行動も

財田《さいた》町財田上で、財田川にかかる橋がいくつかある。七月二日の午後、それらの橋の上から泳ぐアユを探して歩いた。

とくに、石が多くて浅い瀬を探した。五月十七日に放流した若アユがすみついているはずだからである。

この日、夏の日差しが強く、水面の反射で川底が見えにくかった。そこで偏光眼鏡をかけると、水中が楽に見えるようになった。その途端、石の上を泳ぐ一匹のアユを見つけた。

そのアユは同じ場所でせわしく泳ぎ回っていて、ほかに移動する気配はなかった。あきらかに「なわばりアユ」である。

このとき、ぼくは昭和時代の動物生態学者宮地伝三郎《みやじでんざぶろう》博士（一九〇一—一九八八年）の名著「アユの話」（一九六〇年）を思い出した。

この中に、宮地博士が京都府の上桂《かみかつら》川《がわ》にかかる野上《のがみ》橋の上から、アユの行動を観察したことが書かれている。一九五一年のことである。その結果、一匹のアユは約一平方メートルの「なわばり」をもっていることが分かった。

もう少しくわしく言うと、この「なわばり」内の石に付く藻類だけで十分に生きていくことができ、ここに他のアユが近づくと激しく攻撃して追っ払うというものである。写真は「なわばり」に近づいたアユ（手前）を攻撃するところ。

宮地博士は、この「なわばりアユ」をもとにして、川に放流するアユの数を決めることに成功した。その後、淵にすみつく「群れアユ」の生態についても研究を進めたことを「アユの話」に分かりやすく述べている。

財田川の中流では、「なわばりアユ」はもちろん、「群れアユ」もいる。

同じ日、ぼくは財田上の淵で、約二十匹の群れで泳いでいるアユも見て感動した。

（平成一六・八・二二）

マダイ

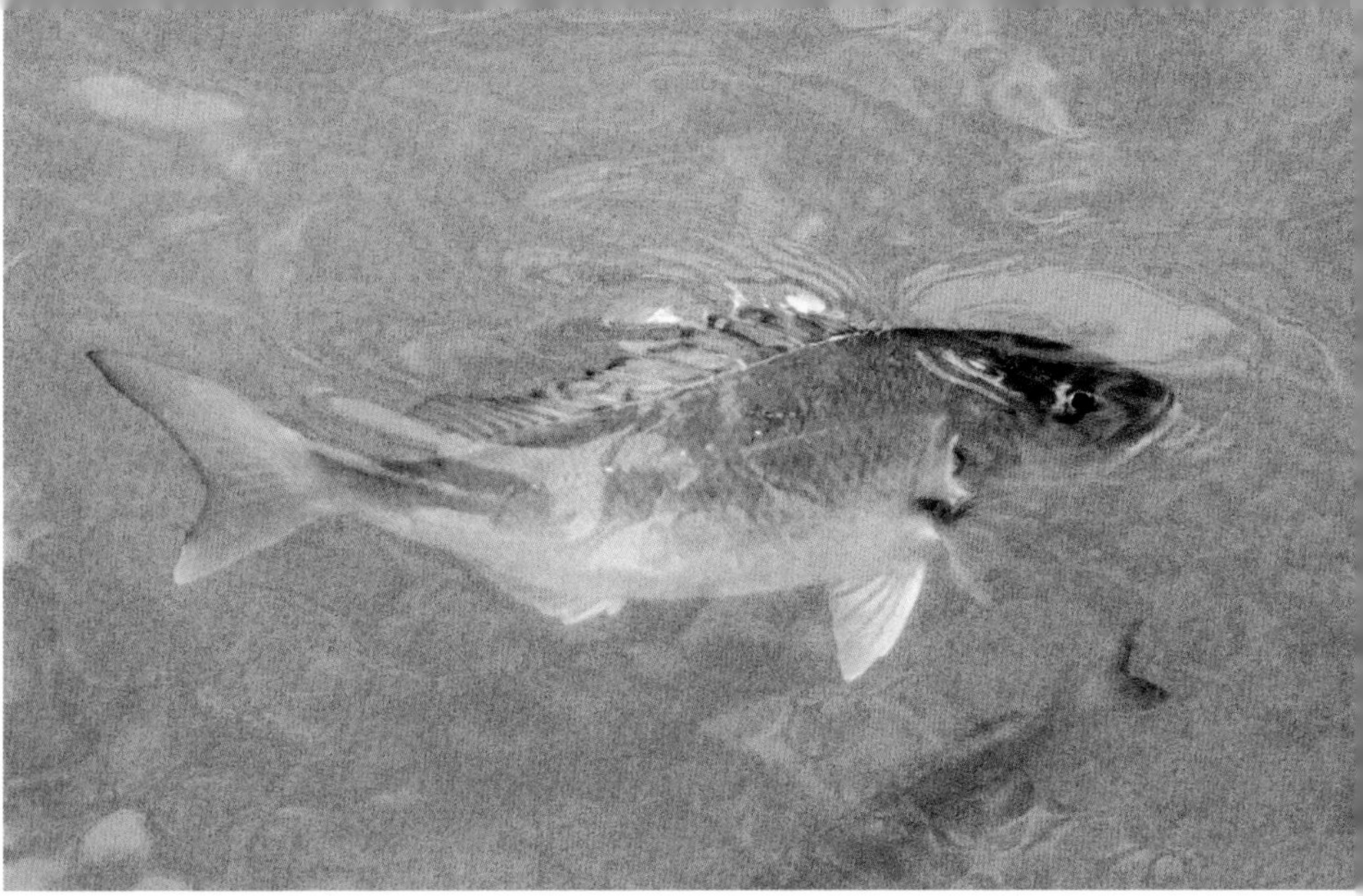

城址の内堀で泳ぐ海水魚

　九月三日の朝、海辺の玉藻公園（高松城址《じょうし》）を訪れた。ここは堅固な石垣や土塁で囲まれているため、台風16号による高潮の被害はなかったようだ。

　黒鉄櫓跡《くろがねやぐらあと》東側の水門のそばで、内堀を眺めていた観光客たちが「コイがいる」と話し合っていた。お節介かと思ったが、「泳いでいるのはマダイやクロダイですよ」と丁寧に説明すると、驚いていた。

　ちょうど満ち潮どきで、高松港の海水が国道30号（水城通り）の下をくぐり、この水門から内堀へと勢いよく流れこんでいた。

　その脇で約八十匹の海水魚が群れていた。そのうちの十六匹はマダイで、あとはスズキの若魚（セイゴ）やクロダイ（チヌ）であった。近くで、サヨリやクサフグもいた。

　マダイは赤っぽいからすぐに分かる。体の格好は卵形で平たいが、水面上から見ると細長く見える。観光客がコイと見間違うのは無理もない。

　背を水面上に出してゆっくり泳いでいたかと思うと、身を翻して潜りスピードを上げるなどマダイの行動は活発。そのとき、眼の後ろや腹びれ、しりびれ、尾びれの一部が青く光る＝**写真**＝。体側の背側に散在する青い斑点も光る。

　もともと玉藻公園の内堀や中堀には、クロダイやスズキは生息するもののマダイは少なかった。それが今は多い。

　管理事務所によると、平成十四年十月、サンポート高松の海水池にいた約八十匹を、ここに放流したという。これ以外の海水魚を放流していないと付け加えた。

　玉藻公園では、堀に生息している海水魚に餌をやったり、捕らえることを禁止している。マダイなどの海水魚が自然の状態で観察できるのは、全国でも玉藻公園だけだろう。小・中学生たちの総合学習などで、ぜひ観察してほしいものである。

（平成一六・九・一二）

クロダイ

昔からチヌの名で親しまれる

このシリーズで、玉藻公園（高松城址）のマダイを紹介した。そのとき、クロダイが多く生息しているとも書いた。

クロダイがもっとも間近に見られるのは水門わきの内堀で、スズキの若魚とともに群れている。とくに、満ち潮どきは動きが活発で、石段の途中の水面まで乗ってくる＝写真＝。

このほか、内堀や中堀のあちこちで、三々五々で泳いでいる。おもしろいのは、琴電高松築港駅のプラットホームから、内堀でクロダイが泳ぐのが見え、発車前のひとときを楽しめる。

瀬戸内では昔からクロダイをチヌと呼ぶ。高松松平家（現在の当主は松平頼武《よりたけ》氏）に伝わる江戸時代の魚類図譜「衆鱗図《しゅうりんず》」には、立派なクロダイの図の横に「黒鯛、チヌ」と記されている。

「衆鱗図」は、五代藩主松平頼恭《よりたか》（一七一一～一七七一年）のもとで、平賀源内がかかわって制作されたという図譜（今でいう図鑑）で、海産や淡水産の魚が多数描かれている。精密で独特な技法は、国際的にも評価されている逸品である。

同じ江戸時代に、将軍に仕えていた毛利梅園《もうりばいえん》（一七九八～一八五一年）が制作した「梅園魚譜」（国立国会図書館蔵）がある。そのなかにもクロダイの図があり「スミヤキ、カイヅ、チンチン、チンダイ」などの方言も記されている。ただ、この図は精密ではあるが背びれとしりびれは誤って描かれている。

チヌことクロダイは、水深五十メートルより浅い海で生息する。日本での漁獲量のほぼ半分は瀬戸内海からだともいわれる。

成魚は、甲殻類から魚類を餌にするが、海草も食べるなど雑食性である。しかも、どん食である。また、低塩分や水温の変化にも耐えられるらしい。

そんな習性によって、玉藻公園の堀という特別な環境でも生息できるようになったのだろう。

（平成一六・九・一九）

アマサギ②

夏は亜麻色、冬は白色に

　九月九日、晴。三豊干拓地（大野原町・観音寺市）の水田では、白くなった稲穂が目立つ。台風16号による塩害だろうか。

　そのようななか、もう稲刈りが始まっていた。と、言えば当り前の風景だが、ちょっとおもしろいことが起こっていた。

　アマサギの群れが、動くコンバイン（刈取りと脱穀を同時にする機械）の横や後ろについて歩いているのである。アマサギは、締めて三十六羽。

　それぞれのアマサギの動きは活発。稲から飛び出てくる何やら小動物を追い、次々と食べている。望遠鏡で拡大してみると、アマガエル、イナゴ、エンマコオロギなどが追われていた。

　ひとしきりして、一斉に飛び立ち、隣のあぜに降り立った。その大部分は冬羽に変わり、全身白色になっていた＝**写真**＝。あとの数羽は夏羽の名残が見え、頭や首に亜麻《あま》色が付いている。

　ふつう県内では、白鷺と呼ばれるサギ類は四種いる。ダイサギ、チュウサギ、コサギ、アマサギである。

　このうち、アマサギだけが春から夏の間、頭から胸にかけて亜麻色になる。亜麻色というのは亜麻糸の色のことで、今で言うとオレンジ色のことである。そして、この色によって亜麻鷺という名にもなった。

　しかし、秋から冬にかけて亜麻色は消えて、全身が白色になる。

　さて、三豊干拓地のアマサギの群れ、一休みすると、コンバインに群がり、飛び出す小動物を追い始めた。すごい食欲である。

　このアマサギ、初夏にもよく似た餌探しをする。田植えの準備をする耕運機の後に続いて、土から飛び出る小動物を餌にする。

　また、東南アジアでは水牛が歩いた後、アフリカではゾウが歩いた後に飛び出る昆虫を捕る。いずれも、アマサギが学習した生活の知恵である。


（平成一六・九・二六）

ソリハシシギ②

今はもう秋、渡りの季節

この秋もソリハシシギに出会った。九月九日の十時。場所は大野原町の花《はな》稲《いな》漁港。ちょうど引き潮の最中で、狭いながらも干潟が現れていた。

そこに三羽のソリハシシギが前後左右に動きながら、水際に沿ってせわしく歩いていた。

この鳥は、その名のようにくちばしが上に反り返っているので、すぐに分かる。さらに注意して見ると、くちばしを地上すれすれに突き出して左右に振っている。餌を探しているのである。

続けて見ていると、小さなカニ類をよく捕る。また、海岸にすむ昆虫、とくに甲虫類が好物のようだ。

ところで、今の季節にどうしてソリハシシギが干潟にいるのか。今までに多くの研究者によって分かっている。端的に言うと、この時期はロシア中部地域での子育てが終わり、越冬のために東南アジアやオーストラリアに向けて渡りしている最中ということである。つまり、日本で途中下車しているのである。

したがって、長い旅に必要なエネルギーを補給するために、たくさんの餌を捕らなければならない。

その結果がソリハシシギの場合には、餌がうまく捕れる上に反り返ったくちばしになり、せわしく歩き回る行動に進化してきたのだろう。

花稲漁港でソリハシシギを見つけてから一時間たった。突然、ピィピィピィの三声鳴いて干潟から飛び立ち、近くの岸壁に留まった＝**写真**＝。まだ引き潮中で、餌になる獲物が次々と現れるはずだが。多分、満腹になったのだろう。

そこで、三羽とも羽毛をつくろっていたが、やがて動かなくなった。休息である。

干潟は、渡り鳥たちにとってエネルギー補給の場であり、休息の場でもある。それにしても、一昔に比べると干潟は随分狭くなった。

（平成一六・一〇・三）

アブラコウモリ

採餌と休息で夜を過ごす

真夏日が続いていた八月七日の十八時五十九分、ぼくの家（高松市）の隣の水田の上に、一頭のアブラコウモリが現れた。その後、見る見るうちに数が増え、十一分後に二十三頭となった。その十分後急に数が減り、十九時二十五分には姿を消してしまった。

この二十三分間、アブラコウモリの群れは穂が出た稲の上を、ひらひらと巧みな方向転換を繰り返して飛び回っていた。

翌日の八日には二十二分間に二十八頭、翌々日の九日には二十五分間に三十四頭が現れた。また、現れ始める時刻が、日の入り時刻とほとんど一致しているので驚いた。

アブラコウモリは、別名イエコウモリともいう。昼間は家屋の瓦の下、雨戸の戸袋、壁と羽目板のすきまなどをねぐらにしているからである。

夏の夕方、頭と胴の長さが五センチ前後の小さい体で翼を広げて飛ぶのをよく見る。とくに、川や池、田畑、学校など上空の開けた所に多い。そこは、餌になる昆虫が多く飛んでいるからだ。

ぼくの家の隣にある水田もアブラコウモリの餌場になっていた。このときは、餌になるユスリカが蚊柱《かばしら》になっていたり、メイガの成虫も飛んでいた。

ところで、姿を消したアブラコウモリはどこへ行ったのか。

八月十日の二十一時。ぼくの家の塀の片隅で、一頭のアブラコウモリが後ろ足でぶら下がっていた。近づくと向きを変え前腕《ぜんわん》（前足にあたる）の親指で壁につかまり動き始めた＝**写真**＝。塀の下に黒くて小さなふんも落としていたから、ここで休息していたのだろう。

このことでコウモリ類研究家の森井《もりい》隆三《りゅうぞう》先生は「八月のアブラコウモリは、夕方から朝まで採餌と休息の繰り返し」と説明され、さらに「十月の今は、冬眠にそなえて、休息なしの採餌だけ」とも付け加えられた。

（平成一六・一〇・一〇）

ヒヨドリ②

赤い実や黒い実が好物

十月七日は台風22号が本土に近付いていた。この朝、高松の石清尾山《いわせおやま》（三三二メートル）で、ヒヨドリの群れが林の上をすれすれに、南に向かっていた。ざっと数えて、百五十羽。岡山県側から島伝いに渡ってきたようだ。

今ごろのヒヨドリは、寒くなる北の地方から暖かい地方へ移動している。翌日の八日、我が家の庭にも二羽やってきて、ピィーヨ、ピィーヨとにぎやかに鳴き始めた。どうやらこの辺りでも冬を越すようだ。

ヒヨドリは周年、山や里で過ごすものもいるが、大部分は秋に北から渡ってくる。モズよりやや大きな灰褐色の体は、お世辞にも美しいとは言えない。

この鳥を「ひよ」とも言う。これは讃岐だけの方言ではない。江戸の画家毛利梅園《もうりばいえん》（一七九八―一八五一）が描いた「梅園禽譜」の中にヒヨドリの図がある。その傍らに「鵯《ひよ》」と書かれているから、全国的な名である。

また、俳句や短歌に「ひよ」「ひえどり」「はくとうおう」の別名が多くの人々に使われてきた。

秋から春にかけての讃岐では、ヒヨドリが山里はもちろん、市街地でも樹木さえあれば住み付く。樹木に実が付いていると、間違いなくやってくる。

クロガネモチ＝写真＝、ピラカンサ、ナンテンなどの赤い実は大好物。ムクノキ、クスノキなどの黒い実にも集まる。

庭でミカンを輪切りにして置くと、食べにくる。ジュースを小瓶に入れて置いても飲みにくる。甘い汁が大好物だからだ。

そのような餌場をセットすると、ヒヨドリだけでなくメジロも訪れる。しかし、ヒヨドリとメジロは仲よくない。決まってヒヨドリが、それよりも小さいメジロを追っ払う。

鳥の社会には、種と種の間に順位制《じゅんいせい》がある。ぼくの実験では、体の大きい鳥が小さい鳥よりも高い順位を占めていた。

（平成一六・一〇・一七）

ヤマカガシ

ヒキガエルをのみ込むヘビ

今年の九月十九日、聖通寺山《しょうつうじ》のふもと（宇多津町《うたづ》）でヤマカガシを見た。全長は約一メートル。このヘビの特徴である黄褐色の体表（背側）には、黒と赤の斑紋がある。すぐに用水路の草むらに姿を消したが、久しぶりの出会いだった。

このとき、少年時代に出会ったヤマカガシを思い出した。学校からの帰り道、野つぼに落ち込んでいるのを棒でつついて遊んだ。また、用水路の石垣のすき間に逃げ込もうとするのを、尾をつかんで引っ張り出して、遠くへ投げ飛ばす悪さもした。

肝をつぶすほど驚かされたこともあった。家の中で、柱にかけたタオルを取ったら、一緒にヤマカガシがぼくの肩に落ちてきた。あるときは、ビワの木に登り熟れた実をもぎ取ろうとしたら、枝に巻き付いたヤマカガシがぼくをにらんでいた。

大人になってからも、ヤマカガシによく出会っている。そのうちの圧巻は、ヒキガエルをのみ込む最中のものだった＝**写真**＝。一九七三年九月、五色台（坂出市《さかいで》）のふもとでの出来事であった。

必死に逃げようとするヒキガエル＝**写真右端**＝の左足は、すでにヤマカガシにくわえられていた。そのためヤマカガシは体を反転させながら、ヒキガエルを離すまいと懸命になっていた。

写真は、ヤマカガシの腹側が上になり、頭は下側になった状態である。このとき、下あごから長い首にかけての黄色が鮮やかであった。

もがいていたヒキガエルが動かなくなるのに数分とかからなかった。上あごの奥にある毒牙《どくが》から出るデュベルノイ腺《せん》毒にやられたのだろう。

一昔前までは、平野にすむヘビのうち、ヤマカガシが最も多かったという。しかし、今は極めて少なくなった。

（平成一六・一〇・二四）

エゾビタキ②

台風に耐えた小さな命

十月十七日の午後、府中ダム（坂出《さかいで》市）では、秋の日差しが湖面に映えていた。そのとき、えん堤そばの高台にエゾビタキが立ち寄っていた。

高台はサクラが数十本、ケヤキが数本の明るい林。その林縁《りんえん》のサクラの枝で、エゾビタキが一羽、体を立てるようにして止まっていた＝**写真**＝。

スズメくらいに見える小さな体は、上面が灰褐色、下面が白地に褐色の縦斑というようにまことに地味。しかし、大きくて黒い目は、とてもかわいい。

そのつぶらな目は、常に何かを見ている。頭を左右に回して、あちこちを見ていたかと思うと、さっと飛んで小さい虫をくわえ、元の枝に戻る、といった具合である。人々は、これをフライング・キャッチと呼ぶ。この辺りには、ブユやハエ、テントウムシなど餌になる虫が飛び交っている。

エゾビタキは、フライング・キャッチだけではなく、地面に飛び降りて虫を捕る技も見せてくれた。頭を上に向けたときの目は、何を見ているのか。おそらく、タカ類などの天敵を警戒していたのだろう。

翌十八日も晴れ。同じエゾビタキが、同じ場所で同じようにして餌を捕っていた。

翌々日の十九日は終日雨。そして二十日、台風23号が最接近し暴風雨。県内全域で大水害となった。府中ダム下の綾川も氾濫し、川沿いの町並みが濁流に襲われた。

台風明けの二十一日、同じエゾビタキが同じ場所にいた。涙が出るほど感動した。小さな命が台風の猛威に耐えたからだ。

エゾビタキは、夏にロシアのサハリンやハバロフスク地方などで繁殖し、秋に日本列島を通過しながら南下し、フィリピンからインドネシアに渡る旅鳥である。日本に立ち寄るとき一羽だけの場合が多いが、生きる力の強い鳥である。

（平成一六・一〇・三一）

メジロ②

熟柿つつく黄緑色の鳥

「あっ、メジロや」「向こうの柿の木にいる」「こっちの柿にも来た」。子どもたちは双眼鏡を目にあてたまま、口々に声をあげた＝**写真円内**＝。

身を鮮やかな黄緑色で包まれたメジロが、真っ赤な熟柿《じゅくし》を食べるシーンは、誰だって胸が躍る。

十月二十七日、高松市峰山《みねやま》町では秋の日差しを浴びた樹々が色付き始めていた。ここで亀阜《かめおか》小学校四年生三十七人が野鳥の観察をしていたときのことである。

そこは石清尾山《いわせおやま》の頂上（二三二・六メートル）間近の地点。柿畑では実が熟れ始めていた。そのうち、早く熟したものが野鳥の餌になっている＝**写真**＝。

熟柿を最初につつくのは、カラス類やヒヨドリなどの大きめの鳥。それらがつつき残すと柔らかな果肉がむき出しになる。そこにメジロが集まる。

メジロのくちばしは、一センチほどの長さ。その中からブラシ状の舌を出して、甘い汁をなめ取る。と言っても、余りにも小さいので、八倍程度の双眼鏡では見えない。

秋は、甘い汁を含む木の実が多い。ムクノキ、アキグミ、ノイバラなどは最高。作物では、柿のほかミカンにも集まる。

冬になると、ハゼノキの実のように硬くても栄養価が高いものはメジロの好物になる。

また、山から里や市街地に降りるメジロも多くなる。公園や民家の樹々でも群れるようになる。そこでは、クロガネモチ、ピラカンサ、マンリョウなどの実が赤く熟している。さらに、サザンカ、ツバキ、ロウバイ、ヤツデ、ビワ、ウメなどの花にある蜜を求めて、メジロが集まる。

むろん、多くの鳥がそうであるように、動物質の餌も捕る。昆虫類、クモ類が餌になるが目立たない。人目に付くのは、植物の実を食べているときである。

（平成一六・一一・七）

オオジシギ

長旅の栄養補給に訪れる

今年の九月九日の朝、久しぶりにオオジシギと出会った。前に出会ったのが、一九七八年九月二十五日であるから二十五年ぶりになる。もちろん、鳥の寿命は短いから別の個体である。

ところが、出会ったのが三豊干拓地（観音寺市側）で同じ場所。しかも、雑草が生えた休耕田も同じ。そして、オオジシギの横にギシギシがあるのも同じ。ギシギシは、タデ科の植物で葉が大きく、昔は牛の餌にもしていた。高松の方言で「しびん」と呼び、湿った所に生える草である。

その生え際で、オオジシギは八センチほどの長いくちばしを軟らかな泥に差し込んで餌を探していた。やがて、ミミズを引っ張り出し、泥をふるい落としてから飲み込んでしまった。ギシギシの生え際には好物のミミズが多いので、二回の出会いとも同じ環境になったのだろう。

この鳥はミミズのほかに、コオロギやゴミムシなどの昆虫類、クモ類なども食べることが報告されている。いずれにしろ、この時期のオオジシギは、北から南へと渡っている途中だから、しっかりと栄養を補給しなければならない。

香川県でオオジシギを見ることは極めて少ない。数が少ない上に、春と秋の短い期間、限られた場所にしか現れない。しかも、寒くなってから渡って来るタシギに似て判別が難しいせいもある。

夏のころの繁殖地では確実に見られる。例えば、北海道の牧場、山梨県の山中湖、群馬県の尾瀬沼、栃木県の日光戦場ケ原などの湿原がよい。そこでは木に止まったり、にぎやかに鳴いて飛ぶのが見られる。

最近になり、愛媛県久万《くま》高原町（旧柳谷村《やなだにむら》）四国カルストの五段高原で繁殖の可能性が報告されている。とにかく、県内だけではなかなか出会えない鳥である。

（平成一六・一一・一四）

タヒバリ②

湿ったたんぼで餌を捕る小鳥

十月二十七日の朝、坂瀬《さかせ》池（高松市川島東町《かわしまひがしまち》）を訪れた。池の南側は導水路に沿ってたんぼが広がっている。

そこから、約三百羽のアトリが一斉に舞い上がった＝**写真円内**＝。その群れは一塊になり急旋回を繰り返していた。その度に、朝日を受けて銀色に輝いたり、逆光で黒くなって見えた。しばらくアトリの舞いに見とれていたが、ふと、たんぼに目を落とすと、一羽のタヒバリがぽつんと立っていた＝**写真**＝。

タヒバリは、名前からするとヒバリの仲間に聞こえるが、尾を上下に振る習性のあるセキレイの仲間である。

やがて、足を交互に出して歩き始めた。そして、ひつじ田（稲を刈り取った後に再生した稲が生えた田）の穂をついばんでいた。その後、コンクリートのあぜに立ち、しばらくは警戒でもするかのように辺りを眺めていた。

タヒバリは夏の間千島《ちしま》列島やサハリンより北で繁殖をする。そして、秋になると南へ渡り、東北地方より南で冬を越す。

昼間は湿ったたんぼで餌を捕り、夕方になると近くの山林をねぐらにする。

ぼくが子供のころ、この鳥を「みぞぼ」と呼んでいた。たんぼの溝にいるからだろう。また、チッチッチッと細い声で鳴くので、「ちっち鳥」とも呼んでいた。もちろん、タヒバリという名前は知らなかった。

坂瀬池の水面を見ると、マガモ、ホシハジロ、ヒドリガモ、コガモなどカモ類が二百八十羽ほど浮いていた。もう、冬の風景である。そのほか、カワウ、カイツブリ、バンなども泳いでいた。水辺にはカワセミ、ハクセキレイ、セグロセキレイ、アオサギ、コサギなどもいた。目の前のマルバヤナギの枝にジョウビタキが止まった。モズも止まった。

冬のため池は野鳥の宝庫になる。近くのため池でウオッチングしてはいかが。

（平成一六・一一・二一）

アオダイショウ

得意の木登りで餌探し

十一月九日、はからずも山梨県の忍《おし》野《の》村《むら》でアオダイショウに出会った＝写真＝。普通、この時期は冬眠に入っているはずなのに。

そこは、富士山の雪解け水が湧き出る「忍《おし》野《の》八《はっ》海《かい》」。八つの池を巡り終え、道端で腰をおろしているときだった。

ふと振り向くと、大きなアオダイショウが民家の塀に沿って、こちらに向かっていた。全長が百五十センチもあろうか。

ほぼ二メートル前まで近づき、ぼくに気付いたアオダイショウは塀によじ登り逃げようとしたが失敗。垂直で平らな所は苦手らしい。

ぼくは今までにアオダイショウの様々な行動を見てきた。鳥の巣で卵や雛を襲う場面、巧みに泳ぐ姿、すさまじい交尾、俵型の卵を次々に産む様子など。

なかでも感動したのは、随分前のことだが藤尾神社（高松市）の森で、木から木へと渡るのを見たときのことである。

それは高さ十メートル位の木の枝から、約一メートル離れた隣の木の枝に移っているときだった。その方法は、先ず枝に体を巻き付けて進行する。すると、頭と体の前半は空中に突き出てまっすぐに伸び棒状になる。このとき尾に近い体の後半は枝に巻き付いたままである。

そして、そのまま空中に進行し、頭と首のあたりが隣の木の枝に達するとそれに巻き付いて、体の後半が元の枝から離れるといった具合であった。

このとき、アオダイショウの筋肉の強さと技の巧みさに驚き、写真を撮るのも忘れた記憶がよみがえる。

アオダイショウの木登りは、野鳥の巣を襲い獲物を捕るために獲得した技術だろう。

今年の秋は全国的に気温が高く、忍野村でアオダイショウに出会ったときは、最高気温は二十度を超え、最低気温も十度であった。冬眠直前をひかえ、餌探しをしていたのだろう。

（平成二六・一一・二八）

マヒトデ

色鮮やかな海のスター

「硬い！」「ザラザラ！」「足がいっぱいある！」「動いとる！」「生きてる！」

　子どもたちは、小さな手で大きなヒトデをつかんで、口々に叫んだ。

　十一月十九日の朝、屋島少年自然の家（高松市）の海岸では干潮の最中。このとき、ここで屋島東小学校二年生二十一人が、海岸動物を採集していた。そのうちのヒトデ＝写真＝を観察していたときのことだった。

　日本沿岸には約三百種のヒトデがいるようだが、このヒトデはマヒトデ（キヒトデという研究者もいる）と呼ぶ。輻長（体の中心から腕の先までの長さ）が十センチもあるから、ヒトデのうちでは大きい方だ。

　その背側には、淡黄色に青紫色の斑紋がびっしり。まさに色鮮やかな海のスター（星）である。表面をなでてみると、子どもたちが言うように硬くてザラザラ。その皮膚には、小さな骨片がちょうど屋根瓦のように並んでいるからである。

　引っ繰り返して裏側を見ると、中央に口があり、そこから腕の先までに小さくて半透明な管が並び、うごめいている。この一本一本が足で、管足《かんそく》という。子どもたちは管足の動きを見て、生きていると思った。マヒトデはこの管足で海底をはい回ったり、吸盤のはたらきもして貝殻をこじ開けたりする。

　子どもたちは、長さ五十メートルほどの波打ち際で、八匹のマヒトデを採集した。ぼくは、その数の多さに驚いた。

　近年、全国的にマヒトデが異常発生し、漁業に被害を与えているという。カキやアサリの養殖場まで侵入しているらしい。それはともかく、この朝、子どもたちがマヒトデのほかに十種類の貝と二種類のカニを採集した。大収穫である。

　ぼくはその理由をはっきり見た。子どもたちのひとみがキラキラと輝いていたのだ。自然はすごい。自然には子どもたちを夢中にさせる力がある。

（平成一六・一二・五）

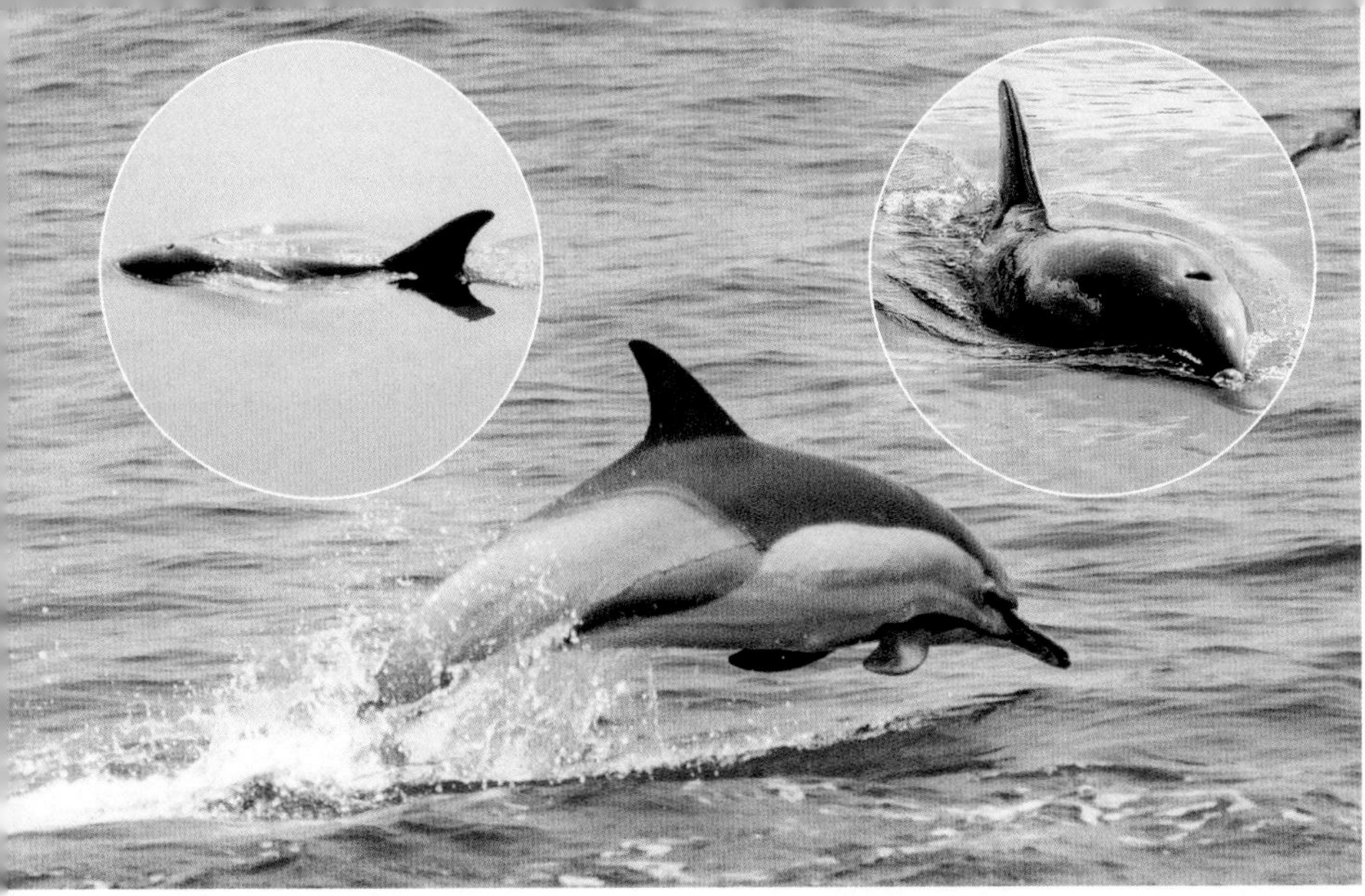

大きな跳躍を見せる人気者

写真はマイルカである。平成八年八月五日、高知県の足摺岬《あしずりみさき》沖で、約五百頭の大群にいた一頭である。猛スピードで泳ぎながらのジャンプは迫力満点だった＝**写真中央**＝。

マイルカは外洋性だから、普通は瀬戸内海にはいない。しかし、外洋性のイルカでも各地の水族館で飼育され人気者になっている。

高松市の屋島山上水族館には外洋性のカマイルカが二頭いる。大きなブリーチング（跳躍）を見せて、水しぶきを浴びた子どもたちの喝さいを受けている。

さぬき市のドルフィンセンターでは、外洋性のハンドウイルカ四頭が海上の施設にいる。ここでの見学者は、イルカとの様々な触れ合いを通して豊かな心をはぐくんでいる＝**写真円内右側**＝。また、十一月十九日付の四国新聞では、ここへ新たに二頭のハナゴンドウが仲間入りしたと報じたから、これから一層楽しくなる。このハナゴンドウはくちばしがない外洋性のイルカである。

ところが、ハナゴンドウが瀬戸内海に現れたこともあった。平成十一年九月八日、一頭のハナゴンドウが小磯《こいそ》漁港（東かがわ市）にこつ然と現れた＝**写真円内左側**＝。身近でホエール・ウオッチングできるので、見物客で大にぎわいになった。心配した東讃漁協関係者の努力で、一週間後、無事に瀬戸の海に出ることができた。

瀬戸内海のような環境を好むものにスナメリがいる。くちばしがなく最小のイルカで、漁業者の多くが見ている。浦上仁一《うらがみじんいち》氏の論文（一九三九年）によると、「内海の到る處に遊泳し、極めて敏速で時々海上に跳び上がってはブーと呼吸する」とある。しかし、そのスナメリも今は少なくなっている。

今、世界にはイルカ類、ネズミイルカ類、クジラ類を合わせて七十九種いるという。地球の温暖化、海の汚染が進行するなか、これらの生き物たちはどうなるのか。

（平成一六・一二・一二）

カブトガニ

干潟で産卵する生きた化石

十二月九日、岡山県笠岡市立カブトガニ博物館で、久し振りに生きているカブトガニを見た＝写真＝。

その前日に、近くの海で底引き網にかかり保護されたもので、全長四十センチ余りの雌。惣路紀通《そうじのりみち》主任学芸員は、生後八～九年。十四齢（脱皮の回数）と言う。

ぼくは子どものとき、夏ごろ、高松の干潟でカブトガニをよく見た。杉山鶴吉《つるきち》著「讃岐海産生物及岩石解説」（一九三六年）には、「夏期大潮の頃、雌《し》雄相伴《ゆうあいともな》って海岸近く来たり、泥土《でいど》を掘って産卵する（中略）學問上價値大なるカブトガニも漸次《ぜんじ》減少、遂には滅亡の域に達するかも知れぬ」とある。

杉山氏の予言どおり、カブトガニは一九七〇年代から香川県はもとより瀬戸内海の海岸では容易に見ることが出来なくなった。

カブトガニを背側から見ると、甲の形をした前体《ぜんたい》と、ほぼ六角形の後体《こうたい》と、長い尾剣《びけん》からなる。硬い殻で覆われるのでカニの仲間に見えるが、カニ類ではない。

腹側にある六対の脚で海底をはい、鰓書《えらしょ》という特殊な呼吸器を持つなどから、むしろ、クモ類に近いとされている。

また、カブトガニの体形が、約二億年前の化石とあまり変わっていないことから「生きた化石」と呼ばれている。カブトガニ博物館に近い生江浜《おえはま》海岸は、一九二八年に「天然記念物カブトガニ繁殖地」として国の指定を受けるほどカブトガニが多かった。ところが、一九七一年からの笠岡湾干拓事業により大半の繁殖地を失った。

今、市民挙げての保護活動をすすめている。その核となるカブトガニ博物館では、生息調査はもとより、人工孵化による幼生の放流を毎年行っている。

さて、香川県ではどうしたらよいか。

（平成一六・一二・一九）

参考文献

「アユの話」宮地伝三郎，1970，岩波書店
「鵜飼」可児弘明，1966，中央公論社
「ウナギ大回遊の謎」塚本勝巳，2012，株式会社PHP研究所
「愛媛の野鳥観察ハンドブック～はばたき～」（財）日本野鳥の会愛媛県支部編，1992，愛媛新聞社
「香川県大百科事典」四国新聞社出版委員会編，1984，四国新聞社
「香川県レッドデータブック」香川県希少野生生物保護対策検討会・香川県編，2004，香川自然環境保全調査会
「香川の動植物」氏家由三編，1974，高松市立図書館
「香川の野鳥」山本正幸，1984，高松市役所
「香川の野鳥ウオッチングガイド」（財）日本野鳥の会香川県支部編，1996，四国新聞社
「香川の野鳥記」山本正幸，1992，株式会社美巧社
「原色日本陸産貝類図鑑」東正雄，1982，保育社
「これからの鳥類学」山岸哲・樋口広芳編，2002，株式会社裳華房
「コンラート・ローレンツ」ニスベット著・木村武二訳，1986，東京図書株式会社
「四国の野鳥」高知新聞企業出版部編，1995，高知新聞社
「高松松平家所蔵衆鱗図第一帖」香川県歴史博物館編，2001，香川県歴史博物館友の会博物図譜刊行会
「鳥の学名」内田清一郎，1985，ニュー・サイエンス社
「鳥の手帖」尚学図書編，1990，小学館
「鳥の博物誌」国松俊英，2001，河出書房新社
「鳥名の由来辞典」菅原浩・柿澤亮三編，2005，柏書房株式会社
「日本鳥類目録改定第６版」日本鳥類目録編集委員会編，2000，日本鳥学会
「日本動物大百科鳥類Ⅱ」樋口広芳・森岡弘之・山岸哲編，1997，平凡社
「日本の淡水魚」川那部浩哉・水野信彦編，1995，株式会社山と渓谷社
「日本の哺乳類」阿部永・石井信夫・金子之史・前田喜四雄・三浦慎悟・米田政明，1994，東海大学出版会
「日本の野鳥590」真木広造・大西敏一，2000，平凡社
「日本の両生爬虫類」内山りゅう・前田憲男・沼田研児・関慎太郎，2002，平凡社
「フィールドガイド足跡図鑑」子安和弘，1993，日経サイエンス社
「フィールドガイド日本の野鳥」高野伸二，2008，（財）日本野鳥の会
「私の自然史　鳥」内田清之助，1971，三省堂

著者　山本《やまもと》　正幸《まさゆき》

1932（昭和７）年　香川県高松市に生まれる。

1954（昭和29）年　香川大学学芸学部卒業。

1958（昭和33）年　広島大学科学教育研究室修了。

公立中学校校長。

香川大学、高松大学・高松短期大学、放送大学などで非常勤講師。

野生動物の生態学などを研究。

1999（平成11）年　野鳥保護活動により環境庁長官表彰。

[主な著書]

「香川の野鳥」「香川の野鳥記」「ふるさとの名木（共著）」など。

かがわの生き物たち

2021年２月16日　初版発行

2021年４月20日　改訂発行

著者・写真　山本　正幸

発 行 所　株式会社　美巧社

〒760-0063

香川県高松市多賀町１丁目８-10

TEL(087)833-5811　FAX(087)835-7570

印刷・製本　株式会社　美巧社

ISBN978-4-86387-142-7　C0045